micro:bitは、温度《おんど》や明《あか》るさを調《しら》べたり
友達《ともだち》と通信《つうしん》したりできるコンピューター！
これを腕時計《うでどけい》みたいに腕《うで》に着《つ》けて
使《つか》えるのが「探検《たんけん》ウォッチ」なんだよ。

プログラミングすれば、
いろいろな実験《じっけん》や
遊《あそ》びにも使《つか》えるんだね！
ぼくも探検《たんけん》に使《つか》える
プログラムをつくるぞ〜。

micro:bit教《きょう》育《いく》財《ざい》団《だん》からみなさんへ

プログラミング、そしてコンピューターを使《つか》う考《かんが》え方《かた》は、21世《せい》紀《き》の基《き》本《ほん》的《てき》なスキルです。micro:bit（マイクロ・ビット）教《きょう》育《いく》財《ざい》団《だん》は、すべての子《こ》供《ども》たちにこのスキルを身《み》につける機《き》会《かい》が与《あた》えられるべきだと考《かんが》えています。

2012年《ねん》にイギリスで生《う》まれたmicro:bitは、その後《ご》何《なん》年《ねん》もかけて研《けん》究《きゅう》と製《せい》品《ひん》開《かい》発《はつ》が行《おこな》われ、2016年《ねん》にイギリスに住《す》むすべての12歳《さい》の子《こ》供《ども》に100万《まん》台《だい》が配《はい》布《ふ》されました。その目《もく》的《てき》は、コンピューター技《ぎ》術《じゅつ》になじむ子《こ》供《ども》たちの数《かず》を増《ふ》やし、子《こ》供《ども》たちがそのスキルを使《つか》って自《みずか》らの創《そう》造《ぞう》性《せい》を解《と》き放《はな》てるようにすることでした。

micro:bitはプログラム可《か》能《のう》な小《こ》型《がた》デバイスです。簡《かん》単《たん》にプログラムでき、使《つか》い道《みち》がとても広《ひろ》く、子《こ》供《ども》たちの使《し》用《よう》を念《ねん》頭《とう》に置《お》いて設《せっ》計《けい》されています。とりわけ、初《はじ》めてプログラミングをする人《ひと》でも簡《かん》単《たん》に使《つか》えるように設《せっ》計《けい》されているのが特《とく》徴《ちょう》です。

イギリスでのプロジェクトは大《だい》成《せい》功《こう》を収《おさ》め、使《し》用《よう》した子《こ》供《ども》たちの89%が「だれでもプログラムができることがわかった」と答《こた》え、女《おんな》の子《こ》の70%が「コンピューターの授《じゅ》業《ぎょう》をとりたい」と答《こた》えました。今《いま》では世《せ》界《かい》60か国《こく》以《い》上《じょう》で販《はん》売《ばい》されており、シンガポール、デンマーク、クロアチア、カナダをはじめとする多《おお》くの国《くに》では、全《ぜん》国《こく》規《き》模《ぼ》の教《きょう》育《いく》プロジェクトで採《さい》

用《よう》されています。

この成功《せいこう》は、micro:bitが革新的《かくしんてき》なハードウェア装置《そうち》であるからだけではありません。教育者《きょういくしゃ》、子供《こども》たち、そして工夫《くふう》に富《と》んだ楽《たの》しい方法《ほうほう》でコンピューターを使《つか》いたいと思《おも》うすべての人《ひと》に喜《よろこ》ばれている理由《りゆう》は、そのエコシステムにあります。micro:bitのエコシステムは、ハードウェア、周辺機器《しゅうへんきき》、拡張機能《かくちょうきのう》に加《くわ》え、数種類《すうしゅるい》のすばらしいエディター（プログラミング編集環境《へんしゅうかんきょう》）からなります。さらには、たくさんの優《すぐ》れたプロジェクトやレッスンや楽《たの》しいアイデアがオンラインで無料《むりょう》で手《て》に入《はい》り、熱心《ねっしん》なユーザーによる活発《かっぱつ》なグループもたくさんできています。

でもなにより、このエコシステムでもっとも大事《だいじ》なのは、micro:bitを実際《じっさい》に使《つか》う人《ひと》たちです。ですから、みなさんがこの本《ほん》を手《て》にとってくださったことをとてもうれしく思《おも》います。どうか、micro:bitがもたらしてくれるすばらしい旅路《たびじ》を楽《たの》しまれますように！

2020年《ねん》2月《がつ》

micro:bit教育財団《きょういくざいだん》

はじめに

この本《ほん》を手《て》にとってくれたみんなの周《まわ》りには、どれくらいコンピューターで動《うご》いているものがあると思《おも》う？　「お父《とう》さんやお母《かあ》さんが使《つか》っているパソコンやスマホ、みんなで観《み》るテレビ、ほかにも掃除機《そうじき》や洗濯機《せんたくき》、冷蔵庫《れいぞうこ》、あとは遊《あそ》んでいるゲーム機《き》かな？」といろいろ思《おも》いつくかもしれないね。それでは、家《いえ》や部屋《へや》の中《なか》を見回《みまわ》してみよう。台所《だいどころ》、お風呂《ふろ》、リビング……、多《おお》くの場所《ばしょ》や場面《ばめん》で小《ちい》さなコンピューターたちが活躍《かつやく》しているよ。

　例《たと》えば、部屋《へや》を快適《かいてき》にしてくれるエアコン。部屋《へや》の温度《おんど》を調《しら》べて風《かぜ》をコントロールしているんだ。それに、ボタン１つで料理《りょうり》を熱々《あつあつ》に温《あたた》めてくれる電子《でんし》レンジ。温《あたた》まり具合《ぐあい》を確認《かくにん》しながら加熱《かねつ》するものもあるよ。中《なか》には体重計《たいじゅうけい》が家族《かぞく》ごとのデータを記録《きろく》して健康管理《けんこうかんり》を手助《てだす》けしてくれているなんてこともあるだろう。こうやって挙《あ》げていったらきりがないことに気《き》がつくと思《おも》う。

　コンピューターによって便利《べんり》になったものは身《み》の回《まわ》りにたくさんあるだろう。それらをつくった人《ひと》たちは、コンピューターやセンサーがうまく動《うご》くようにプログラミングしている。この本《ほん》のタイトルにも入《はい》っている「プログラミング」とは、コンピューターを動《うご》かすときの命令《めいれい》（プログ

ラム）をつくることなんだね。電源《でんげん》が入《はい》ればいつも同《おな》じように動《うご》いてくれるのはプログラムのおかげだよ。

みんなはプログラムがはじめから入《はい》っている製品《せいひん》を買《か》ってきて使《つか》うだけでも、今《いま》は特《とく》に問題《もんだい》も不満《ふまん》もそれほど感《かん》じないかな？　でも、将来《しょうらい》はプログラムやコンピューターをつくる人《ひと》になりたいと思《おも》う日《ひ》が来《く》るかもしれないし、今《いま》だってもしプログラムのしくみや特徴《とくちょう》を理解《りかい》できたら、もっとうまく使《つか》いこなせるようになるかもしれないよね。

この本《ほん》ではmicro:bitというとても小《ちい》さなコンピューターを使《つか》って、身《み》に着《つ》けられる腕時計型《うでどけいがた》のデバイス「探検《たんけん》ウォッチ」で楽《たの》しめるプログラミングを体験《たいけん》していくよ。小《ちい》さいからってあなどってはいけない。micro:bitの基板《きばん》の上《うえ》にはいくつかのセンサーがついていて、僕《ぼく》たちの世界《せかい》とコンピューターの世界《せかい》をつなぐことができるんだ。

さぁ、micro:bit & 探検《たんけん》ウォッチといっしょに、現実世界《げんじつせかい》をコンピューティングしてみよう！

2020年《ねん》2月《がつ》

株式会社《かぶしきがいしゃ》スイッチエデュケーション　アドバイザー

倉本大資《くらもとだいすけ》

アイデアあふれる
探検《たんけん》ウォッチ
micro:bitでプログラミング

もくじ

Part1 micro:bitってなんだろう？

Part2 micro:bitでのプログラミング

Part3 探検《たんけん》ウォッチであそぼう！

Part4
みんなで探検《たんけん》ウォッチを使《つか》おう！

Part5
Scratch3.0とmicro:bitでプログラミング！

micro:bitで実験《じっけん》や遊《あそ》びに使《つか》えるプログラムをつくろう！

物知《ものし》りミライネコが、micro:bitにピッタリのプログラミングを教《おし》えるよ。

探検《たんけん》ウォッチなら外《そと》でもmicro:bitを楽《たの》しめるね！

好奇心《こうきしん》にあふれるネズミ、チュータはmicro:bitの腕時計型《うでどけいがた》キット「探検《たんけん》ウォッチ」に興味《きょうみ》いっぱい。いろいろなプログラミングにチャレンジするよ！

この本《ほん》の使《つか》い方《かた》

この本《ほん》では、写真《しゃしん》や図《ず》もたくさん見《み》せながら、わかりやすい文章《ぶんしょう》でmicro:bitのしくみやプログラミングの手順《てじゅん》を説明《せつめい》しているよ。

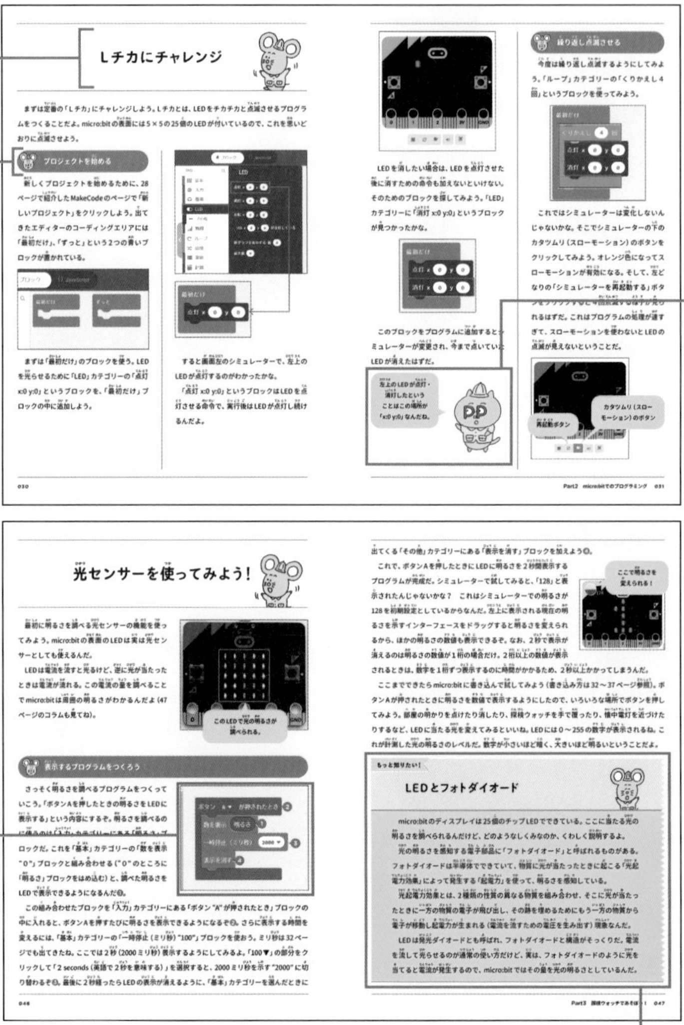

見出《みだ》し

これからやることの内容《ないよう》や目標《もくひょう》を示《しめ》しているよ。

小見出《こみだ》し

目標《もくひょう》を達成《たっせい》するために必要《ひつよう》な作業《さぎょう》を１つ１つていねいに紹介《しょうかい》しているよ。

ミライネコとチュータ

ミライネコやチュータがいろいろなところに登場《とうじょう》して、みんなに知《し》っておいてほしいことをアドバイスするよ。

図解《ずかい》

本文《ほんぶん》で説明《せつめい》している内容《ないよう》を写真《しゃしん》や図《ず》で紹介《しょうかい》。プログラミングの手順《てじゅん》を紹介《しょうかい》する写真《しゃしん》では、本文《ほんぶん》の説明《せつめい》とセットになっているのがわかるように、❶❷❸という番号《ばんごう》もつけているよ。この順番《じゅんばん》にプログラムをつくっていこう！

コラム

本文《ほんぶん》だけでは説明《せつめい》しきれない大切《たいせつ》なことなどを、コラムでまとめているぞ。読《よ》んでおくとmicro:bitやプログラミングがもっとよくわかるようになる！

基本操作《きほんそうさ》

この本《ほん》では、パソコンを使《つか》ったmicro:bitへのプログラミング方法《ほうほう》を紹介《しょうかい》している（くわしくはPart 2を見《み》てね）。パソコンの基礎知識《きそちしき》がなくてもプログラミングに問題《もんだい》はないけど、マウス操作《そうさ》が必要《ひつよう》だよ。ここで基本的《きほんてき》なマウス操作《そうさ》について説明《せつめい》するから、覚《おぼ》えておいてね。

クリック

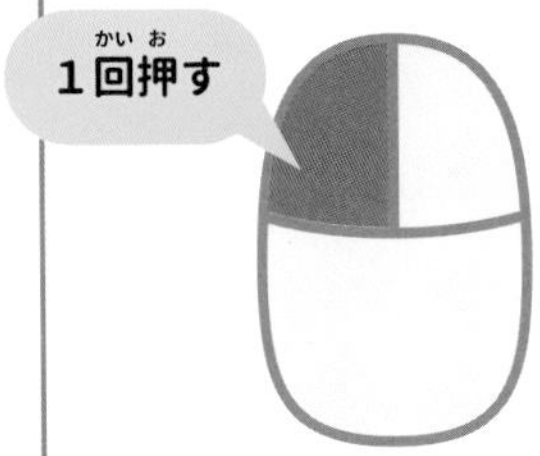

マウスの左《ひだり》ボタンを1回押《かいお》してすぐに離《はな》す操作《そうさ》のこと。パソコンの画面《がめん》に表示《ひょうじ》されているボタンなどを押《お》したいときに使《つか》うことの多《おお》い操作《そうさ》だよ。

ダブルクリック

マウスの左《ひだり》ボタンを1回押《かいお》したらすぐに離《はな》し、さらにもう1回《かい》押《お》して離《はな》す操作《そうさ》。この本《ほん》で紹介《しょうかい》するプログラミングではあまり使《つか》わないけど、ファイルを開《ひら》いたりするのに必要《ひつよう》な操作《そうさ》だよ。

右《みぎ》クリック

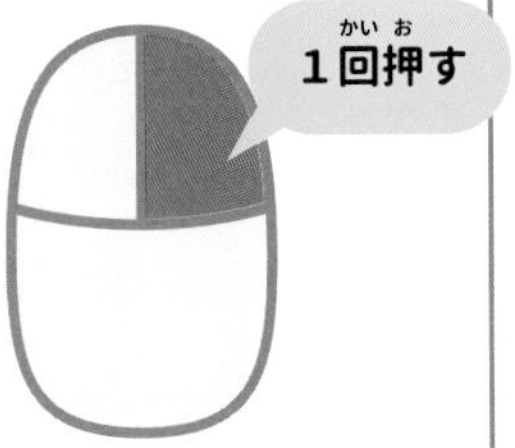

マウスの右《みぎ》ボタンを1回押《かいお》してすぐに離《はな》す操作《そうさ》のこと。この本《ほん》では、90ページで右《みぎ》クリックを使《つか》ったテクニックを紹介《しょうかい》しているくらいで、プログラミングで使《つか》う機会《きかい》はそれほど多《おお》くないよ。

ドラッグ＆ドロップ

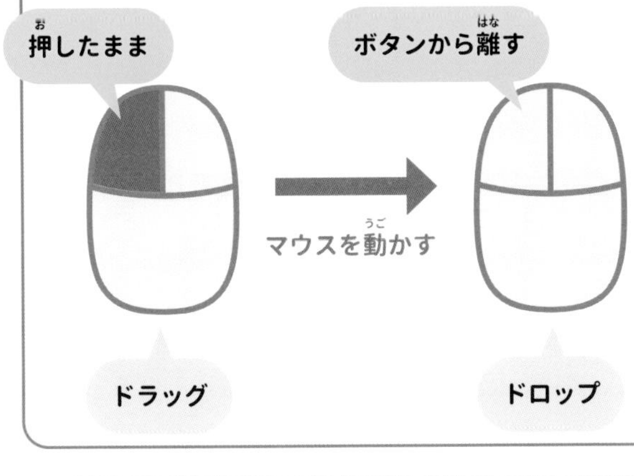

ドラッグというのは、マウスの左《ひだり》ボタンを1回押《かいお》し、そのままボタンを押《お》しっぱなしにしてマウスを動《うご》かす操作《そうさ》。プログラムをつくるときのブロックは、ドラッグで動《うご》かすんだ。一方《いっぽう》、ドロップはドラッグしている左《ひだり》ボタンから指《ゆび》を離《はな》す操作《そうさ》のこと。ドロップすると、ドラッグで動《うご》かしているブロックがその場《ば》所《しょ》に置《お》かれるよ。プログラミングをするときに一番《いちばん》使《つか》う操作《そうさ》なので慣《な》れておこう。

保護者《ほごしゃ》の方《かた》へ

●本書《ほんしょ》は2020年《ねん》１月《がつ》時点《じてん》での情報《じょうほう》をもとに制作《せいさく》しています。各《かく》Partで使用《しよう》するアプリケーションやソフトウェアのバージョン、画面《がめん》などは、本書《ほんしょ》のご利用時《りようじ》に更新《こうしん》されている可能性《かのうせい》もございますので、あらかじめご了承《りょうしょう》ください。

●本書《ほんしょ》は主《おも》に「KoKa micro:bit探検《たんけん》ウォッチキット」（本文《ほんぶん》では「探検《たんけん》ウォッチ」と表記《ひょうき》しています）を用《もち》いて解説《かいせつ》しておりますが、micro:bit単体《たんたい》、もしくはキットと同種《どうしゅ》の製品《せいひん》をそろえていただくことで、同《おな》じ内容《ないよう》を行《おこな》うことが可能《かのう》です。ただし、ご自身《じしん》でそろえられた製品《せいひん》に関《かん》するお問《と》い合《あ》わせなどには応《おう》じかねますので、各《かく》メーカーにお問《と》い合《あ》わせください。また、内容《ないよう》によっては、micro:bitを２個《こ》必要《ひつよう》とするものもございますので、ご了承《りょうしょう》ください。

●「KoKa micro:bit探検《たんけん》ウォッチキット」のキット内容《ないよう》のご確認《かくにん》、キットのご購入《こうにゅう》は、以下《いか》の『子供《こども》の科学《かがく》』の教材販売《きょうざいはんばい》サイト「KoKa Shop!」をご利用《りよう》ください。

KoKa Shop!

https://shop.kodomonokagaku.com

●micro:bitには４種類《しゅるい》のカラーバリエーション（青《あお》・赤《あか》・緑《みどり》・黄《き》）がありますが、いずれも性能《せいのう》や機能《きのう》の違《ちが》いはありません。なお、「KoKa Shop!」での購入時《こうにゅうじ》に色《いろ》を指定《してい》することはできませんので、ご了承《りょうしょう》ください。

●探検《たんけん》ウォッチで用《もち》いているボタン型《がた》のリチウム電池《でんち》は「CR2032」です（誤飲《ごいん》に注意《ちゅうい》してください）。また、キット付属《ふぞく》の電池《でんち》ボックスは単《たん》4形乾電池《がたかんでんち》2本《ほん》が必要《ひつよう》です。

●本書《ほんしょ》の内容《ないよう》を行《おこな》うためには、インターネット接続《せつぞく》が可能《かのう》なパソコン環境《かんきょう》が必要《ひつよう》です。また、本書《ほんしょ》ではmicro:bitのプログラミング環境《かんきょう》として、主《おも》にmicro:bit教育財団《きょういくざいだん》が提供《ていきょう》している

MakeCode for micro:bitを用《もち》いています（22ページ参照《さんしょう》）。なお、本書《ほんしょ》のPart5ではプログラミング言語《げんご》のScratch3.0を用《もち》いた内容《ないよう》を扱《あつか》います。どちらもインターネットのブラウザーより利用可能《りようかのう》です。詳細《しょうさい》については、公式《こうしき》サイトの以下《いか》のページもご覧《らん》ください。

micro:bit公式《こうしき》サイト：https://microbit.org/ja/guide/quick/

Scratch公式《こうしき》サイト：https://scratch.mit.edu/info/faq

●インターネットの使用《しよう》については、事前《じぜん》にお子様《こさま》と話《はな》し合《あ》い、ご家庭《かてい》でのルールを決《き》めたうえで使用《しよう》していただくことをおすすめいたします。

●本書《ほんしょ》で解説《かいせつ》している内容《ないよう》の一部《いちぶ》について、YouTubeの「子供《こども》の科学公式《かがくこうしき》チャンネル」より動画《どうが》をご覧《らん》いただくことが可能《かのう》です（本書中《ほんしょちゅう》の該当箇所《がいとうかしょ》には、右《みぎ》のアイコンを表示《ひょうじ》しています）。以下《いか》の「子供《こども》の科学公式《かがくこうしき》チャンネル」再生《さいせい》リストの「アイデアあふれる探検《たんけん》ウォッチ micro:bitでプログラミング」より、動画《どうが》をお選《えら》びください。

https://www.youtube.com/user/kokamovie/playlists

●本書《ほんしょ》を参考《さんこう》に常識的《じょうしきてき》な作業《さぎょう》を行《おこな》った場合《ばあい》について、使用《しよう》に際《さい》する安全《あんぜん》には十分配慮《じゅうぶんはいりょ》して構《こう》成《せい》しています。しかし、万《まん》が一本書《いちほんしょ》が原因《げんいん》で事故《じこ》などが発生《はっせい》しても、出版社《しゅっぱんしゃ》および著者《ちょしゃ》は一《いっ》切《さい》の責任《せきにん》を負《お》えませんので、あらかじめご了承《りょうしょう》ください。

『子供《こども》の科学《かがく》』で連載《れんさい》！　「micro:bitでレッツプログラミング！」

本書《ほんしょ》は、月刊誌《げっかんし》『子供《こども》の科学《かがく》』で連載《れんさい》していた「micro:bit でレッツプログラミング！」の内容《ないよう》をもとに構成《こうせい》しています。「micro:bit でレッツプログラミング！」では、本書《ほんしょ》で取《と》り上《あ》げている内容以外《ないよういがい》のプログラミングなども紹介《しょうかい》しているので、あわせてご活用《かつよう》いただくことで micro:bit をさらにお楽《たの》しみいただけます。

連載記事《れんさいきじ》のバックナンバーなどをご覧《らん》になれる以下《いか》の特設《とくせつ》サイトもぜひご利用《りよう》ください。

https://prog.kodomonokagaku.com/microbit/index.html

Part

1

micro:bitって なんだろう?

探検《たんけん》ウォッチに使《つか》われるコンピューターは
micro:bitというとても小《ちい》さなボード。
micro:bitにはいろいろな機能《きのう》が備《そな》わっていて、
プログラムを入《い》れて自由《じゆう》に使《つか》えるんだ。
Part1では、micro:bitの基本的《きほんてき》なしくみ、
micro:bitにプログラミングする方法《ほうほう》、
探検《たんけん》ウォッチの組《く》み立《た》て方《かた》などを説明《せつめい》していくよ。
さぁ、micro:bitの探検《たんけん》を始《はじ》めよう！

Part1はココがポイント！

☑ micro:bitのしくみを知《し》ろう！

☑ micro:bitにプログラミングできる
MakeCode for micro:bitを見《み》てみよう！

☑ 探検《たんけん》ウォッチを組《く》み立《た》てよう！

micro:bitのしくみを見《み》てみよう

micro:bit って見《み》たことあるかな？　下《した》の写真《しゃしん》に示《しめ》したコンピューターがmicro:bitだ。基板《きばん》の上《うえ》には、頭脳《ずのう》となるプロセッサー、外部《がいぶ》の機器《きき》と入力《にゅうりょく》や出力《しゅつりょく》をするための端子《たんし》やLED、AとBのボタンスイッチや加速度《かそくど》センサー、コンパス（地磁気《ちじき》センサー）、BLE（Bluetooth Low Energy）の通信機能《つうしんきのう》などがついているよ。

Scratchのようなブロック型《がた》のプログラミング環境《かんきょう》や、JavaScript、Pythonなどでこの小《ちい》さなコンピューターをプログラムできるんだ。

プログラミングをするには、インターネットにつながったパソコンなどを使《つか》うのが一般的《いっぱんてき》だけど、アプリケーション（アプリ）を入《い》れればインターネットにつながっていなくてもできるよ。

表面《おもてめん》

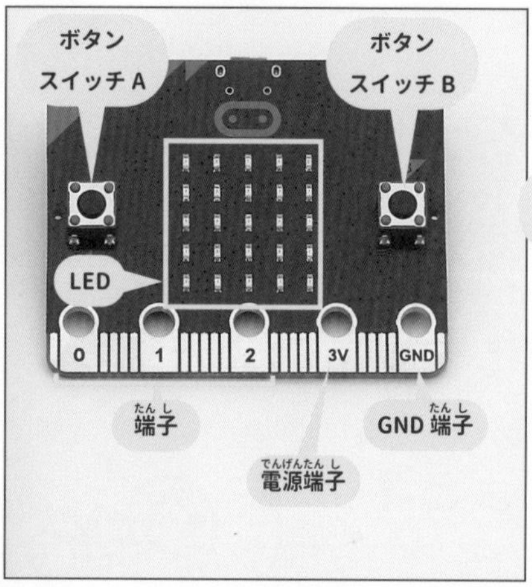

裏面《うらめん》

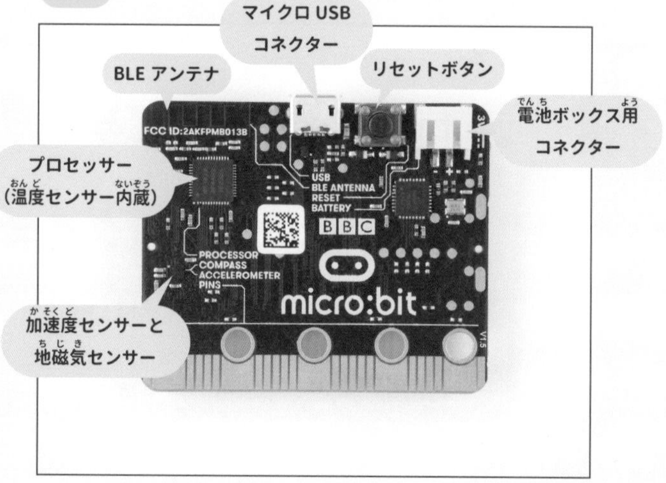

表面《おもてめん》	
LED	5×5の合計《ごうけい》25個《こ》のLEDを使《つか》って文字《もじ》やアイコンを表示《ひょうじ》できるぞ。 光《ひかり》センサーとして使《つか》うこともできる。
ボタンスイッチ（AとB）	主《おも》な入力装置《にゅうりょくそうち》の1つ。 AとBのどちらか片方《かたほう》だけが押《お》されているか、同時《どうじ》に押《お》されているかどうか、など調《しら》べられる。
端子《たんし》（0～2）	入力《にゅうりょく》や出力用《しゅつりょくよう》の端子《たんし》として使《つか》える。 大《おお》きく使《つか》いやすい0、1、2以外《いがい》にも多《おお》くの端子《たんし》が存在《そんざい》し、拡張《かくちょう》ボードなどで使用可能《しようかのう》だ。
電源端子《でんげんたんし》	3.3Vの電源《でんげん》。電池《でんち》のプラスにあたる。ほかの電源《でんげん》が接続《せつぞく》されない場合《ばあい》は電源入力《でんげんにゅうりょく》として、ほかの電源《でんげん》が接続《せつぞく》されている場合《ばあい》は周辺機器《しゅうへんきき》への電源《でんげん》出力《しゅつりょく》として使用《しよう》できるよ。
GND端子《たんし》	電池《でんち》のマイナスにあたる。

裏面《うらめん》	
マイクロUSBコネクター	パソコンと接続《せつぞく》してプログラムを書《か》き込《こ》んだり電源《でんげん》としても使《つか》える。
電池《でんち》ボックス用《よう》コネクター	電池《でんち》ボックスをつなぎ電源《でんげん》として使《つか》える。
リセットボタン	プログラムを最初《さいしょ》から実行《じっこう》できる。
BLEアンテナ	ほかのmicro:bitや機器類《ききるい》と通信《つうしん》できるぞ。
プロセッサー （温度《おんど》センサー内蔵《ないぞう》）	コンピューターの頭脳《ずのう》にあたる「中央処理装置《ちゅうおうしょりそうち》」とデータを記憶《きおく》する「記《き》憶装置《おくそうち》」を1つにまとめたもの（16ページ参照《さんしょう》）で、プログラムが書《か》き込《こ》まれるのもここだ。さらに温度《おんど》が調《しら》べられるセンサーも内蔵《ないぞう》しているぞ。
加速度《かそくど》センサー	micro:bitの動《うご》きや傾《かたむ》きを調《しら》べられるぞ。
地磁気《ちじき》センサー	方位磁石《ほういじしゃく》と同《おな》じように地磁気《ちじき》による方位《ほうい》や磁力《じりょく》を調《しら》べられるぞ。

micro:bitは
小《こ》型《がた》でもすごい！

micro:bitはみんなが知《し》っているコンピューターとは見《み》た目《め》がかなり異《こと》なるので、ノートパソコンと比《くら》べながらコンピューターであることを確認《かくにん》してみよう。

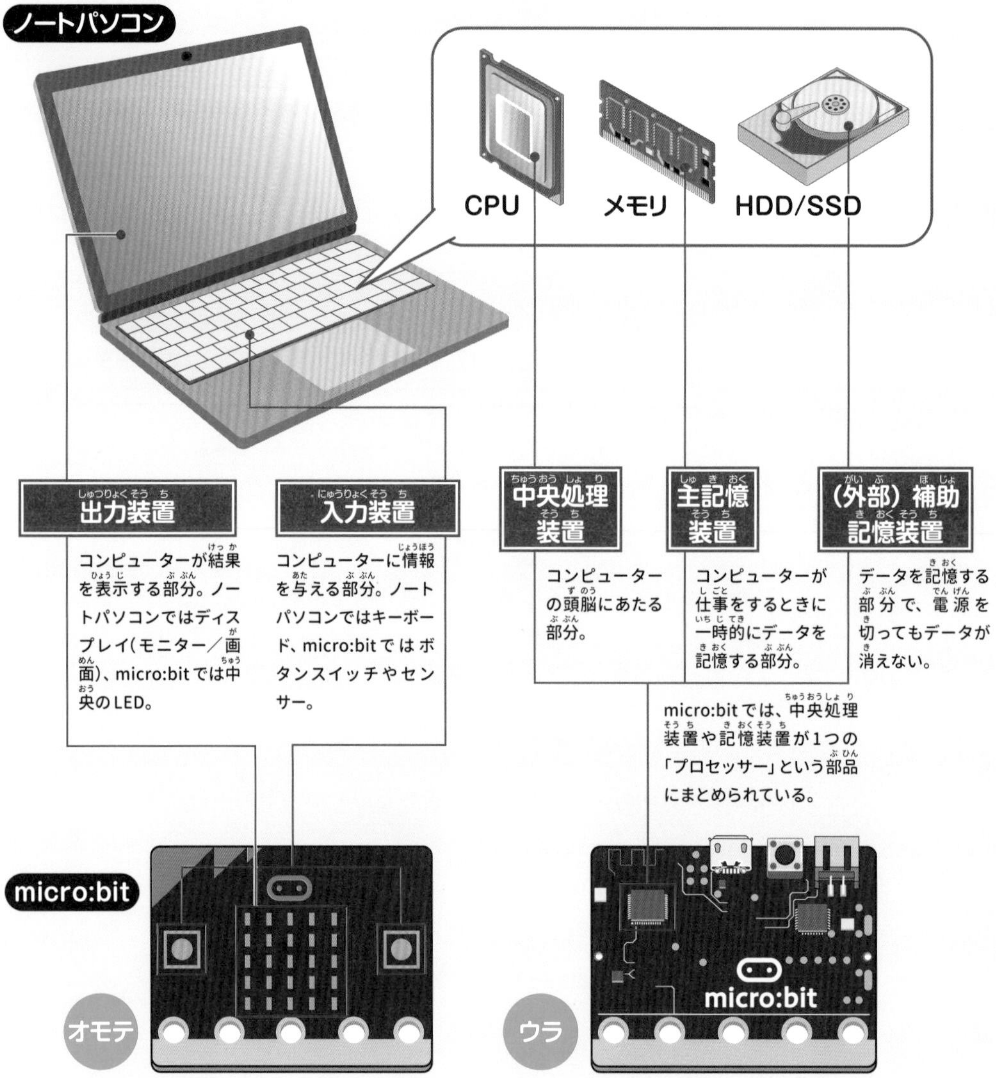

もっと知りたい！

コンピューターってなに？

どんなものがコンピューターと呼《よ》ばれるのかは見方《みかた》によってさまざまだけど、一般的《いっぱんてき》には入力《にゅうりょく》されたデータを決《き》められた手順《てじゅん》で処理《しょり》する機器《きき》をさすことが多《おお》いよ。プログラムとは、この「決《き》められた手順《てじゅん》」のことなんだ。プログラムを書《か》き換《か》えたり指定《してい》しなおしたりすれば、いろいろな処理《しょり》ができるのもコンピューターの特徴《とくちょう》だね。

また、処理《しょり》は電気的《でんきてき》に行《おこな》われるので、人間《にんげん》が数字《すうじ》を使《つか》ってする計算《けいさん》と異《こと》なり、内部的《ないぶてき》には０と１の二進法《にしんほう》で処理《しょり》されていることも覚《おぼ》えておこう。

micro:bitとノートパソコンでは見《み》た目《め》は全然違《ぜんぜんちが》うけど、図《ず》で比《くら》べてみると共通点《きょうつうてん》が多《おお》いことがわかるね。一方《いっぽう》、micro:bitにはセンサーも組《く》み込《こ》まれているのが大《おお》きな特徴《とくちょう》。こうしたセンサー類《るい》はスマートフォンの機能《きのう》としても一般的《いっぱんてき》になっているね。また、端子《たんし》にモーターなど外部《がいぶ》の機器《きき》をつなげれば入力《にゅうりょく》や出力《しゅつりょく》の幅《はば》も広《ひろ》げられるよ。

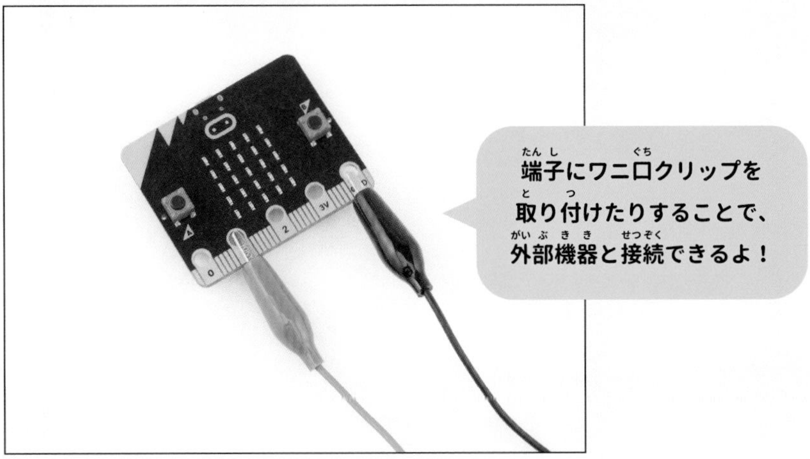

micro:bitをプログラミングして、パソコンを使《つか》うだけでは体験《たいけん》できないコンピューターの面白《おもしろ》さやすごさを実感《じっかん》してみよう。

探《たん》検《けん》ウォッチがあれば micro:bitが楽《たの》しくなる！

探検《たんけん》ウォッチとは、micro:bitを腕《うで》に装着《そうちゃく》できるようにした腕時計型《うでどけいがた》のコンピューターだ。自分《じぶん》でつくったプログラムを書《か》き込《こ》めば、いろいろな実験《じっけん》や遊《あそ》びで使《つか》えるぞ。どんなセットなのか見《み》ていこう。

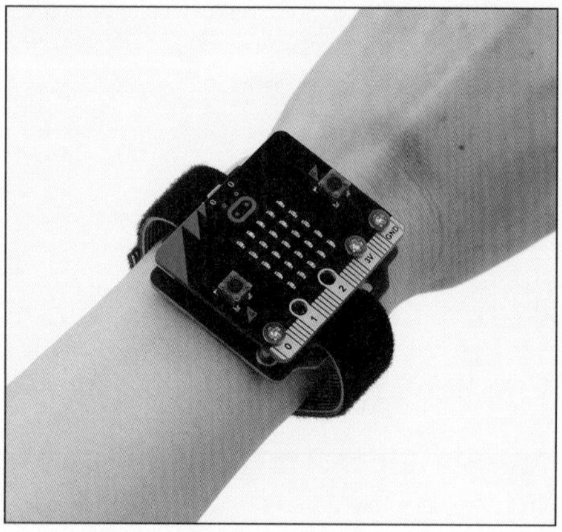

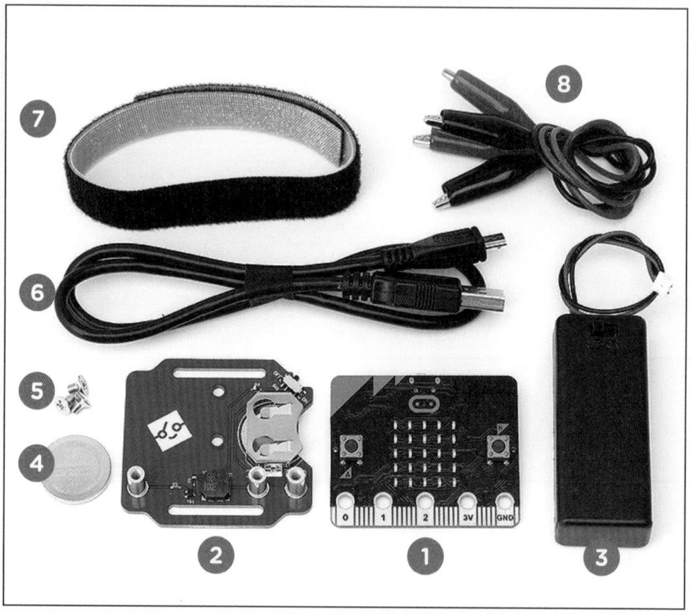

❶micro:bit
❷バングルモジュール
❸電池《でんち》ボックス
❹ボタン電池《でんち》
❺ネジ
❻マイクロUSBケーブル
❼マジックバンド
❽ワニ口《ぐち》クリップ

micro:bitの背面《はいめん》に取《と》り付《つ》けたバングルモジュールによって、電源《でんげん》が供給《きょうきゅう》できたり、スピーカーから音《おと》を出《だ》せたりするんだ。身《み》に着《つ》けることができるコンピューターによってどのような体験《たいけん》ができるかな。外出《がいしゅつ》や野外活動《やがいかつどう》に活用《かつよう》してみよう。

探検《たんけん》ウォッチのつくり方《かた》はとても簡単《かんたん》。ネジ3本《ぼん》でmicro:bitとバングルモジュールを組《く》み立《た》ててマジックバンドを通《とお》せば完成《かんせい》だ。

電池《でんち》はボタン電池《でんち》だ。ただし、micro:bit単体《たんたい》で使《つか》いたいときは電池《でんち》ボックスやマイクロUSBケーブルを使用《しよう》するよ（20～21ページを見《み》てね）。

なお、探検《たんけん》ウォッチに必要《ひつよう》なパーツ以外《いがい》にも、17ページで紹介《しょうかい》したワニ口《ぐち》クリップも付属《ふぞく》しているぞ。

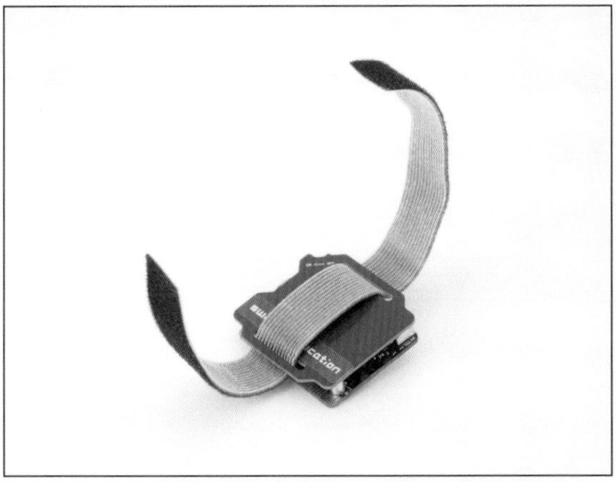

探検《たんけん》ウォッチでどんなことができるかは、動画《どうが》で紹介《しょうかい》しているよ。

この本《ほん》では次《つぎ》の探検《たんけん》ウォッチ向《む》けのプログラムをつくっていくぞ。

micro:bit単体《たんたい》でも
探検《たんけん》ウォッチと同様《どうよう》の
拡張《かくちょう》ボードや部品《ぶひん》を使《つか》えば
プログラムは試《ため》せるよ！

micro:bitを
体験《たいけん》してみよう

それでは、micro:bitを実際《じっさい》に体験《たいけん》してみよう。

セットの中《なか》から電池《でんち》ボックスとmicro:bit本体《ほんたい》を取《と》り出《だ》してね。

単《たん》4形《がた》の乾電池《かんでんち》（別《べつ》売《う》り）をプラス（＋）とマイナス（－）に注意《ちゅうい》しながらセットしよう。このときに、電池《でんち》ボックスのスイッチがオフになっているか、確認《かくにん》を忘《わす》れずに。

次《つぎ》に、電池《でんち》ボックスをmicro:bit本体《ほんたい》に接《せつ》続《ぞく》するよ。そのときはコネクターの向《む》きに気《き》をつけよう。

電池《でんち》ボックスのスイッチをオンにすると、最初《さいしょ》から用意《ようい》されているプログラムが実《じっ》行《こう》されてmicro:bitのLEDディスプレイが光《ひか》り、点滅《てんめつ》して動《うご》き始《はじ》めるよ。

1. 点滅《てんめつ》してアニメーション「HELLO!!」と出《で》る。

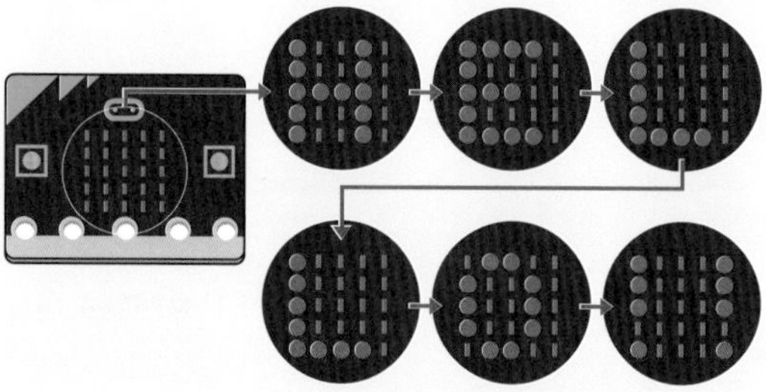

2. 「A」と「←」が交互《こうご》に点滅《てんめつ》する。Aボタンを押《お》そう。

3. 「B」と「→」が交互《こうご》に点滅《てんめつ》する。Bボタンを押《お》そう。

4. 「SHAKE」(振《ふ》れ)の文字《もじ》が流《なが》れる。振《ふ》ってみよう。

5. 「CHASE THE DOT」(ドットを追《お》いかけろ)の文字《もじ》が流《なが》れた後《あと》、点滅《てんめつ》した点《てん》ともう1つ点灯《てんとう》した点《てん》が表示《ひょうじ》される。本体《ほんたい》を傾《かたむ》けることで点灯《てんとう》した点《てん》を動《うご》かして、点滅《てんめつ》する点《てん》を追《お》いかけよう。

6. 「GREAT!」の文字《もじ》が流《なが》れる。

7. 「NOW GET CODING!」と文字《もじ》が流《なが》れたら、いよいよコーディングに入《はい》っていくぞ。

もしこのプログラムが実行《じっこう》されない場合《ばあい》は、155ページで紹介《しょうかい》している方法《ほうほう》でmicro:bitを未使用《みしよう》の状態《じょうたい》にリセットするのを試《ため》してみよう。

すでにmicro:bit本体《ほんたい》のみを持《も》っていて、電池《でんち》ボックスがない場合《ばあい》は、マイクロUSBケーブルを電源《でんげん》に使《つか》えるよ。パソコンやモバイルバッテリーにつないでみよう。

micro:bitでできること

ここまで説明《せつめい》してきたプログラムで体験《たいけん》したようなことが、micro:bitのプログラムを書《か》き換《か》えることで実現《じつげん》できる。LED画面《がめん》はシンプルだけど、ゲームのステージにもなるし、メッセージも表《ひょう》示可能《じかのう》だ。ボタンを使《つか》えば操作《そうさ》することもできる。加速度《かそくど》センサーや地磁気《ちじき》センサーは、みんなも使《つか》っているスマートフォンやタブレット、ゲームのコントローラーについているものと同《おな》じものだ。

きれいな画像《がぞう》を表示《ひょうじ》したり、写真《しゃしん》を撮《と》ったりはできないけど、そうしたセンサーをどのようにプログラムしたらいいか簡単《かんたん》に試《ため》してみるには最適《さいてき》な環境《かんきょう》だ。2台以上《だいいじょう》あれば通信《つうしん》もできるし、パソコンとつないでScratchのコントローラーのように使《つか》うこともできるぞ。

どうすればmicro:bitにプログラミングできる？

micro:bitで動《うご》かせるプログラムはパソコンがあればキミも簡単《かんたん》につくってみることができるよ（スマートフォンやタブレットのアプリを使《つか》ったプログラミングも可能《かのう》だ）。

micro:bitの標準的《ひょうじゅんてき》なプログラミング環境《かんきょう》は「MakeCode for micro:bit」と呼《よ》ばれている（長《なが》いのでこれからMakeCodeと呼《よ》ぶことにする）。MakeCodeはインターネット環境《かんきょう》があれば、インターネットブラウザーから使《つか》うこともできるし、Windows10に対応《たいおう》したアプリや、スマートフォンやタブレットで使《つか》えるアプリもあるぞ。

パソコンのMakeCodeの画面《がめん》はこのようになっている。プログラミングエリアで作成《さくせい》したプログラムが、左下《ひだりした》のダウンロードボタンを押《お》したときにmicro:bitに書《か》き込《こ》まれるぞ（くわしい手順《てじゅん》は32～37ページで紹介《しょうかい》）。

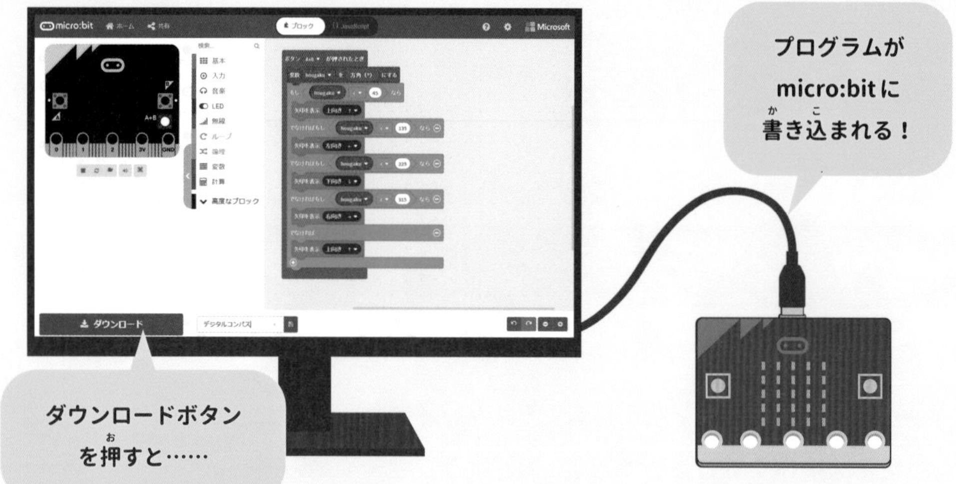

プログラムをつくるための部品《ぶひん》は、真《ま》ん中《なか》のツールボックスにカテゴリごとに分類《ぶんるい》されて入《はい》っていてブロックと呼《よ》ばれている。いろいろなブロックを組《く》み合《あ》わせてプログラムを組《く》み立《た》てることができるんだ。

左側《ひだりがわ》にあるmicro:bitの画像《がぞう》はシミュレーターで、プログラミングエリアで組《く》み立《た》てられたプログラムがどのように動《うご》くのかを画面上《がめんじょう》で確認《かくにん》することができるぞ。

Part2からは実際《じっさい》にどのような操作《そうさ》でプログラミングをするのか、MakeCodeについてくわしく見《み》ていくよ。

そのほかのプログラミング環境《かんきょう》

MakeCodeは、micro:bit教育《きょういく》財団《ざいだん》公式《こうしき》のプログラミング環境《かんきょう》の1つだけど、公式《こうしき》のものにはPythonというプログラミング言語《げんご》で記述《きじゅつ》するPythonエディターというものもある。どちらの場《ば》合《あい》も、micro:bitはプログラムをそのまま読《よ》み込《こ》んで実行《じっこう》するのではなく、micro:bitが実行可能《じっこうかのう》な形《かたち》に変換《へんかん》して書《か》き込《こ》んでいるんだ。さらにサードパーティ製《せい》のさまざまなプログラミング環境《かんきょう》もあるので、興味《きょうみ》があったら以下《いか》のページを見《み》てみよう。

https://microbit.org/ja/code-alternative-editors/

Part 2

micro:bitでのプログラミング

ここからはMakeCodeを使《つか》った
プログラミングの基本《きほん》を説明《せつめい》するよ!
「Lチカ」というプログラムにも
チャレンジするので、実際《じっさい》につくってみながら、
プログラミングの流《なが》れをつかんでね。
このPart2でプログラミングの基本《きほん》を覚《おぼ》えて、
次《つぎ》のPart3でいろいろなプログラムを
つくっていこう!

Part2はココがポイント！

☑ MakeCodeの使《つか》い方《かた》を覚《おぼ》えよう！

☑ Lチカをつくってみよう！

☑ つくったプログラムを
micro:bitに書《か》き込《こ》もう！

MakeCodeってなぁに？

　MakeCodeはmicro:bitプログラミングのためのビジュアルエディターで、基本的《きほんてき》にはマウス操《そう》作《さ》だけでプログラムを組《く》み立《た》てることができる。オンラインで無償《むしょう》で提供《ていきょう》されていて、インターネット環境《かんきょう》があれば、ブラウザーから使《つか》うことができるぞ。

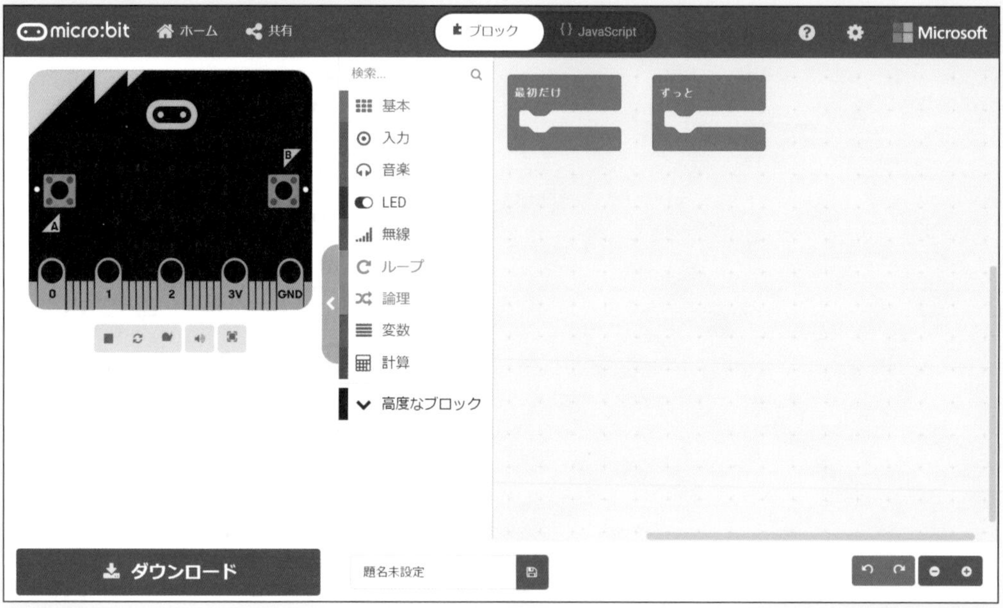

　この本《ほん》では、ブラウザーのGoogle Chromeを使《つか》ってオンラインのMakeCodeを使《つか》っていくけれど、ほかにもWindows 10版《ばん》やスマートフォン、タブレット（iOS、Android）用《よう》のアプリもあるぞ。

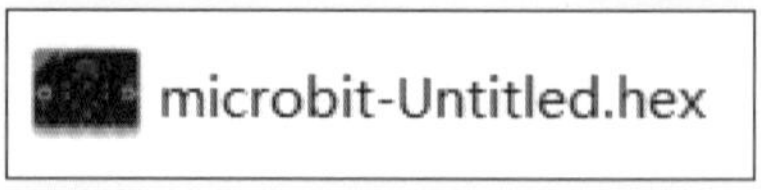

　MakeCodeで作成《さくせい》したプログラムは、microbit-***.hex（***はキミが付《つ》けたプロジェクトの名前《なまえ》になる）というファイルになってmicro:bitに書《か》き込《こ》まれるぞ（くわしくは37ページで説明《せつめい》するよ）。このファイルにはmicro:bitで実行《じっこう》される形《けい》式《しき》のコードと、MakeCodeで作成《さくせい》したソースが含《ふく》まれる。もし誰《だれ》かにプロジェクトを渡《わた》したければ、.hexファイルをパソコンに保存《ほぞん》してから渡《わた》してあげると、同《おな》じプログラムを開《ひら》いたり編集《へんしゅう》したりすることができるんだ。

もっと知りたい！

使用環境《しようかんきょう》でのMakeCodeの違《ちが》い

本書《ほんしょ》で扱《あつか》うブラウザー版《ばん》とWindows10版《ばん》のアプリはほとんど同《おな》じだ。MakeCodeからmicro:bitに書《か》き込《こ》む前《まえ》にUSB機器《きき》の接続《せつぞく》という操作《そうさ》をブラウザーではするけれど（32～37ページで紹介《しょうかい》）、アプリの場合《ばあい》それも不要《ふよう》なので非常《ひじょう》に簡《かん》単《たん》だ。ただし、Windows10以外《いがい》のOSを使《つか》う人《ひと》もいるだろうから、今回《こんかい》はGoogle Chromeでオンライン版《ばん》を使《つか》うことを想定《そうてい》しているよ。自分《じぶん》が使《つか》う環境《かんきょう》に合《あ》わせてmicro:bitへの書《か》き込《こ》み方《かた》をマスターしてほしい。

MakeCodeの使用環境《しようかんきょう》について

オンライン版《ばん》のMakeCodeはブラウザーからアクセスして使用《しよう》するので、インターネットに常時《じょうじ》接続《せつぞく》しているパソコンが必要《ひつよう》だ。対応《たいおう》しているOSとブラウザーは次《つぎ》のようになっているよ＊。

- **WindowsOS**：Windows 7、Windows 8、Windows 8.1、Windows 10
- **対応《たいおう》ブラウザー**：Internet Explorer 11、Microsoft Edge、Google Chrome、Mozilla Firefox

- **MacOS**：OS X 10.9 Mavericks、OS X 10.10 Yosemite、OS X 10.11 El Capitan、macOS 10.12 Sierra
- **対応《たいおう》ブラウザー**：Safari、Google Chrome、Mozilla Firefox

OSが違《ちが》ったり、ブラウザーが違《ちが》ったりしても、操作《そうさ》に必要《ひつよう》なほとんどの部分《ぶぶん》は同《おな》じなので安心《あんしん》してね。

＊ 参考《さんこう》サイト https://makecode.microbit.org/browsers（英語《えいご》サイト）

MakeCodeに アクセスしよう

使用《しよう》するパソコンのインターネットブラウザー、Google Chromeを開《ひら》いて「https://makecode.microbit.org/」にアクセスしよう。

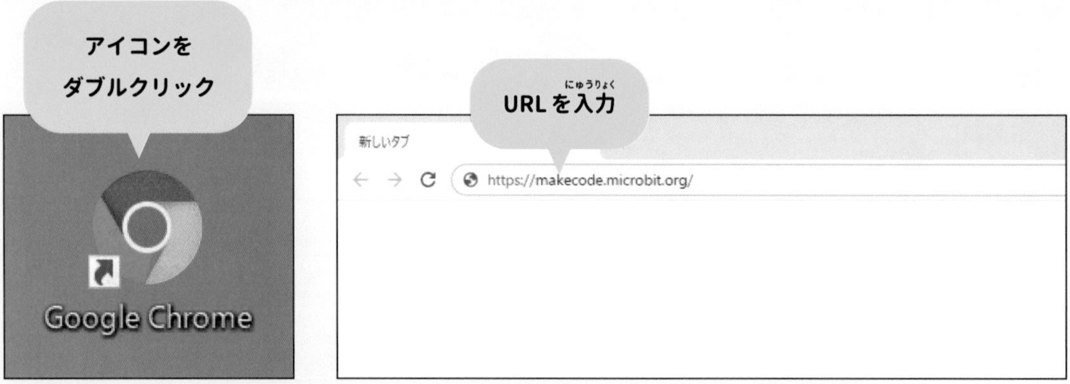

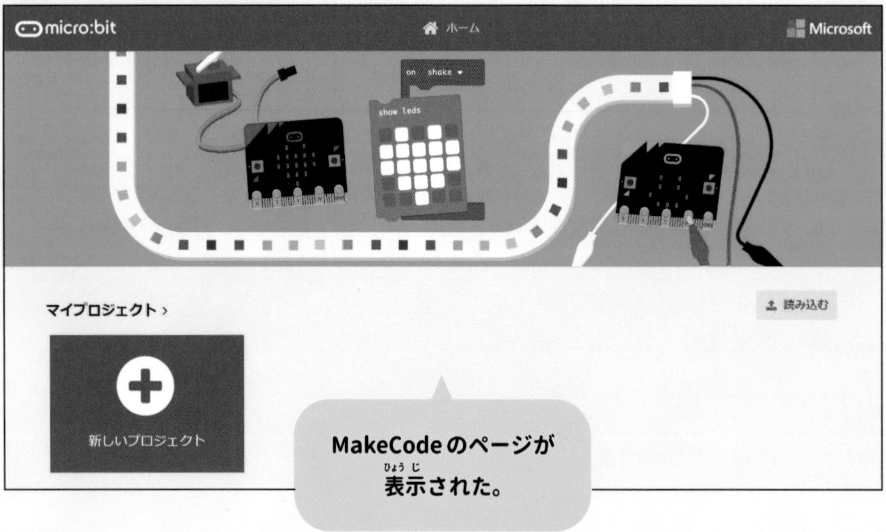

このような画面《がめん》が開《ひら》いたはずだ。文章《ぶんしょう》が英語《えいご》になっている場合《ばあい》の日本語《にほんご》への変《か》え方《かた》は、154～155ページを見《み》てみよう。

このページはMakeCodeのホーム画面《がめん》で、自分《じぶん》がつくった作品《さくひん》（Make Codeでは「プロジェクト」と呼《よ》ぶ）や、サンプルのプロジェクトがまとめられている。

紫色《むらさきいろ》の「新《あたら》しいプロジェクト」をクリックして、プロジェクトのエディターへ移動《いどう》しよう。

プロジェクトのエディターを見《み》てみよう

プロジェクトのエディターをくわしく見《み》てみよう。

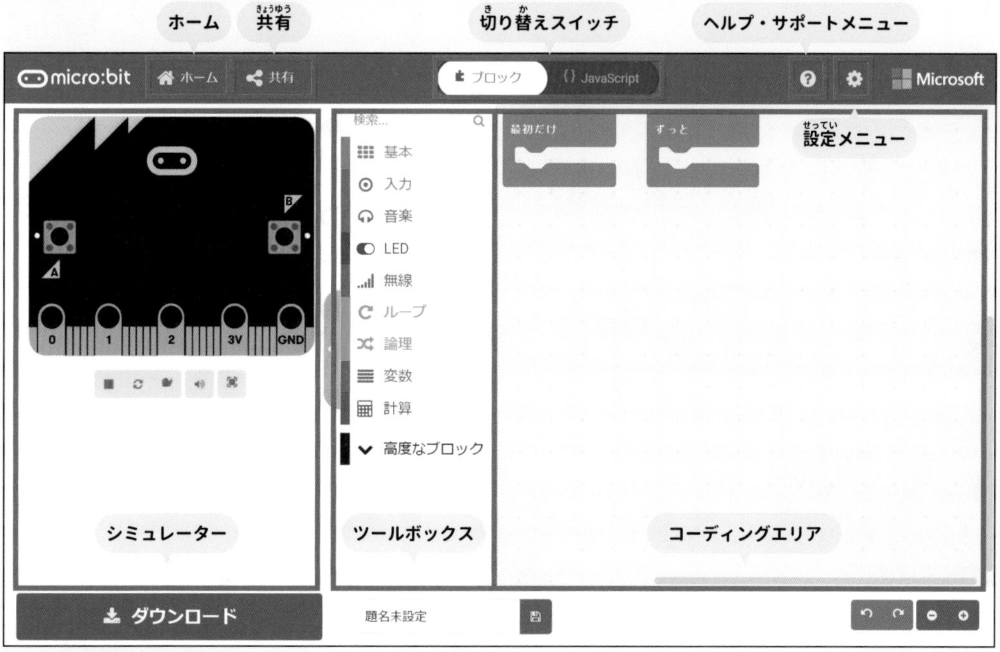

右側《みぎがわ》の広《ひろ》い部分《ぶぶん》がコーディングエリアだ。ブロックで表《あらわ》されたコマンド（命令《めいれい》）を組《く》み合《あ》わせてプログラムを組《く》み立《た》てていくぞ。左側《ひだりがわ》のmicro:bitの画像《がぞう》はシミュレーターだ。組《く》み立《た》てたプログラムがどのように動《うご》くかパソコンの画面上《がめんじょう》で試《ため》せるんだ。

その間《あいだ》にある、カラフルなメニューはツールボックスで、プログラムをつくるためのブロックがカテゴリーごとに入《はい》っている。

次《つぎ》に上部《じょうぶ》の青《あお》い帯《おび》のメニューを見《み》ていこう。

左上《ひだりうえ》のmicro:bitのロゴのとなり、「ホーム」は最初《さいしょ》に開《ひら》いたホーム画面《がめん》へ移動《いどう》するぞ。「共有《きょうゆう》」は今《いま》組《く》み立《た》てたプログラムに公開用《こうかいよう》のURLが与《あた》えられて、インターネット上《じょう》でプログラムを共有《きょうゆう》できる。

「ブロック／ JavaScript」の切《き》り替《か》えスイッチは、コーディングエリアのプログラムを、ブロックやテキスト（JavaScript）に切《き》り替《か》えてくれる。

右《みぎ》から二番目《にばんめ》の「？」は、ヘルプやサポートのメニューだ。一番右《いちばんみぎ》の歯車《はぐるま》のアイコンは設定《せってい》メニューで、ここからも表示言語《ひょうじげんご》を切《き》り替《か》えや、エディターの設定《せってい》ができる。

Lチカにチャレンジ

まずは定番《ていばん》の「Lチカ」にチャレンジしよう。Lチカとは、LEDをチカチカと点滅《てんめつ》させるプログラムをつくることだよ。micro:bitの表面《ひょうめん》には5×5の25個《こ》のLEDが付《つ》いているので、これを思《おも》いどおりに点滅《てんめつ》させよう。

プロジェクトを始《はじ》める

新《あたら》しくプロジェクトを始《はじ》めるために、28ページで紹介《しょうかい》したMakeCodeのページで「新《あたら》しいプロジェクト」をクリックしよう。出《で》てきたエディターのコーディングエリアには「最初《さいしょ》だけ」、「ずっと」という2つの青《あお》いブロックが置《お》かれている。

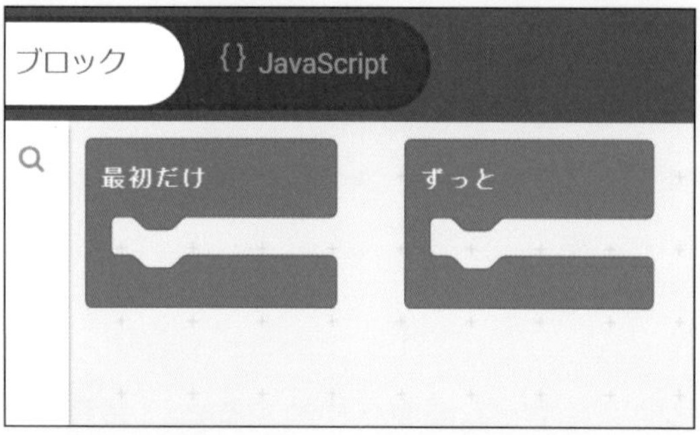

まずは「最初《さいしょ》だけ」のブロックを使《つか》う。LEDを光《ひか》らせるために「LED」カテゴリーの「点灯《てんとう》 x:0 y:0」というブロックを、「最初《さいしょ》だけ」ブロックの中《なか》に追加《ついか》しよう。

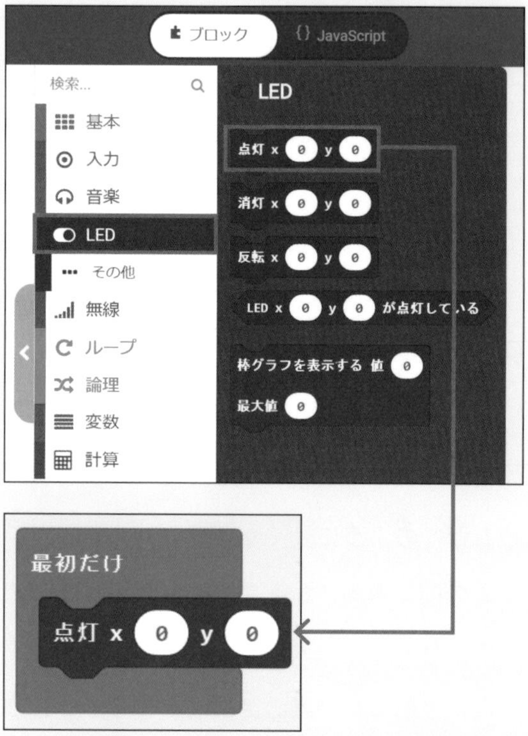

すると画面《がめん》左《ひだり》のシミュレーターで、左上《ひだりうえ》のLEDが点灯《てんとう》するのがわかったかな。

「点灯《てんとう》 x:0 y:0」というブロックはLEDを点《てん》灯《とう》させる命令《めいれい》で、実行後《じっこうご》はLEDが点灯《てんとう》し続《つづ》けるんだよ。

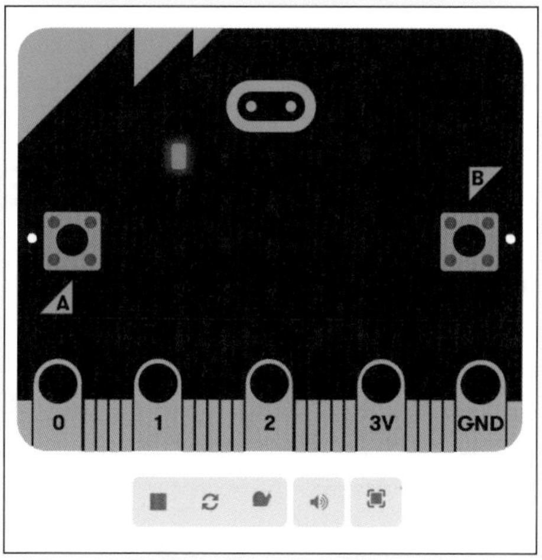

LEDを消《け》したい場合《ばあい》は、LEDを点灯《てんとう》させた後《あと》に消《け》すための命令《めいれい》も加《くわ》えないといけない。そのためのブロックを探《さが》してみよう。「LED」カテゴリーに「消灯《しょうとう》 x:0 y:0」というブロックが見《み》つかったかな。

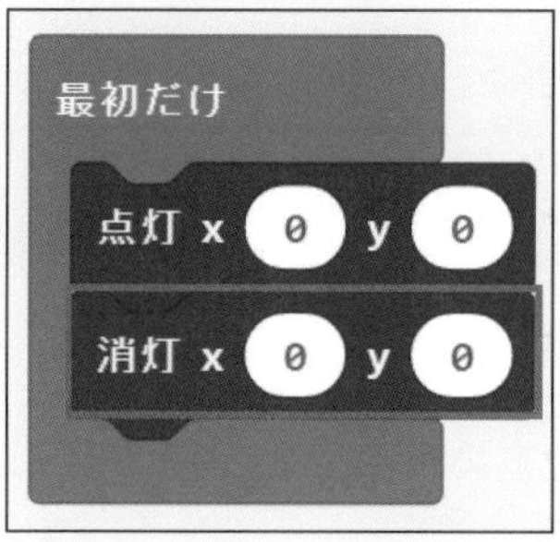

このブロックをプログラムに追加《ついか》するとシミュレーターが変更《へんこう》され、今《いま》まで点《つ》いていたLEDが消《き》えたはずだ。

繰《く》り返《かえ》し点滅《てんめつ》させる

今度《こんど》は繰《く》り返《かえ》し点滅《てんめつ》するようにしてみよう。「ループ」カテゴリーの「くりかえし4回《かい》」というブロックを使《つか》ってみよう。

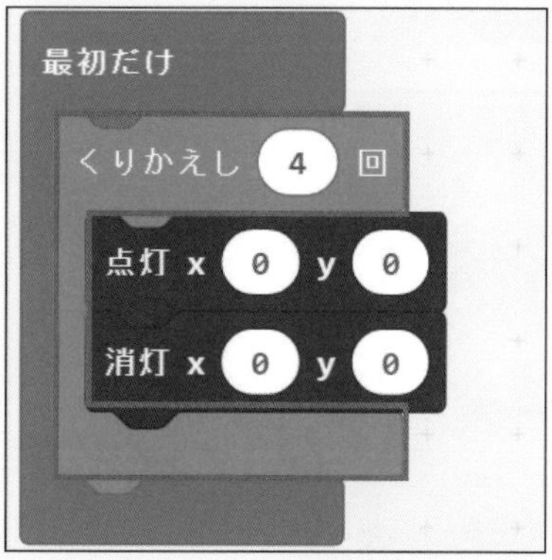

これではシミュレーターは変化《へんか》しないんじゃないかな。そこでシミュレーターの下《した》のカタツムリ（スローモーション）のボタンをクリックしてみよう。オレンジ色《いろ》になってスローモーションが有効《ゆうこう》になる。そして、左《ひだり》どなりの「シミュレーターを再起動《さいきどう》する」ボタンをクリックすると4回《かい》点滅《てんめつ》する様子《ようす》が見《み》られるはずだ。これはプログラムの処理《しょり》が速《はや》すぎて、スローモーションを使《つか》わないとLEDの点滅《てんめつ》が見《み》えないということだ。

ただ、実物《じつぶつ》のmicro:bitにはスローモーションの機能《きのう》はないので、プログラムの途中《とちゅう》で処理《しょり》を待《ま》つ（止《と》める）命令《めいれい》を加《くわ》えてみよう。

「基本《きほん》」カテゴリーの中《なか》に「一時停止《いちじていし》（ミリ秒《びょう》）100」というブロックがあるので、「点灯《てんとう》x:0 y:0」の後《あと》に入《い》れよう。

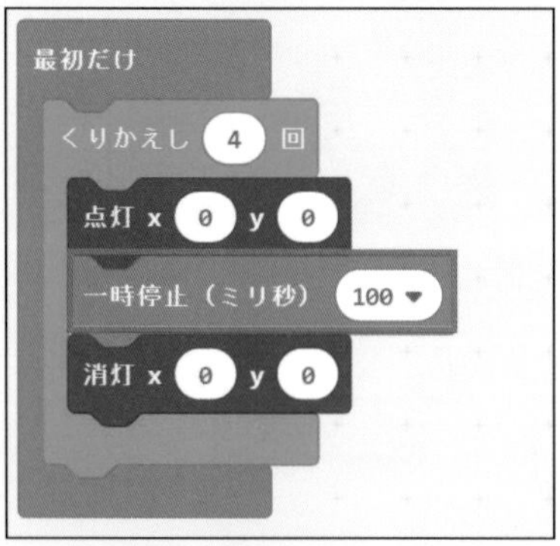

「ミリ秒《びょう》」は1秒《びょう》の1000分《ぶん》の1の長《なが》さのこと。ここでは100ミリ秒《びょう》に設定《せってい》するから1000分《ぶん》の100秒《びょう》、つまり0.1秒《びょう》ということだよ。

カタツムリのボタンをもう一度《いちど》押《お》して、スローモーションを解除《かいじょ》してみよう。これでもまだLEDは点滅《てんめつ》しない。

その理由《りゆう》は、「消灯《しょうとう》」のブロックが実行《じっこう》された後《あと》、そのまま停止《ていし》せず、すぐに点灯《てんとう》が繰《く》り返《かえ》されてしまうからだ。つまり、「一時停止《いちじていし》（ミリ秒《びょう》）100」ブロックは、「消灯《しょうとう》x:0 y:0」の後《あと》にももう1つ必要《ひつよう》なのだ。

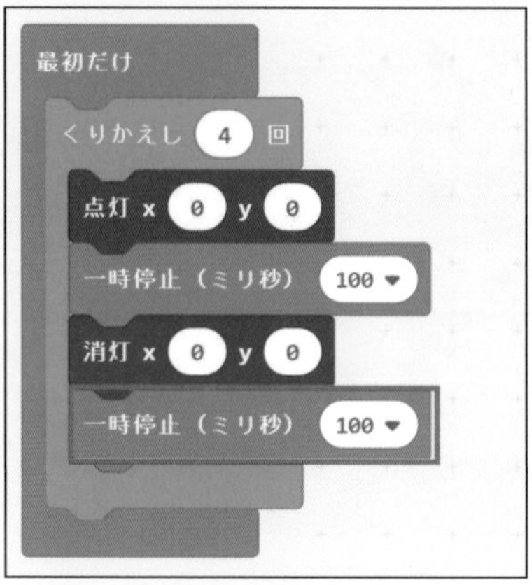

さあこれで、Lチカが完成《かんせい》だ。シミュレーターで確認《かくにん》したら、いよいよmicro:bit本体《ほんたい》に書《か》き込《こ》んでみよう（ブラウザーがChromeのときの書《か》き込《こ》みはこの次《つぎ》から紹介《しょうかい》するよ。Chrome以外《いがい》のブラウザーの場合《ばあい》の書《か》き込《こ》み方法《ほうほう》は37ページを見《み》てね）。

プログラムの書《か》き込《こ》み

プログラムをmicro:bitに書《か》き込《こ》むには、micro:bit本体《ほんたい》をキット付属《ふぞく》のUSBケーブルでパソコンに接続《せつぞく》する。

接続《せつぞく》したら、右上《みぎうえ》の歯車《はぐるま》アイコンの設定《せってい》メニューから、「デバイスを接続《せつぞく》する」を選《えら》んでクリックしよう。

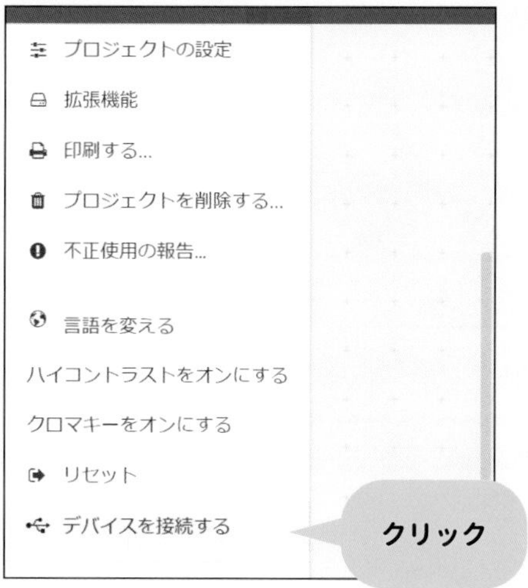

デバイスを接続《せつぞく》するボタンを押《お》すと、ブラウザーの確認画面《かくにんがめん》が出《で》るので、デバイスのリストから「BBC micro:bit CMSIS-DAP」を選《せん》択《たく》して、「接続《せつぞく》」のボタンをクリックしよう。

エディター画面《がめん》の下部《かぶ》に「デバイスを接続《せつぞく》しました。ダウンロードを試《ため》してみてください。」と表示《ひょうじ》され、ページタイトルを示《しめ》すタブには「USB」のアイコンが表示《ひょうじ》されるぞ。

なお、Windows10のアプリ版《ばん》の場合《ばあい》「デバイスを接続《せつぞく》する」が表示《ひょうじ》されない。USBケーブルでつないだら接続操作《せつぞくそうさ》をしなくても、ダウンロードボタンで書《か》き込《こ》まれるぞ。

また、Chrome以外《いがい》のブラウザーの場合《ばあい》も「デバイスを接続《せつぞく》する」が表示《ひょうじ》されない。37ページを見《み》よう。

micro:bitに書《か》き込《こ》むためには、エディター画《が》面《めん》左《ひだり》下《した》のダウンロードボタンを押《お》すだけだ。

プロジェクトの名《な》前《まえ》を付《つ》けるために、下《した》の方《ほう》の「題《だい》名《めい》未《み》設《せっ》定《てい》」と書《か》いてある枠《わく》をクリックして「Lチカ」と書《か》き換《か》えたら、そのとなりの「ダウンロード」のボタンをクリックしよう。

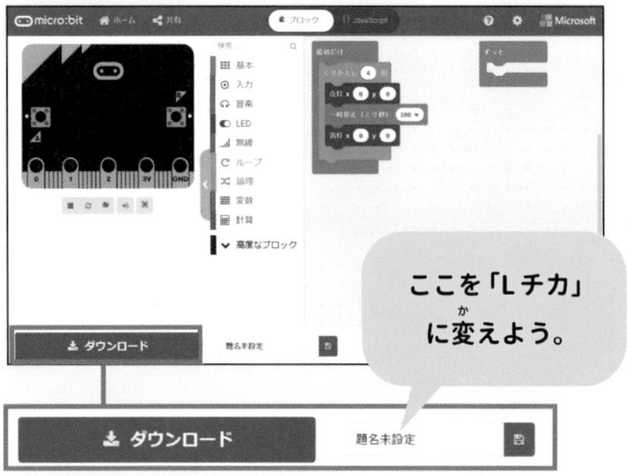

書《か》き込《こ》み中《ちゅう》は、micro:bit本《ほん》体《たい》裏《うら》面《めん》のオレンジ色《いろ》のLEDが点《てん》滅《めつ》する。それが止《と》まるとmicro:bit表面《おもてめん》のLEDが、つくったプログラムのとおりに点《てん》滅《めつ》するはずだ。うまくいかなかったら、ブロックの組《く》み合《あ》わせや書《か》き込《こ》み方《かた》を再《さい》確《かく》認《にん》しよう。また、見《み》逃《のが》してしまった場《ば》合《あい》は裏《うら》面《めん》のリセットボタンを押《お》そう。プログラムがもう一《いち》度《ど》実《じっ》行《こう》されるよ。

MakeCodeはブラウザーにプロジェクトを保《ほ》存《ぞん》しているので、あらためて保《ほ》存《ぞん》の操《そう》作《さ》はしなくてもよい。つくったプロジェクトはどこにあるのかというと、最《さい》初《しょ》に開《ひら》かれる「ホーム画《が》面《めん》」にあるので、画《が》面《めん》左《ひだり》上《うえ》の「ホーム」を押《お》して確《かく》認《にん》してみよう。

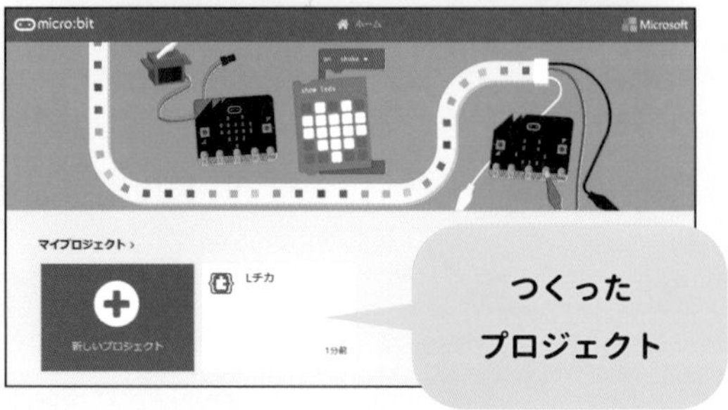

これでLチカのプログラムができたね。それじゃあ、いったん保《ほ》存《ぞん》した「Lチカ」プログラムを開《ひら》いて、プログラムを続《つづ》けていこう。今《こん》度《ど》は名《な》前《まえ》を表《ひょう》示《じ》する機《き》能《のう》を付《つ》け加《くわ》えてみるよ。

プログラムを開《ひら》く、再《さい》編《へん》集《しゅう》する

プログラムを続《つづ》けるには、「ホーム画《が》面《めん》」から、「Lチカ」を開《ひら》いてね。Lチカした後《あと》にキミの名《な》前《まえ》を表《ひょう》示《じ》させてみるよ。「Lチカ」プログラムが開《ひら》いたら、「ずっと」のブロックに「基《き》本《ほん》」カテゴリーの「文《も》字《じ》列《れつ》を表《ひょう》示《じ》“Hello!”」のブロックを追《つい》加《か》してみよう。

“Hello!”の部分《ぶぶん》はクリックすると自由《じゆう》に書《か》き換《か》えられるので、自分《じぶん》の名前《なまえ》をローマ字《じ》で打《う》ち込《こ》んでみよう。シミュレーターに名前《なまえ》が表示《ひょうじ》されたら完成《かんせい》だ。

さっきつくったプロジェクトと見分《みわ》けがつくように「Lチカ-名札《なふだ》」として名前《なまえ》をmicro:bitに書《か》き込《こ》もう。

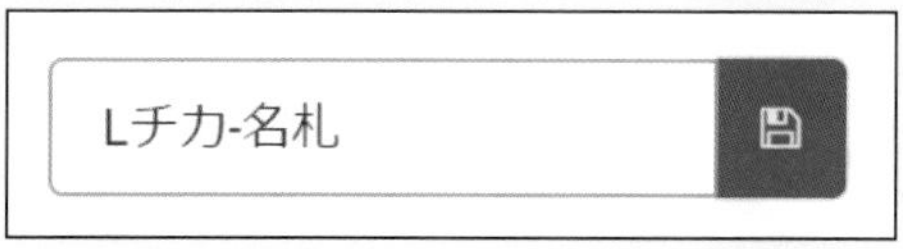

プログラムをmicro:bitに書《か》き込《こ》むと、最《さい》初《しょ》にLチカした後《あと》に名前《なまえ》がずっと繰《く》り返《かえ》し表《ひょう》示《じ》されるよ。Lチカを見逃《みのが》したキミは、micro:bit本体裏面《ほんたいうらめん》のリセットボタンを押《お》してみよう。プログラムが最初《さいしょ》から実行《じっこう》され、Lチカも見《み》られるはずだ。

また、Lチカのプログラムの数字《すうじ》は名前《なまえ》と同《おな》じように書《か》き換《か》えられるよ。いろいろな数《すう》字《じ》を試《ため》して変化《へんか》を確認《かくにん》してみてもいいね。

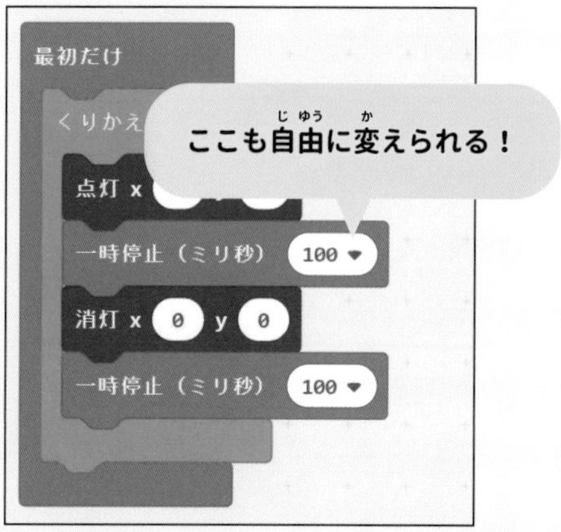

micro:bitをパソコンから取《と》り外《はず》すときは、USBメモリーを外《はず》すときと同《おな》じ取《と》り外《はず》しの操作《そうさ》をすればOKだよ。

プログラムをつくっているときは、ある程度《ていど》の形《かたち》ができたところでmicro:bitに書《か》き込《こ》んで試《ため》してみて、もっとよくするために再編集《さいへんしゅう》する……という流《なが》れの繰《く》り返《かえ》しが大切《たいせつ》だよ！

こんなときどうする？

「デバイスの接続《せつぞく》」がうまくいかないときは？

micro:bitへの書《か》き込《こ》みで「デバイスの接続《せつぞく》」がうまくいかないとき、ファームウェアの更新《こうしん》が必要《ひつよう》かもしれない。

micro:bitにはみんなのつくったプログラムを動作《どうさ》させるために、さらにベースとなって動《うご》いているファームウェアというプログラムがあらかじめ入《はい》っているんだ。通常《つうじょう》はユーザーは触《ふ》れることがないけれど、機能《きのう》が追加《ついか》されたりしたときに更《こう》新《しん》ができるようになっているよ。ここではバージョンの確認《かくにん》の仕方《しかた》を紹介《しょうかい》するぞ。

micro:bitをUSBケーブルを使《つか》ってパソコンに接続《せつぞく》しよう。接続《せつぞく》が完了《かんりょう》すると、追加《ついか》のドライブとしてパソコンから見《み》えるんだ。この中《なか》を見《み》てみると「DETAILS」というテキストファイル(.txt)が入《はい》っている。

これをメモ帳《ちょう》などで開《ひら》くと、下《した》のような内容《ないよう》が表示《ひょうじ》されるので、「Interface Version」と書《か》かれた行《ぎょう》の数字《すうじ》を確認《かくにん》してほしい。

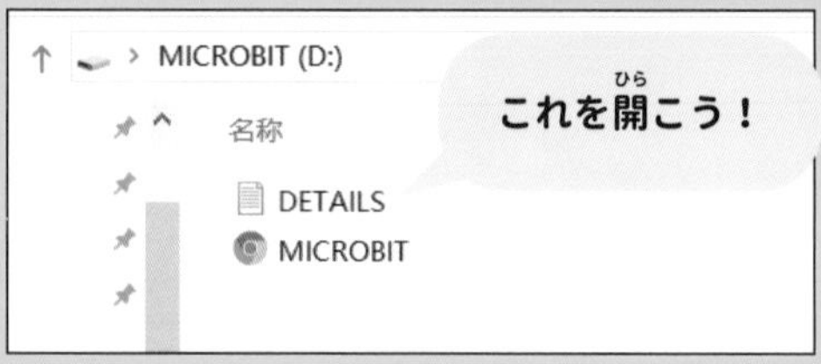

DETAILS - メモ帳
ファイル(F) 編集(E) 書式(O) 表示(V) ヘルプ(H)

```
# DAPLink Firmware - see https://mbed.com/daplink
Unique ID: 9901000050494e45002f200700000001000000000097969901
HIC ID: 97969901
Auto Reset: 1
Automation allowed: 0
Overflow detection: 0
Daplink Mode: Interface
Interface Version: 0249
Bootloader Version: 0243
Git SHA: 9c5fd81e6545d00b7f7c21ca9d8577dbd6a5fed2
Local Mods: 0
USB Interfaces: MSD, CDC, HID, WebUSB
Bootloader CRC: 0x32eb3cfd
Interface CRC: 0xcdb7b2a3
Remount count: 0
URL: https://microbit.org/device/?id=9901&v=0249
```


これが0249以上《いじょう》だと本《ほん》書《しょ》に示《しめ》す.hexの直接《ちょくせつ》ダウンロードが可能《かのう》なので、0249より小《ちい》さい数字《すうじ》(例《たと》えば0243など)が書《か》かれている場合《ばあい》はファームウェアの更新《こうしん》が必要《ひつよう》だ。

ファームウェアの更新《こうしん》の方法《ほうほう》は公式《こうしき》サイトでくわしく紹介《しょうかい》されているので、そちらを見《み》てみてね！

https://microbit.org/ja/guide/firmware/

Chrome以外《いがい》のブラウザーを使用《しよう》する場合《ばあい》の書《か》き込《こ》み方法《ほうほう》

micro:bitを接続《せつぞく》すると、パソコンに「MICROBIT」というドライブが表示《ひょうじ》される（USBメモリーを接続《せつぞく》したときと同《おな》じだよ）。プログラムを書《か》き込《こ》むときは、この「MICROBIT」のドライブの中《なか》にプログラムのファイルを入《い》れればOKだ。

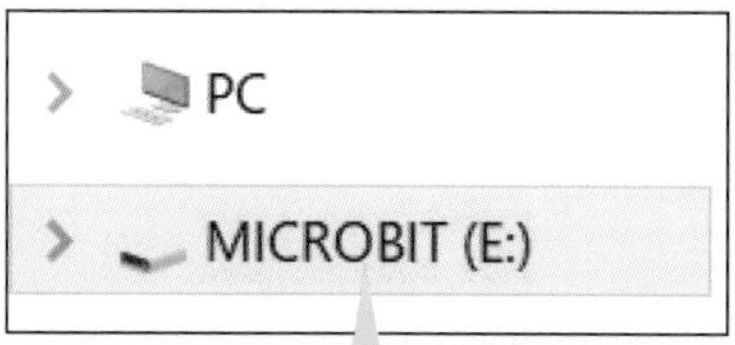

micro:bitをパソコンに接続《せつぞく》するとこのように表示《ひょうじ》される（E:は使用《しよう》するパソコンによって変《か》わる）。

micro:bitに書《か》き込《こ》むファイルは、MakeCodeからダウンロードする。下《した》のほうの「題名未設定《だいめいみせってい》」と書《か》いてある枠《わく》をクリックして「Lチカ」と書《か》き換《か》えたら、そのとなりの「ダウンロード」のボタンをクリックしよう。

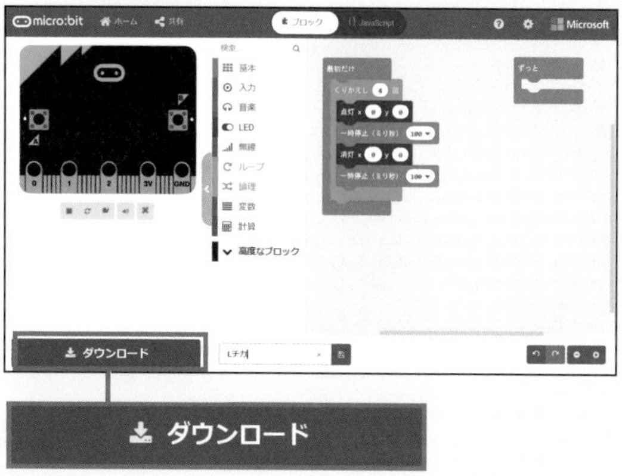

すると「microbit-Lチカ.hex」というファイルがパソコンにダウンロードされるので、MICROBITのドライブにドラッグ＆ドロップしてみよう。

書《か》き込《こ》み中《ちゅう》は、コピー中《ちゅう》の表示《ひょうじ》が出《で》て、micro:bit本体裏面《ほんたいうらめん》のオレンジ色《いろ》のLEDが点《てん》滅《めつ》する。

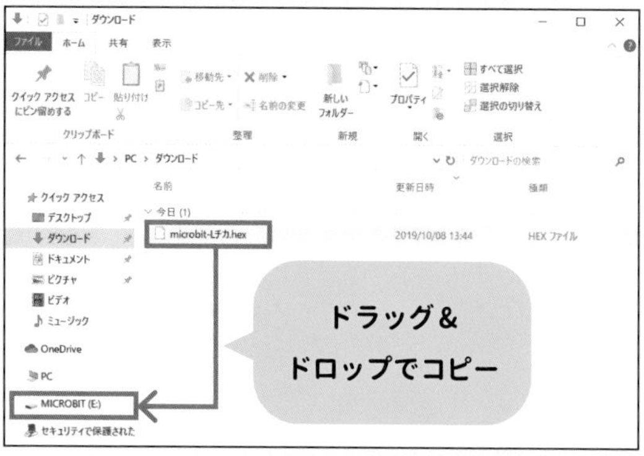

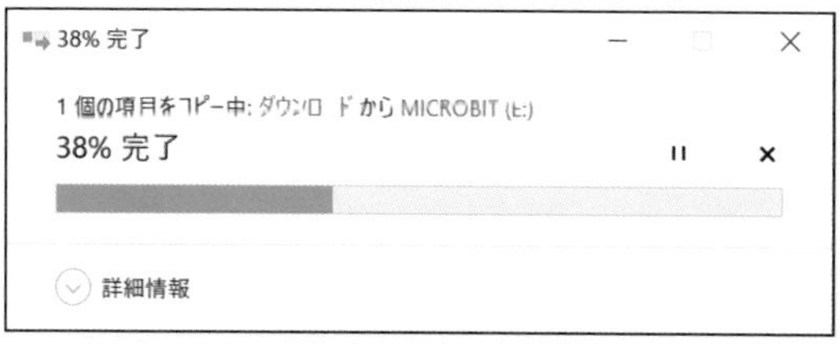

プログラムを何度《なんど》か試《ため》す場合《ばあい》は、自分《じぶん》が実《じっ》行《こう》したいファイルを、micro:bitにコピーしているか必《かなら》ず確認《かくにん》しよう。

Lチカでマスターしたいプログラムのポイント

さて、Lチカを実際《じっさい》につくってみて、micro:bitとMakeCodeの使《つか》い方《かた》がなんとなくわかってきただろうか。ここではよりくわしく操作方法《そうさほうほう》を見《み》てみるぞ。

ブロック操作《そうさ》に慣《な》れよう

ブロックをつなげるときは、ブロックのでっぱり部分《ぶぶん》と、へこんでいる部分《ぶぶん》をちゃんとあわせることが必要《ひつよう》だよ。追加《ついか》したいブロックをドラッグして、つなげたいブロックのところに持《も》っていくとき、つなげたいブロックのでっぱり部分《ぶぶん》が黄色《きいろ》くなったらドロップしてね。そうすればきちんとつながるよ。パソコンの音《おと》が出《で》る設定《せってい》にしていると、ちゃんとつながったときに「カチッ」という音《おと》がするので、それも参考《さんこう》にしてね。

「最初《さいしょ》だけ」や「ずっと」のような逆《ぎゃく》コの字《じ》型《がた》のブロックにはいくつもブロックを追加《ついか》できるぞ。

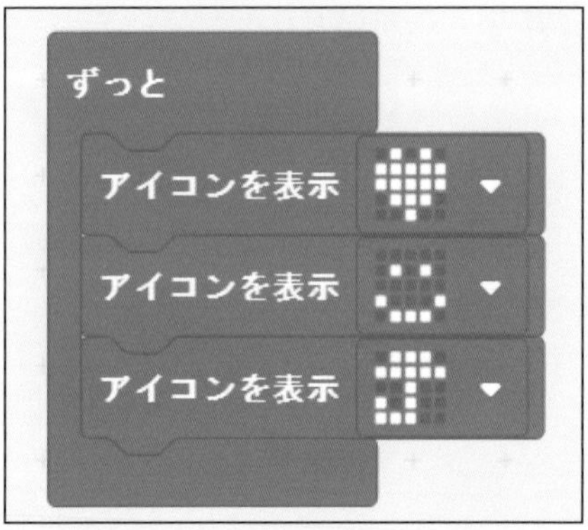

MakeCodeのブロックにはさまざまな形《かたち》があるけど、Lチカで主《おも》に使《つか》ったブロックは以下《いか》のような、命令《めいれい》（コマンド）ブロックだ。

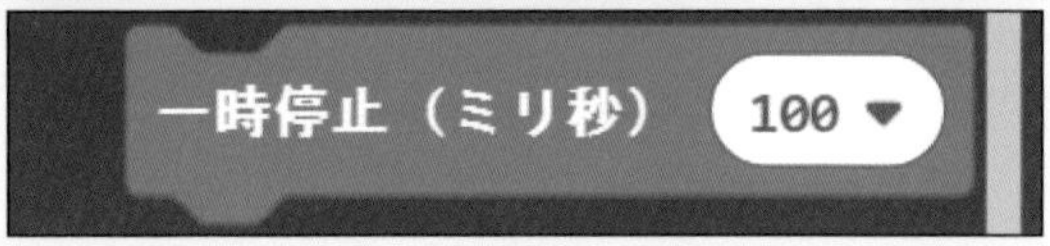

白《しろ》い穴部分《あなぶぶん》がある場合《ばあい》は内容《ないよう》を書《か》き換《か》えることができる。

右端《みぎはし》の小《ちい》さな三角形《さんかくけい》で、選択《せんたく》するメニューになっていることもあるぞ。

もう1つ、初《はじ》めから入《はい》っていた逆《ぎゃく》コの字型《じがた》

のブロックはイベントブロックだ。

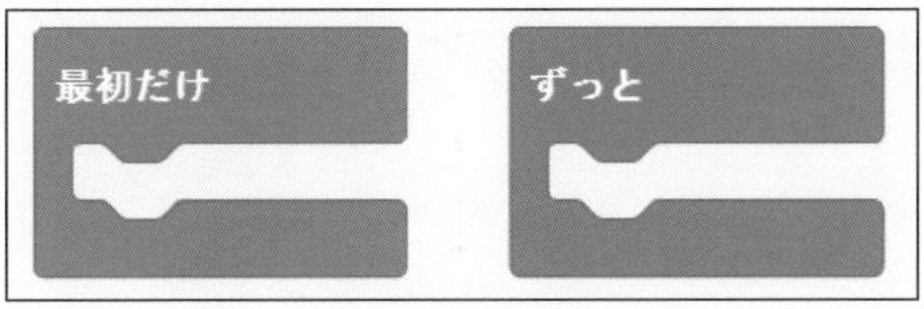

それぞれ空《あ》いた部分《ぶぶん》にブロックをいくつでも追加《ついか》できる。「最初《さいしょ》だけ」のブロックは起動《きどう》時《じ》に一度《いちど》だけ、「ずっと」のブロックは最初《さいしょ》だけの後《あと》にずっと繰《く》り返《かえ》すブロックだ。

ブロックを分解《ぶんかい》するときは、つかんだブロックより下《した》のブロックがつながって移動《いどう》する。いくつか組《く》み立《た》てて間《あいだ》に挟《はさ》まったブロックを取《と》り出《だ》したいというときはいったんバラしてもう一度《いちど》組《く》み立《た》てなおそう。

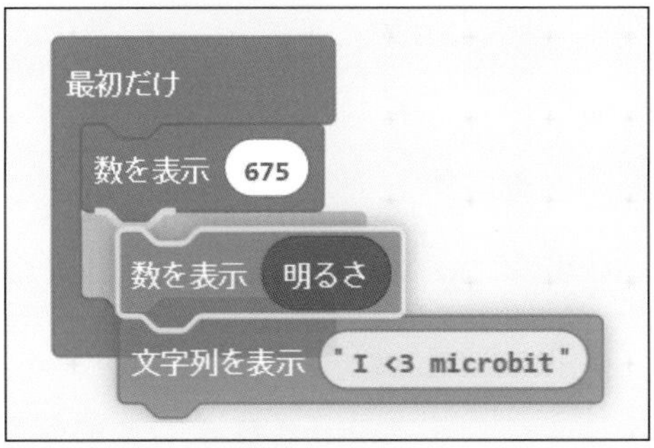

また、外《はず》して単独《たんどく》で置《お》かれているブロックや、重複《ちょうふく》して後《あと》から置《お》かれたブロックは、実行《じっこう》されない目印《めじるし》として、グレーになって表示《ひょうじ》される。

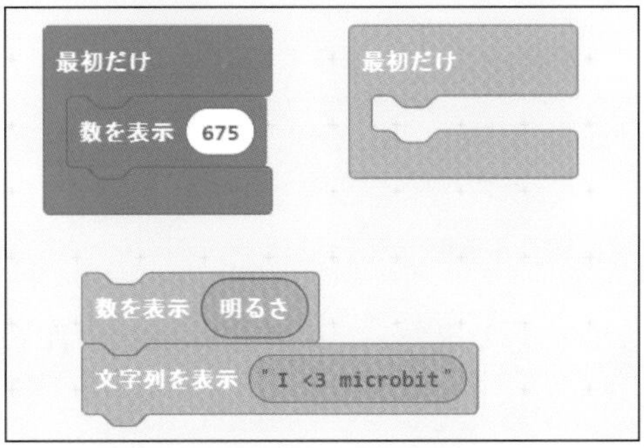

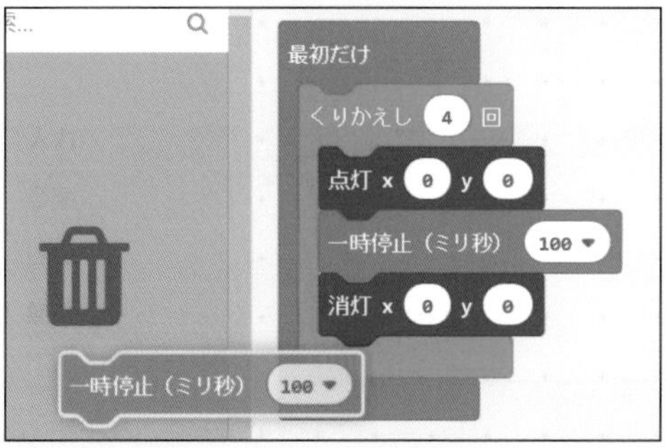

ブロックをコーディングエリアから削除《さくじょ》したい場合《ばあい》は、ツールボックスのほうにドラッグするとゴミ箱《ばこ》のアイコンが表示《ひょうじ》されるので、そこにドロップすればいい。

シミュレーターを見《み》てみよう

エディターの左側《ひだりがわ》にあるのがシミュレーターだ。ウィンドウの幅《はば》や画面《がめん》サイズによっては下《した》に小《ちい》さく表示《ひょうじ》されるかもしれない。

シミュレーターの操作《そうさ》ボタンは、左《ひだり》から「シミュレーターの開始《かいし》/停止《ていし》」「シミュレーターの再起動《さいきどう》」「スローモーション実行《じっこう》」「音《おと》を止《と》める」「全画面表示《ぜんがめんひょうじ》」だ。さらにその右《みぎ》に「シミュレーターを隠《かく》す」タブもある。コーディングエリアを広《ひろ》くしたい場合《ばあい》に便利《べんり》だ。

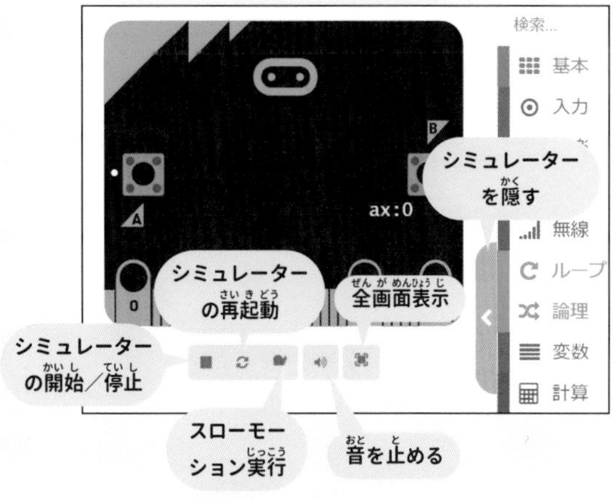

探《たん》検《けん》ウォッチを組《く》み立《た》てよう！

micro:bitでLチカプログラミングの体験《たいけん》をしたところで、いよいよ「KoKa micro:bit探検《たんけん》ウォッチキット」の組《く》み立《た》てだ。

セットを取《と》り出《だ》して、下《した》の部品《ぶひん》を準備《じゅんび》しよう。

- **micro:bit本体《ほんたい》1個《こ》**
- **バングルモジュール1個《こ》**
- **ネジ3本《ぼん》**
- **ボタン電池《でんち》1個《こ》**
- **マジックバンド1本《ぽん》**

必要《ひつよう》なものはそろっているかな。micro:bit本体《ほんたい》がパソコンや電池《でんち》ボックスにつながっている場合《ばあい》は、取《と》り外《はず》しておこう。

バングルモジュールを取《と》り付《つ》ける

バングルモジュールは、スピーカー、電池《でんち》クリップ（ボタン電池用《でんちよう》）、電源《でんげん》スイッチのついたmicro:bit拡張《かくちょう》モジュールだ。まずは電池《でんち》をプラスマイナスに気《き》をつけて、バングルモジュールのクリップに収《おさ》めよう。

注意《ちゅうい》！

ボタン電池《でんち》は使用前《しようまえ》、使用済《しようず》みにかかわらず、誤《あやま》って飲《の》み込《こ》むととても危険《きけん》だ。電池《でんち》の管理《かんり》をしっかりしておこう。

電池《でんち》をセットしたら、ネジを3本《ぼん》使《つか》ってmicro:bit本体《ほんたい》にバングルモジュールを取《と》り付《つ》けよう。

はじめにGNDの端子《たんし》（右端《みぎはし》）、次《つぎ》に0番《ばん》の端子《たんし》、最後《さいご》に3Vの端子《たんし》の順《じゅん》に、ネジが回らなくなるところまでねじ込《こ》んでみよう。

3つともできたら、端《はし》から順番《じゅんばん》にそれぞれのネジが緩《ゆる》んでいないか確認《かくにん》しよう。

次《つぎ》に、バングルモジュールの電池《でんち》クリップの付近《ふきん》を見《み》てみよう。小《ちい》さなスイッチがあるよね。これが電源《でんげん》スイッチなので試《ため》しにオンにしてみよう。さっきつくったLチカのプログラムが実行《じっこう》されたかな？

最後《さいご》にマジックバンドを、本体《ほんたい》の裏面《うらめん》のスリットに通《とお》そう。これで腕《うで》に巻《ま》くことができるよ！

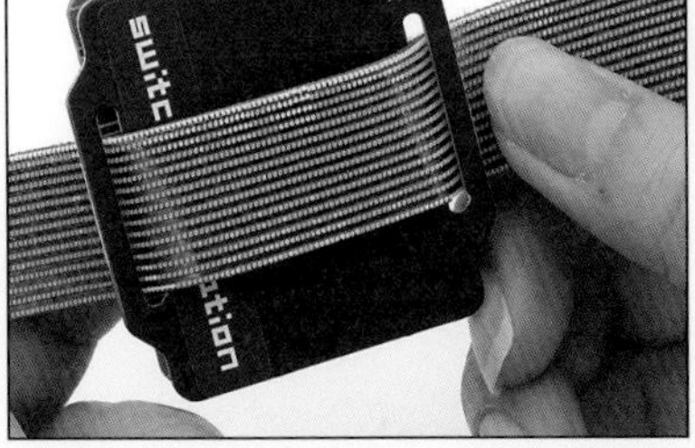

さぁ、これから探検《たんけん》ウォッチの機能《きのう》として、野外活動《やがいかつどう》や旅行《りょこう》に役立《やくだ》つプログラムをつくっていくよ。探検《たんけん》ウォッチの機能《きのう》をつくりながら、micro:bitでのプログラミングにチャレンジしていこう！

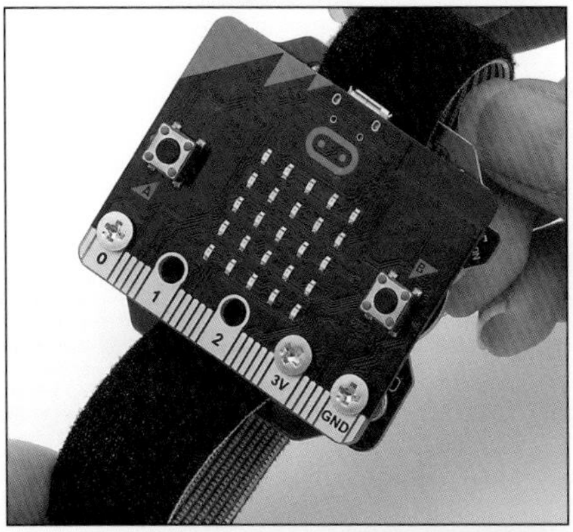

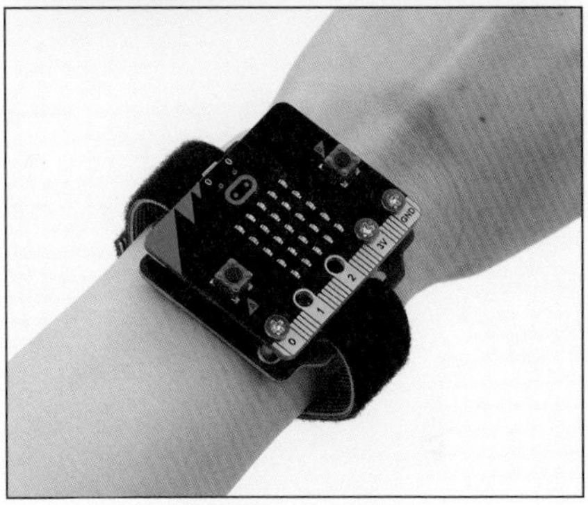

失敗《しっぱい》を恐《おそ》れずに プログラミングに挑戦《ちょうせん》しよう

Part3から探検《たんけん》ウォッチのプログラミングを進《すす》めていくけど、ここでいくつかポイントをまとめておくぞ。

興味《きょうみ》のあるものから進《すす》めよう

探検《たんけん》ウォッチに使《つか》われているmicro:bitにはいくつものセンサーがある。それぞれのセンサーを活《い》かしたプログラムを紹介《しょうかい》しているので、興味《きょうみ》があるものから始《はじ》めても大丈夫《だいじょうぶ》だ。

簡単《かんたん》なものと複雑《ふくざつ》なものを紹介《しょうかい》

1つのセンサーについて、動作《どうさ》を確認《かくにん》するための簡単《かんたん》なプログラムと、そのセンサーを活用《かつよう》して実際《じっさい》に遊《あそ》べるプログラムの2つを紹介《しょうかい》している。まずは簡単《かんたん》なほうからやってみよう！

探検《たんけん》ウォッチのリセットは、電源《でんげん》スイッチで

探検《たんけん》ウォッチをリセットすると、プログラムを再起動《さいきどう》できる。でも探検《たんけん》ウォッチを組《く》み立《た》てた状《じょう》態《たい》ではリセットボタンが押《お》しにくいんだ。先《さき》の細《ほそ》いもので隙間《すきま》から押《お》すこともできるけれど、電源《でんげん》スイッチのオン／オフでもリセットは可能《かのう》だ。ただしUSBケーブルでPCとつながっている場合《ばあい》、この方法《ほうほう》では電源《でんげん》スイッチをオフにしてもmicro:bitは起動《きどう》されたままで効果《こうか》がないので注意《ちゅうい》しよう。

途中《とちゅう》でも書《か》き込《こ》んで試《ため》してみよう

プログラムをつくるときは最初《さいしょ》から最後《さいご》まで一気《いっき》に組《く》み立《た》てて完成《かんせい》させるものじゃない。一度《いちど》書《か》き込《こ》んで部分的《ぶぶんてき》なしくみについて試《ため》すといった試行錯誤《しこうさくご》が必要《ひつよう》だ。「書《か》き込《こ》んで試《ため》してみよう」と書《か》かれていたら、そこまでの手順《てじゅん》がうまくいったか試《ため》してみよう。

うまくいかないこともある

試《ため》しにつくってみてもうまくいかないときは、プログラムを削除《さくじょ》して別《べつ》の方法《ほうほう》を試《ため》さないといけないこともある。例《たと》えば、68～73ページで紹介《しょうかい》するサウンドヨーヨー（音《おと》を鳴《な》らすプログラム）では、次《つぎ》のような試行錯誤《しこうさくご》があったよ。プログラムをつくり替《か》えるときは、不要《ふよう》になったブロックは実行《じっこう》されないようによけて置《お》いたり、削除《さくじょ》したりするなど工夫《くふう》して進《すす》めてね。

①簡単《かんたん》につくれるプログラムで試《ため》してみる

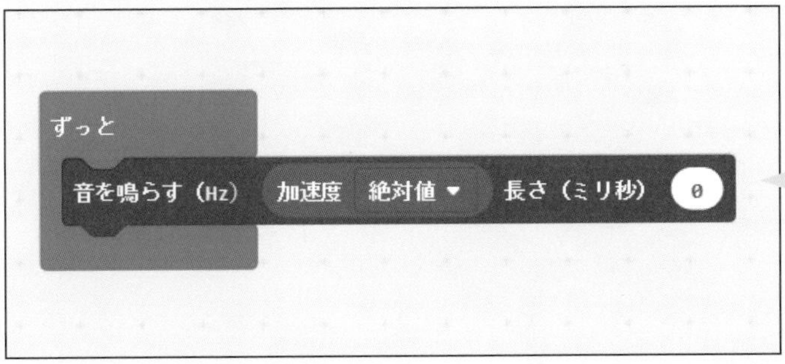

音《おと》は鳴《な》るけど、音《おと》の高《たか》さが安定《あんてい》しない。もっとよい方法《ほうほう》はないかな？

②うまくいかなかった理由《りゆう》をもとに別《べつ》の方法《ほうほう》を考《かんが》える

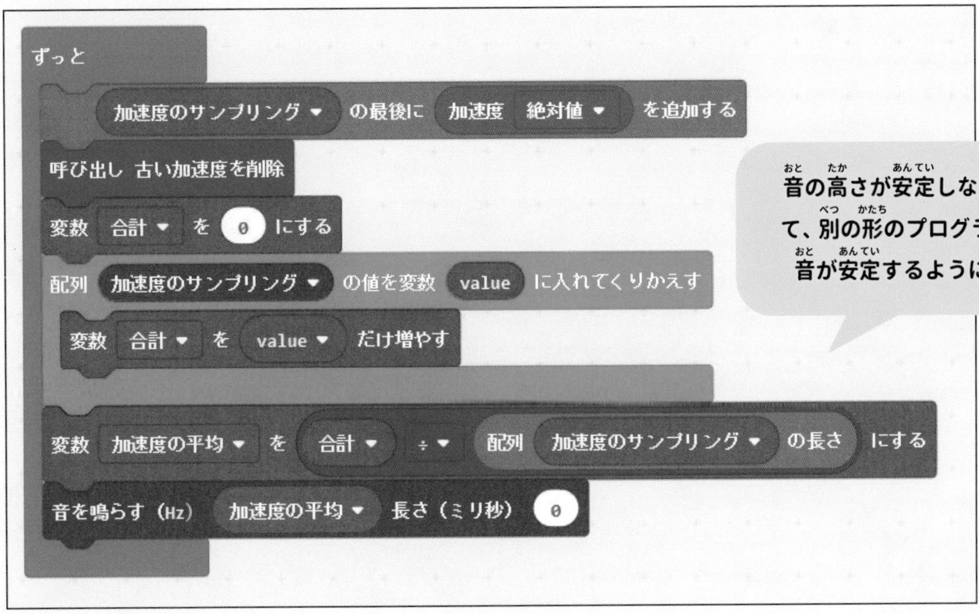

音《おと》の高《たか》さが安定《あんてい》しない理由《りゆう》を考《かんが》えて、別《べつ》の形《かたち》のプログラムに変《か》えた。音《おと》が安定《あんてい》するようになったよ！

Part 3

探《たん》検《けん》ウォッチであそぼう！

さぁ、いよいよ本格的《ほんかくてき》にプログラミングに
チャレンジしていくよ!
micro:bitのいろいろなセンサーの
しくみを押《お》さえていきながら、
探検《たんけん》ウォッチで楽《たの》しめるプログラムを
どんどんつくっていこう!
一度《いちど》に完成《かんせい》をめざすのではなく、
自分《じぶん》のペースで進《すす》めてね。

Part3はココがポイント!

☑ センサーのしくみを覚《おぼ》えよう!

☑ 実際《じっさい》に試《ため》しながらプログラムを
完成《かんせい》させよう!

☑ うまく動《うご》かないときは
その理由《りゆう》を考《かんが》えよう!

光《ひかり》センサーを使《つか》ってみよう！

最初《さいしょ》に明《あか》るさを調《しら》べる光《ひかり》センサーの機能《きのう》を使《つか》ってみよう。micro:bitの表面《おもてめん》のLEDは実《じつ》は光《ひかり》センサーとしても使《つか》えるんだ。

LEDは電流《でんりゅう》を流《なが》すと光《ひか》るけど、逆《ぎゃく》に光《ひかり》が当《あ》たったときは電流《でんりゅう》が流《なが》れる。この電流《でんりゅう》の量《りょう》を調《しら》べることでmicro:bitは周囲《しゅうい》の明《あか》るさがわかるんだよ（47ページのコラムも見《み》てね）。

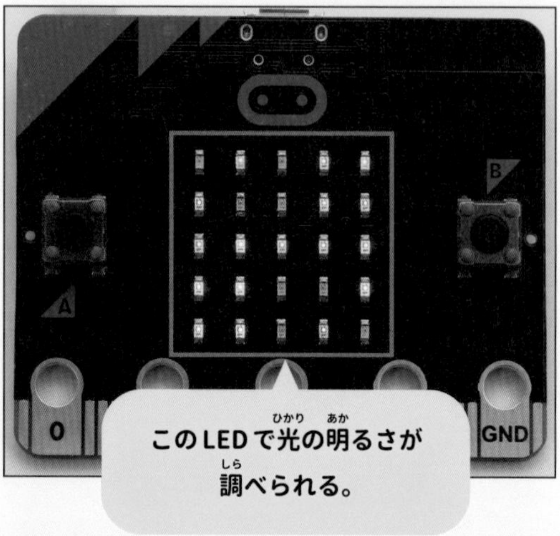

表示《ひょうじ》するプログラムをつくろう

さっそく明《あか》るさを調《しら》べるプログラムをつくっていこう。「ボタンAを押《お》したときの明《あか》るさをLEDに表示《ひょうじ》する」という内容《ないよう》にするぞ。明《あか》るさを調《しら》べるのに使《つか》うのは「入力《にゅうりょく》」カテゴリーにある「明《あか》るさ」ブロックだ。これを「基本《きほん》」カテゴリーの「数《かず》を表示《ひょうじ》“0”」ブロックと組《く》み合《あ》わせる（“0”のところに「明《あか》るさ」ブロックをはめ込《こ》む）と、調《しら》べた明《あか》るさをLEDで表示《ひょうじ》できるようになるんだ❶。

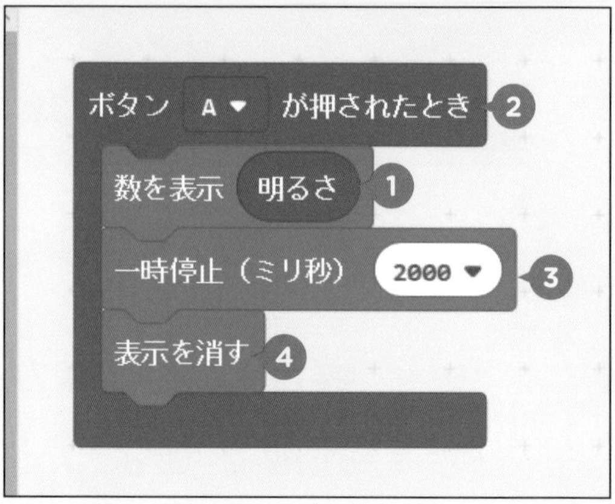

この組《く》み合《あ》わせたブロックを「入力《にゅうりょく》」カテゴリーにある「ボタン“A”が押《お》されたとき」ブロックの中《なか》に入《い》れると、ボタンAを押《お》すたびに明《あか》るさを表示《ひょうじ》できるようになるぞ❷。さらに表示《ひょうじ》する時間《じかん》を変《か》えるには、「基本《きほん》」カテゴリーの「一時停止《いちじていし》（ミリ秒《びょう》）“100”」ブロックを使《つか》おう。ミリ秒《びょう》は32ページでも出《で》てきたね。ここでは2秒《びょう》（2000ミリ秒《びょう》）表示《ひょうじ》するようにしてみるよ。「100▼」の部分《ぶぶん》をクリックして「2 seconds（英語《えいご》で2秒《びょう》を意味《いみ》する）」を選択《せんたく》すると、2000ミリ秒《びょう》を示《しめ》す“2000”に切《き》り替《か》わるぞ❸。最後《さいご》に2秒経《びょうた》ったらLEDの表示《ひょうじ》が消《き》えるように、「基本《きほん》」カテゴリーを選《えら》んだときに

出《で》てくる「その他《た》」カテゴリーにある「表示《ひょうじ》を消《け》す」ブロックを加《くわ》えよう❹。

これで、ボタンAを押《お》したときにLEDに明《あか》るさを２秒間表示《びょうかんひょうじ》するプログラムが完成《かんせい》だ。シミュレーターで試《ため》してみると、「128」と表示《ひょうじ》されたんじゃないかな？　これはシミュレーターでの明《あか》るさが128を初期設定《しょきせってい》としているからなんだ。左上《ひだりうえ》に表示《ひょうじ》される現在《げんざい》の明《あか》るさを示《しめ》すインターフェースをドラッグすると明《あか》るさを変《か》えられるから、ほかの明《あか》るさの数値《すうち》も表示《ひょうじ》できるぞ。なお、２秒《びょう》で表示《ひょうじ》が消《き》えるのは明《あか》るさの数値《すうち》が１桁《けた》の場合《ばあい》だけ。２桁以上《けたいじょう》の数値《すうち》が表示《ひょうじ》されるときは、数字《すうじ》を１桁《けた》ずつ表示《ひょうじ》するのに時間《じかん》がかかるため、２秒以上《びょういじょう》かかってしまうんだ。

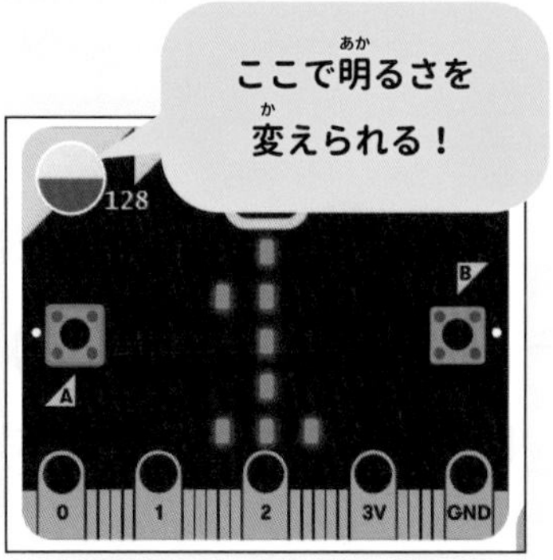

ここまでできたらmicro:bitに書《か》き込《こ》んで試《ため》してみよう（書《か》き込《こ》み方《かた》は32～37ページ参照《さんしょう》）。ボタンAが押《お》されたときに明《あか》るさを数値《すうち》で表示《ひょうじ》するようにしたので、いろいろな場所《ばしょ》でボタンを押《お》してみよう。部屋《へや》の明《あ》かりを点《つ》けたり消《け》したり、探検《たんけん》ウォッチを手《て》で覆《おお》ったり、懐中電灯《かいちゅうでんとう》を近《ちか》づけたりするなど、LEDに当《あ》たる光《ひかり》を変《か》えてみるといいね。LEDには0～255の数字《すうじ》が表示《ひょうじ》されるね。これが計測《けいそく》した光《ひかり》の明《あか》るさのレベルだ。数字《すうじ》が小《ちい》さいほど暗《くら》く、大《おお》きいほど明《あか》るいということだよ。

もっと知りたい！

LEDとフォトダイオード

micro:bitのディスプレイは25個《こ》のチップLEDでできている。ここに当《あ》たる光《ひかり》の明《あか》るさを調《しら》べられるんだけど、どのようなしくみなのか、くわしく説明《せつめい》するよ。

光《ひかり》の明《あか》るさを感知《かんち》する電子部品《でんしぶひん》に「フォトダイオード」と呼《よ》ばれるものがある。フォトダイオードは半導体《はんどうたい》でできていて、物質《ぶっしつ》に光《ひかり》が当《あ》たったときに起《お》こる「光起電力効果《ひかりきでんりょくこうか》」によって発生《はっせい》する「起電力《きでんりょく》」を使《つか》って、明《あか》るさを感知《かんち》している。

光起電力効果《ひかりきでんりょくこうか》とは、２種類《しゅるい》の性質《せいしつ》の異《こと》なる物質《ぶっしつ》を組《く》み合《あ》わせ、そこに光《ひかり》が当《あ》たったときに一方《いっぽう》の物質《ぶっしつ》の電子《でんし》が飛《と》び出《だ》し、その跡《あと》を埋《う》めるためにもう一方《いっぽう》の物質《ぶっしつ》から電子《でんし》が移動《いどう》し起電力《きでんりょく》が生《う》まれる（電流《でんりゅう》を流《なが》すための電圧《でんあつ》を生《う》み出《だ》す）現象《げんしょう》なんだ。

LEDは発光《はっこう》ダイオードとも呼《よ》ばれ、フォトダイオードと構造《こうぞう》がそっくりだ。電流《でんりゅう》を流《なが》して光《ひか》らせるのが通常《つうじょう》の使《つか》い方《かた》だけど、実《じつ》は、フォトダイオードのように光《ひかり》を当《あ》てると電流《でんりゅう》が発生《はっせい》するので、micro:bitではその量《りょう》を光《ひかり》の明《あか》るさとしているんだ。

暗《くら》くなったら点灯《てんとう》する ライトをつくろう

今度《こんど》は光《ひかり》センサーを応用《おうよう》して、周囲《しゅうい》が暗《くら》くなったら自動的《じどうてき》にLEDが点灯《てんとう》するライトをつくってみよう。プログラムとしては、まず明《あか》るさを調《しら》べて、その値《あたい》が一定《いってい》の数値《すうち》より小《ちい》さくなったら、ディスプレイのLEDを全部点《ぜんぶてん》灯《とう》させる、というものにするよ。

まず、下《した》のように「変数《へんすう》」カテゴリーで変《へん》数《すう》「検知《けんち》した明《あか》るさ」をつくる。変数《へんすう》「"検知《けんち》した明《あか》るさ"を"0"にする」ブロックの"0"に、「明《あか》るさ」ブロックを入《い》れよう❶。これを「ずっと」ブロックの中《なか》に入《い》れるぞ❷。

さらに「論理《ろんり》」カテゴリーの「もし"真《しん》"なら～でなければ～」ブロックを組《く》み合《あ》わせる❸。

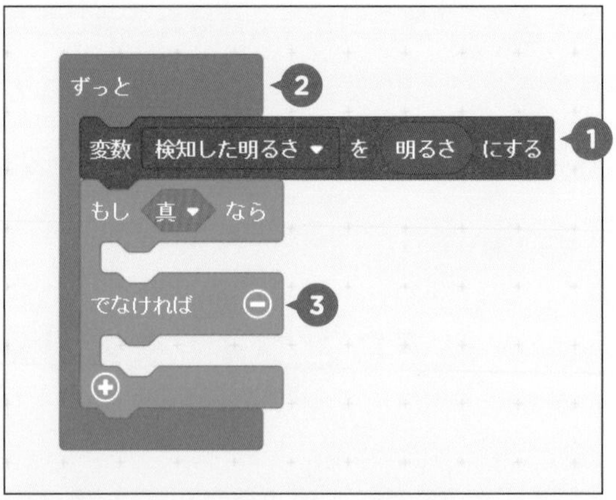

"真《しん》"の部分《ぶぶん》には「論理《ろんり》」カテゴリーの「"0"＜"0"」ブロックを入《い》れ、前《まえ》の"0"には「検《けん》

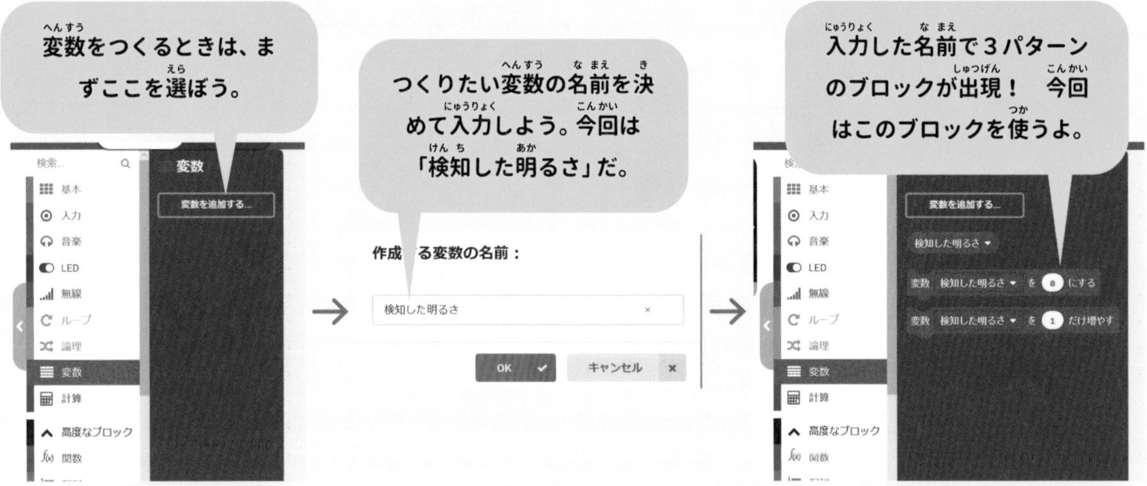

知《ち》した明《あか》るさ」ブロック、後《うし》ろの“０”には20を入《い》れて、「“検知《けんち》した明《あか》るさ”＜“20”」とする❹。

この下《した》に「LED画面《がめん》に表示《ひょうじ》」ブロックを組《く》み合《あ》わせる❺。

「でなければ～」のほうには、「表示《ひょうじ》を消《け》す」ブロックを組《く》み合《あ》わせるぞ❻。これで、光《ひかり》センサーで検知《けんち》した明《あか》るさが20以下《いか》ならLEDディスプレイが点灯《てんとう》し、そうでなければ消《き》えるというプログラムになった。

なお、❺の「LED画面《がめん》に表示《ひょうじ》」ブロックは最初《さいしょ》は1つも点灯《てんとう》していない状態《じょうたい》なので、マスの部分《ぶぶん》をクリックして点灯《てんとう》させよう。

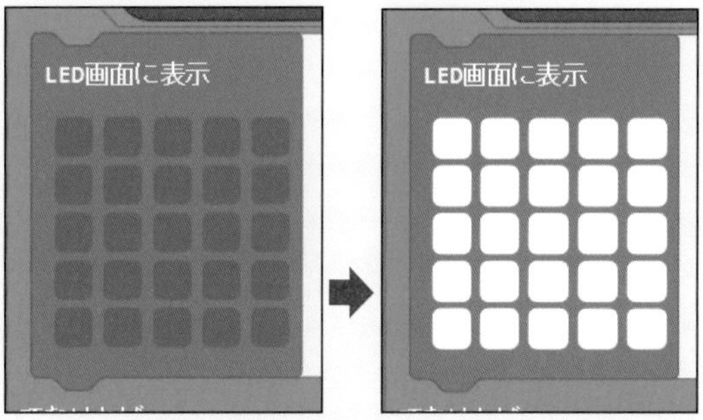

プログラムができたら、「暗《くら》くなると光《ひか》るライト」という名前《なまえ》にして保存《ほぞん》して、探検《たんけん》ウォッチに書《か》き込《こ》んで試《ため》してみよう。筆者《ひっしゃ》の場合《ばあい》は、手《て》で影《かげ》をつくった程度《ていど》で反応《はんのう》してLEDが点灯《てんとう》したけど、キミの環境《かんきょう》ではどうだろう。もしLEDが点灯《てんとう》しない場合《ばあい》は、周囲《しゅうい》が明《あか》るくて、検知《けんち》した明《あか》るさが設定《せってい》した20より小《ちい》さくならないということも考《かんが》えられるから、46～47ページで測《はか》った自分《じぶん》の部屋《へや》の数値《すうち》に合《あ》わせて、20よりも大《おお》きく設定《せってい》してみよう。

このプログラムを使《つか》えば、いきなり暗《くら》い部屋《へや》に入《はい》ったときにも安心《あんしん》だね。

ひきだし監視《かんし》アラームをつくろう

ここからは自分《じぶん》の机《つくえ》のひきだしの中《なか》に探検《たんけん》ウォッチを置《お》いて、ひきだしがあけられた（明《あか》るくなった）ときに警告音《けいこくおん》を鳴《な》らしてくれるプログラムをつくってみよう。例《たと》えば、大事《だいじ》なものが入《はい》っているひきだしの中《なか》にいっしょに入《い》れておくといった使《つか》い方《かた》ができそうだね。自分《じぶん》がいないときに誰《だれ》かがあけた場合《ばあい》に、その回数《かいすう》を記録《きろく》しておくという機能《きのう》もつくるよ。

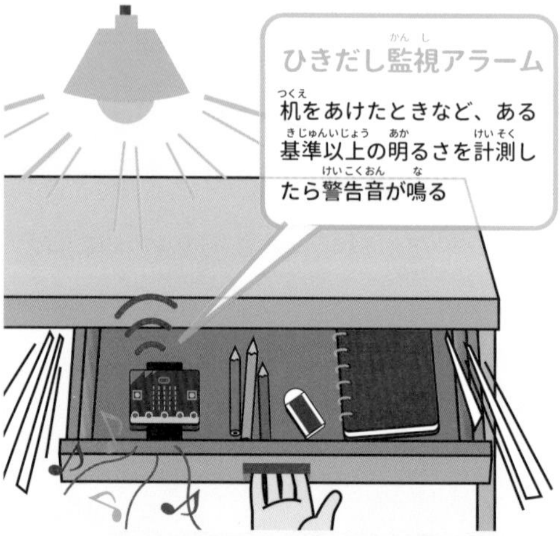

明《あか》るさを感知《かんち》し続《つづ》けるプログラムをつくる

ここでつくる「ひきだし監視《かんし》アラーム」は、基準《きじゅん》の明《あか》るさとして「ひきだしの中《なか》での明《あか》るさの数値《すうち》」を設定《せってい》しておいて、ひきだしをあけたときに計測《けいそく》される明《あか》るさの数値《すうち》が、基準《きじゅん》の数値《すうち》を超《こ》えることで警告音《けいこくおん》が鳴《な》るというしくみだ。

まず、明《あか》るさを感知《かんち》するプログラムをつくるよ。「論理《ろんり》」カテゴリーの「もし“真《しん》”なら～」ブロックを「ずっと」ブロックの中《なか》に入《い》れよう❶。さらに“真《しん》”の部分《ぶぶん》に同《おな》じく「論理《ろんり》」カテゴリーの「“0”＜“0”」ブロックをはめ込《こ》む❷。

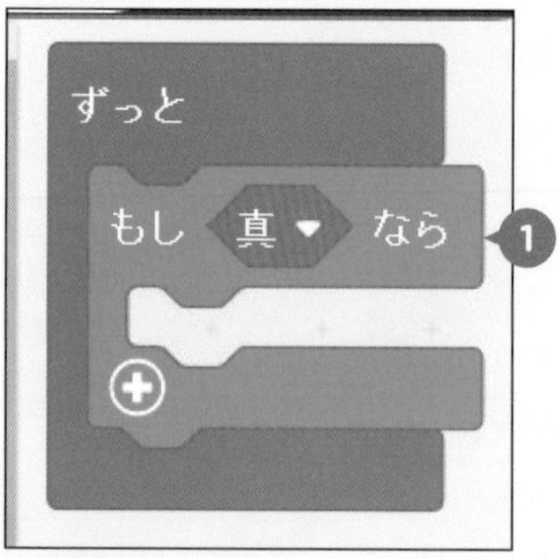

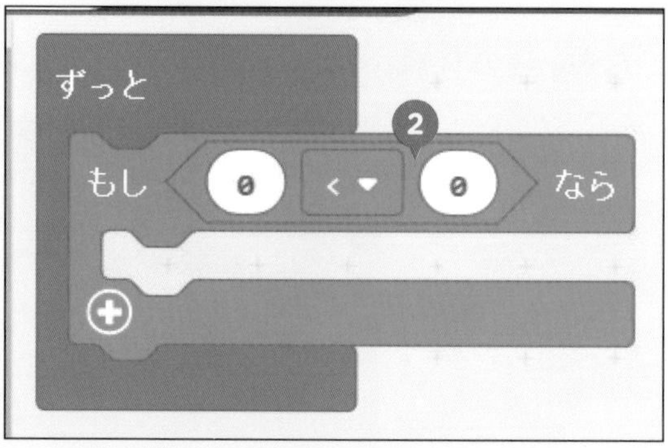

そして、明《あか》るさを計測《けいそく》するので、前《まえ》の“0”には「明《あか》るさ」ブロック、後《うし》ろの“0”には50を入《い》れ、さらに「<▼」の部分《ぶぶん》をクリックし

て「>」に切《き》り替《か》えよう。つまり、「“明《あか》るさ” > “50”」という形《かたち》にするんだ❸。

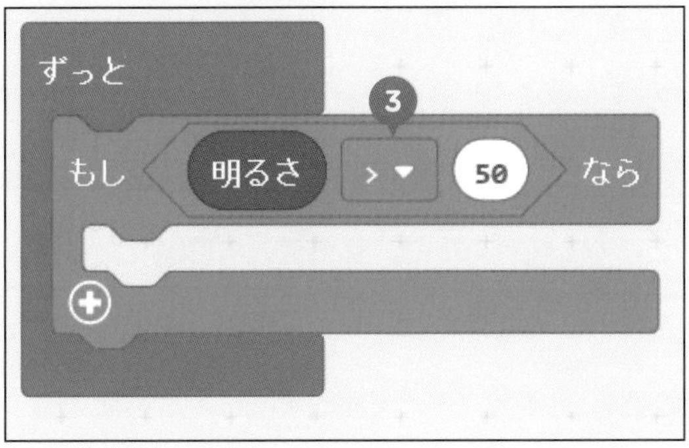

これは「計測《けいそく》した明《あか》るさの数値《すうち》が、50よりも大《おお》きい場合《ばあい》」という意味《いみ》だよ。この「50」という数値《すうち》が、ひきだしがあいたと判断《はんだん》する明《あか》るさの基準《きじゅん》だけど、実際《じっさい》には使用《しよう》する部屋《へや》の環境《かんきょう》によって変《か》わってくる。46～47ページでつくった明《あか》るさを計測《けいそく》するプログラムを活《かつ》用《よう》して、自分《じぶん》の環境《かんきょう》の明《あか》るさの数値《すうち》を調《しら》べてみよう。

ひきだしがあいたときの処理《しょり》

ここまでつくった「もし“明《あか》るさ” > “50”なら」の中《なか》にもブロックが入《い》れられるよね。ここに入《はい》るのは、ひきだしがあけられたときに実行《じっこう》されるプログラム。今回《こんかい》の場合《ばあい》、警告《けいこく》音《おん》を鳴《な》らすプログラムが入《はい》るんだ。

ただ、この中《なか》にブロックをどんどん加《くわ》えていくと複雑《ふくざつ》になってしまう。なので、新《あら》たに「関数《かんすう》」ブロックを使《つか》ったプログラムをつくってみよう。関数《かんすう》とは動作《どうさ》や処理《しょり》のルールのようなもので、「関数《かんすう》」ブロックで自分《じぶん》の好《す》きなルールがつくれるんだ。

例《たと》えば「どういう警告音《けいこくおん》を鳴《な》らして、LEDにどういうアイコンを表示《ひょうじ》させるか」といったルールを「関数《かんすう》」ブロックでつくっておく。「もし“明《あか》るさ” > “50”なら」の中《なか》には、その関数《かんすう》を呼《よ》び出《だ》すためのブロックだけ入《い》れておけば、そのルールを実行《じっこう》させることができるんだ。実際《じっさい》につくってみて、使《つか》い方《かた》を押《お》さえておこう。

まずは「関数《かんすう》」カテゴリーをクリック。変《へん》数《すう》をつくるときと同様《どうよう》に「関数《かんすう》を作成《さくせい》する」というボタンが出《で》てくるのでこれを選《えら》ぼう。

すると、「Edit Function (編集機能《へんしゅうきのう》)」というウィンドウが出《で》てきて、ブロックをいろいろといじることができるぞ。ブロックの名前《なまえ》が「関数《かんすう》“doSomething (何《なに》かしなさい)”」となっているので、「関数《かんすう》“警告《けいこく》を鳴《な》らす”」に変更《へんこう》しよう。なお、「パラメーターを追加《ついか》する」というところに「文字列《もじれつ》」などの4つのボタンがあるけど、今回《こんかい》は何《なに》も選択《せんたく》しなくて大丈夫《だいじょうぶ》。ブロックの名前《なまえ》だけ変《か》えたら、「完了《かんりょう》」をクリックだ。

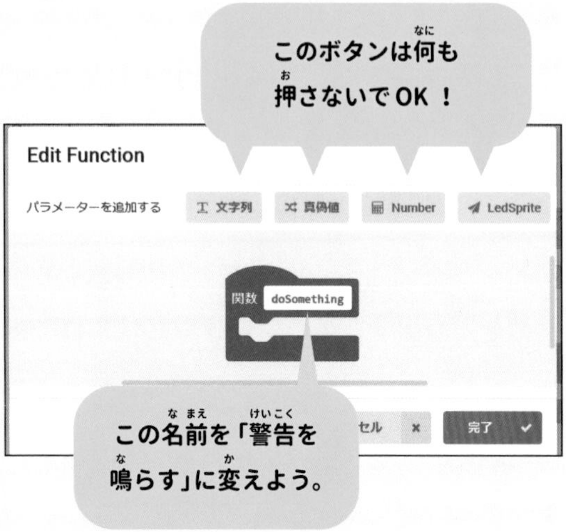

これで、コーディングエリアに今《いま》つくった関数《かんすう》ブロックが出《で》てきたぞ。ここからは、この中《なか》にいろいろなブロックを入《い》れていくよ。

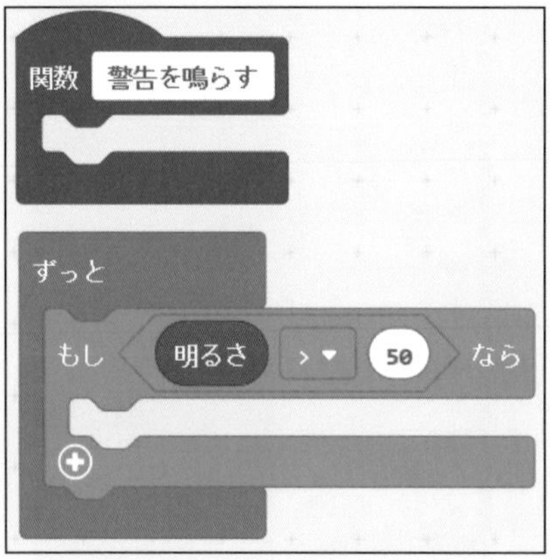

今回《こんかい》は「ひきだしがあけられたら、LEDにアイコンが表示《ひょうじ》され、警告音《けいこくおん》を鳴《な》らす」というルールにするぞ。そこで「関数《かんすう》 “警告《けいこく》を鳴《な》らす”」の中《なか》に、「基本《きほん》」カテゴリーの「アイコンを表示《ひょうじ》 “ハートマーク”」ブロック（アイコンは“かなしい顔《かお》”にするよ❹）と「音楽《おんがく》」カテゴリーの「メロディを開始《かいし》する“ダダダム”くり返《かえ》し“一度《いちど》だけ”」ブロックを追加《ついか》する。警告音《けいこくおん》（メロディ）の内容《ないよう》は“おそうしき”に変《か》えよう❺。さらに、アイコンや警告音《けいこくおん》が一《いっ》定時間《ていじかん》で消《き》えるようにしておくぞ。今回《こんかい》は4秒《びょう》（4000ミリ秒《びょう》）で設定《せってい》しておくので、「基《き》本《ほん》」カテゴリーの「一時停止《いちじていし》（ミリ秒《びょう》）“100”」ブロックを追加《ついか》して、“100”を“4000”に変《へん》更《こう》しよう。「100▼」を押《お》しても選択肢《せんたくし》には出《で》てこない数《かず》なので、自分《じぶん》で「4000」と入力《にゅうりょく》してね❻。そして、「基本《きほん》」カテゴリーを選《えら》んだときに出《で》てくる「その他《た》」から、「表示《ひょうじ》を消《け》す」ブロックを加《くわ》えよう❼。

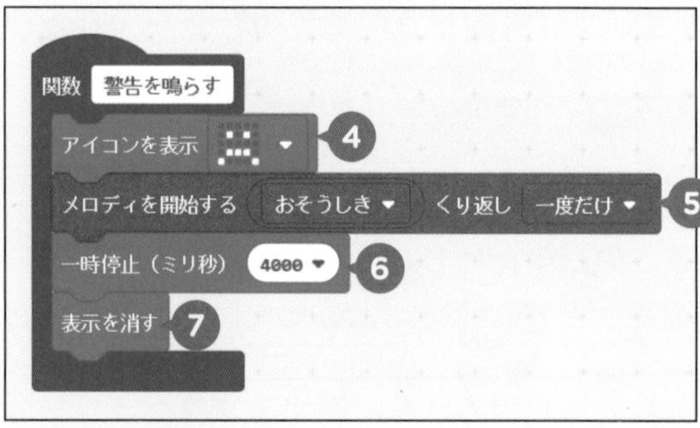

これで警告音《けいこくおん》を鳴《な》らすためのルールができたぞ。では、最初《さいしょ》につくった「ずっと」ブロックに戻《もど》って、このルールを呼《よ》び出《だ》せるようにしよう。

「関数《かんすう》」カテゴリーをクリックすると「呼《よ》び出《だ》し 警告《けいこく》を鳴《な》らす」ブロックが追加《ついか》されている。これを「もし“明《あか》るさ” ＞ “50”なら」の中《なか》に入《い》れればOKだ❽。

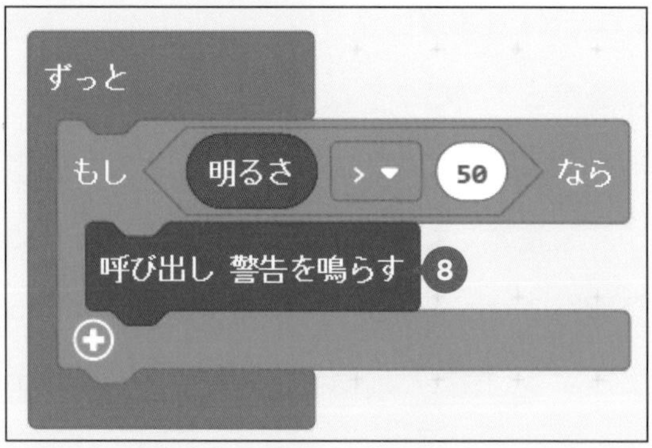

ここまでできたら、ひきだしをあけたら警《けい》告《こく》音《おん》が鳴《な》るプログラミングは基本的《きほんてき》に完成《かんせい》だ。これをmicro:bitに書《か》き込《こ》めば「ひきだし監視《かんし》アラーム」として使《つか》えるぞ。さっそく試《ため》してみよう！

アラームに機能《きのう》を追加《ついか》しよう

「ひきだし監視《かんし》アラーム」の基本的《きほんてき》な機能《きのう》は完成《かんせい》したけど、ここからはアラームをもっと便利《べんり》にするために、いくつか機能《きのう》を追加《ついか》していくよ。

まずは、この警告《けいこく》を何回《なんかい》鳴《な》らしたかカウントする機能《きのう》（警告《けいこく》カウント）をつくってみよう。使《つか》うのは「変数《へんすう》」ブロックだ。48ページで説明《せつめい》したつくり方《かた》を思《おも》い出《だ》してね。この変《へん》数《すう》の名前《なまえ》は「警告《けいこく》カウント」とする。さらにブロックは3種類《しゅるい》あるうちの「変数《へんすう》“警告《けいこく》カウント”を“1”だけ増《ふ》やす」を取《と》り出《だ》して、「表示《ひょうじ》を消《け》す」の次《つぎ》に追加《ついか》しよう❾。

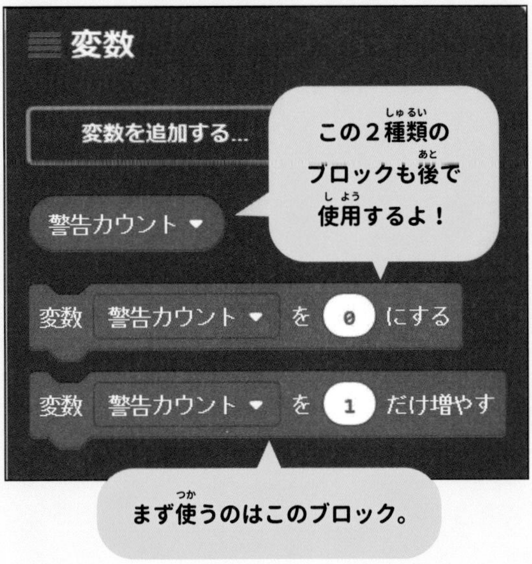

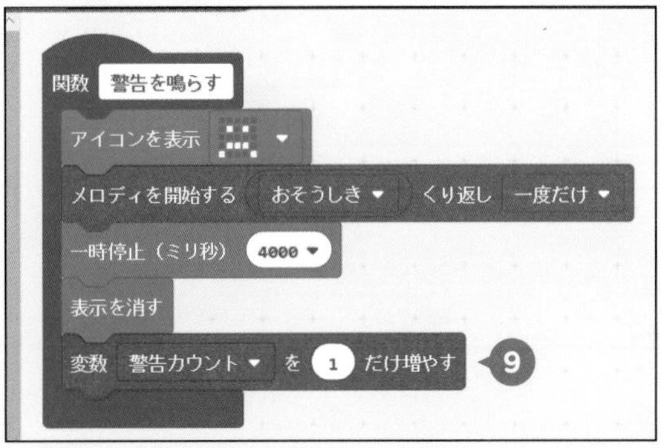

一方《いっぽう》、ボタンAを押《お》したときに、この「警《けい》告《こく》カウント」でカウントした数字《すうじ》をLEDで表《ひょう》示《じ》させるようにするよ。「入力《にゅうりょく》」カテゴリーの「ボタン“A”が押《お》されたとき」ブロックと「基本《きほん》」カテゴリーの「数《かず》を表示《ひょうじ》“0”」ブロックを組《く》み合《あ》わせよう❿。“0”には変数《へんすう》「警告《けいこく》カウント」の丸《まる》いブロックをはめ込《こ》むぞ⓫。

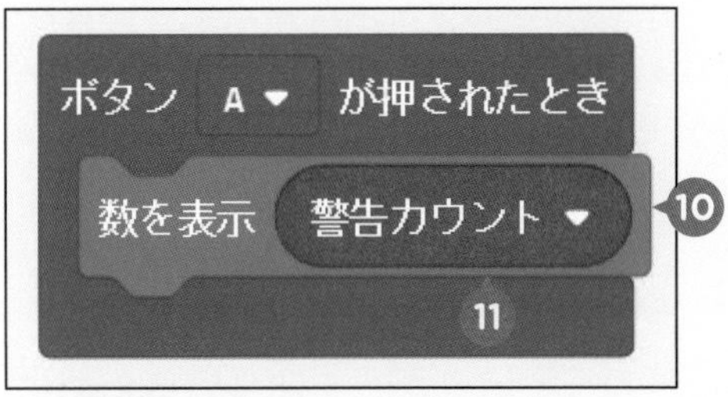

さらに警告《けいこく》カウントを0に戻《もど》せるように、「ボタン“A＋B”が押《お》されたとき」ブロックでリセット機能《きのう》もつくろう。これはさっき使《つか》った「ボタン“A”が押《お》されたとき」ブロックの「A▼」の場所《ばしょ》を押《お》して「A＋B」に切《き》り替《か》えればOKだ。

リセット後《ご》にすぐ反応《はんのう》してしまわないように、5秒間《びょうかん》待《ま》ってから音《おと》でリセット完了《かんりょう》を知《し》らせてくれるようにする。次《つぎ》の⓬⓭⓮を参考《さんこう》に、自分《じぶん》でブロックを追加《ついか》してみよう。

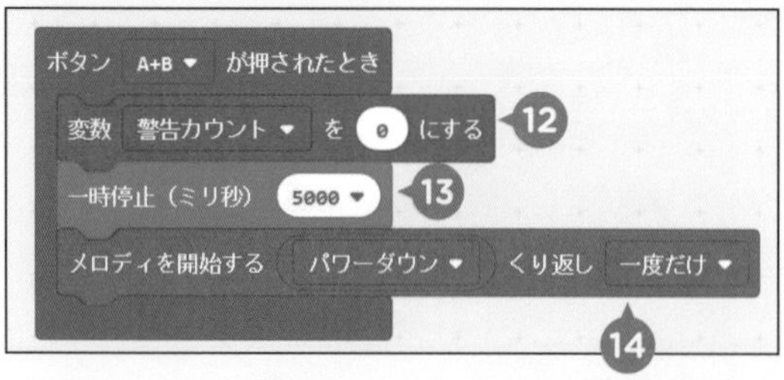

ひきだしに設置《せっち》するための待《ま》ち時間《じかん》をつくろう

最後《さいご》に、micro:bitの電源《でんげん》を入《い》れてからひきだしの中《なか》にしまうまでの少《すこ》しの時間《じかん》、アラームが待《ま》ってくれるようにプログラムを追《つい》加《か》しよう。こうしておかないと、ひきだしに入《い》れる前《まえ》の明《あか》るさにアラームが反応《はんのう》して、警《けい》告音《こくおん》が鳴《な》ってしまうのは想像《そうぞう》できるね。

プログラムの内容《ないよう》は次《つぎ》のようにするよ。

- このmicro:bitにひきだし監視《かんし》アラームが入《はい》っていることを知《し》らせるために、電《でん》源《げん》を入《い》れたときに一度《いちど》アラームを鳴《な》らす。
- そして、警告《けいこく》カウントを0にリセットしたうえで、ひきだしにしまうまで10秒《びょう》（10000ミリ秒《びょう》）の待《ま》ち時間《じかん》をつくる。
- 10秒後《びょうご》にアラームが機能《きのう》し始《はじ》めたことを知《し》らせる合図《あいず》（メロディ）を鳴《な》らす。

電源《でんげん》を入《い》れたときに作動《さどう》するようにしたいから、「基本《きほん》」カテゴリーの「最初《さいしょ》だけ」ブロックを使《つか》うよ。上《うえ》で説明《せつめい》したことをやらせるには、次《つぎ》のようにブロックを追加《ついか》すればOKだよ。これも今《いま》まで使《つか》ったブロックばかりだね。おさらいのために自分《じぶん》で追加《ついか》してみよう。

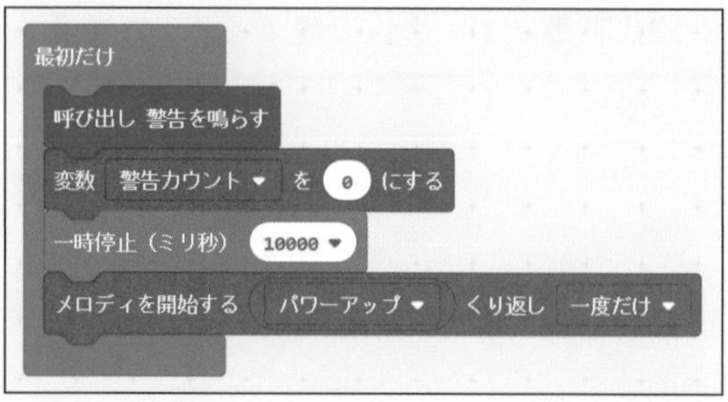

これでひきだし監視《かんし》アラームの追加機能《ついかきのう》のプログラムも完成《かんせい》だ。micro:bitに書《か》き込《こ》んでみて、すべての機能《きのう》がしっかり作動《さどう》するか確認《かくにん》してみよう！

もっと知りたい！

光《ひかり》センサーの特徴《とくちょう》

micro:bitの光《ひかり》センサーには、覚《おぼ》えておいてほしい特徴《とくちょう》がある。micro:bitの光《ひかり》センサーは、どんなに暗《くら》い場所《ばしょ》で計測《けいそく》しても直後《ちょくご》に一瞬《いっしゅん》だけ255（最大《さいだい》）の値《あたい》を出力《しゅつりょく》してしまうんだ。なので、もし「50より暗《くら》ければ」という条件《じょうけん》のプログラムをつくったとき、明《あき》らかに50より暗《くら》い場所《ばしょ》で電源《でんげん》を入《い》れても、最初《さいしょ》だけは実際《じっさい》の明《あか》るさに関係《かんけい》なく「すごく明《あか》るい」と判定《はんてい》されてしまうんだ。

温度《おんど》センサーを使《つか》ってみよう！

ここでは温度《おんど》センサーを使《つか》ってみよう。micro:bitの裏面《うらめん》の左《ひだり》のほうに「PROCESSOR」と書《か》いてある。

その線《せん》がさし示《しめ》しているのがmicro:bitのプロセッサーで、そこには温度《おんど》を調《しら》べるセンサーも内蔵《ないぞう》されているんだ。その温度《おんど》センサーはプロセッサーの動作温《どうさおん》度《ど》が含《ふく》まれることになるけど、周囲《しゅうい》のおおよその温度《おんど》の計測《けいそく》も可能《かのう》なんだ。

 「温度《おんど》」ブロックで温度《おんど》を表示《ひょうじ》する

まずは「温度《おんど》」ブロックを使《つか》ってみよう。「入力《にゅうりょく》」カテゴリーにあるぞ。センサーが調《しら》べた温度《おんど》はこのブロックに数値《すうち》として入《はい》っているんだ。丸《まる》いブロックなので、このままではほかのブロックとつながらない。下《した》のように「基本《きほん》」カテゴリーの「数《かず》を表示《ひょうじ》」ブロックと組《く》み合《あ》わせよう。

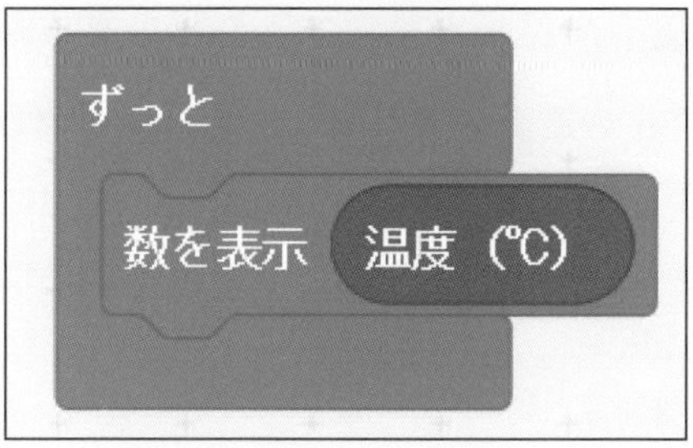

シミュレーターを確認《かくにん》すると、温度設定《おんどせってい》のインターフェースと、LEDに温度《おんど》の数値《すうち》が表《ひょう》示《じ》されている。シミュレーターでは温度《おんど》を実《じっ》際《さい》に計測《けいそく》はできないので、温度設定《おんどせってい》をマウスでドラッグして自分《じぶん》で調整《ちょうせい》してみると、LEDで表示《ひょうじ》される数値《すうち》も変《か》わるはずだ。

ここまでできたらmicro:bitに書《か》き込《こ》んで実行《じっこう》してみよう。

もっと知りたい！

CPU温度《おんど》計《けい》の気温《きおん》との差《さ》

micro:bitの温度《おんど》ブロックが示《しめ》す数値《すうち》は、実際《じっさい》には気温《きおん》ではなく、プロセッサーのチップの温度《おんど》なんだ。プロセッサーの温度《おんど》ということは処理《しょり》の負荷《ふか》によっても変化《へんか》すると考《かんが》えられるけど、公式《こうしき》サイトでは「micro:bitのプロセッサー部分《ぶぶん》（高効率《こうこうりつ》のARMコア）が通常《つうじょう》は熱《あつ》くなったりしないため、この温度《おんど》でだいたいの気温《きおん》がわかるわけです」と説明《せつめい》している。とはいえ、動作中《どうさちゅう》の電子部品《でんしぶひん》の発熱《はつねつ》が加《くわ》わることに違《ちが》いはないので、気《き》になる人《ひと》は近《ちか》くに気温《きおん》を測《はか》る温度計《おんどけい》を設置《せっち》して、実際《じっさい》の気温《きおん》とmicro:bitの計測《けいそく》する温度《おんど》の差《さ》を記録《きろく》して温度差《おんどさ》を調《しら》べてみるのも面白《おもしろ》いかもしれないね。

温度《おんど》が表示《ひょうじ》されるようになったら、さまざまな場所《ばしょ》や状況《じょうきょう》で温度変化《おんどへんか》を観察《かんさつ》してみよう。日向《ひなた》と日陰《ひかげ》や室内《しつない》と室外《しつがい》の違《ちが》い。またはお湯《ゆ》を入《い》れた容器《ようき》のふたの上《うえ》や、氷水《こおりみず》を入《い》れた袋《ふくろ》や保冷剤《ほれいざい》の上《うえ》なども考《かんが》えられるだろう。

温度《おんど》の観察《かんさつ》で注意《ちゅうい》が必要《ひつよう》なのは、55ページの最初《さいしょ》でも説明《せつめい》したとおり、温度《おんど》センサー自体《じたい》がチップ内部《ないぶ》の温度《おんど》を見《み》ているため、チップや基板《きばん》の温度変化《おんどへんか》の特性《とくせい》に影響《えいきょう》されてしまうこと。例《たと》えば氷《こおり》水《みず》を入《い》れた袋《ふくろ》や保冷剤《ほれいざい》の上《うえ》に置《お》いた場合《ばあい》0°C近《ちか》くの温度《おんど》が期待《きたい》されるけど、基板《きばん》やチップが冷《ひ》えるには多少時間《たしょうじかん》がかかる。数値《すうち》の変化《へんか》がおさまるのを待《ま》ってから、温度《おんど》を読《よ》み取《と》ろう。

また、温度《おんど》の変化《へんか》ということで水《みず》やお湯《ゆ》などを使《つか》うこともあるかもしれないけど、micro:bitやMakeCodeを使《つか》うためのパソコンに水《みず》は大敵《たいてき》だ。濡《ぬ》らさない工夫《くふう》をするなど十分注意《じゅうぶんちゅうい》をして実験《じっけん》に取《と》り組《く》もう。気《き》にしすぎる必要《ひつよう》はないけれど、例《たと》えば温度変化《おんどへんか》で基板《きばん》が結露《けつろ》することもある。その場合《ばあい》は、周囲《しゅうい》の温度《おんど》に慣《な》れて結露《けつろ》がおさまってからmicro:bitの電源《でんげん》を入《い》れるなどの注意《ちゅうい》も必要《ひつよう》だ。

デジタル温度計《おんどけい》をつくろう

温度《おんど》センサーを使《つか》って、デジタル温度計《おんどけい》をつくってみよう。この温度計《おんどけい》は気温《きおん》を計測《けいそく》するものだけど、55～56ページでも説明《せつめい》したように、プロセッサーの発熱《はつねつ》による誤差《ごさ》があるので、だいたいの気温《きおん》を測《はか》るものとして考《かんが》えてね。

気温《きおん》の変化《へんか》は普通《ふつう》緩《ゆる》やかなので、計測《けいそく》の間隔《かんかく》は１分《ぷん》おきにして、ボタン操作《そうさ》でその温度《おんど》を表示《ひょうじ》させよう。また、前《まえ》にボタンを押《お》したときの温度《おんど》を記録《きろく》しておき、次《つぎ》に押《お》したときの温度《おんど》との変化《へんか》を表示《ひょうじ》させるプログラムも入《い》れるぞ。実験《じっけん》などでグラフをつくるのに役立《やくだ》つね。

最新《さいしん》の温度《おんど》を表示《ひょうじ》するプログラム

まずは「基本《きほん》」カテゴリーの「ずっと」ブロックに、１分《ぷん》おきに計測《けいそく》するための処理《しょり》をつくっていく。「最新《さいしん》の温度《おんど》」という変数《へんすう》をつくり（「変数《へんすう》」ブロックのつくり方《かた》は48ページを見《み》てね）、変数《へんすう》「最新《さいしん》の温度《おんど》を“０”にする」ブロックを取《と》り出《だ》して、「ずっと」ブロックの中《なか》に入《い》れよう。“０”のところには、「入力《にゅうりょく》」カテゴリーの「温度《おんど》（℃）」ブロックをはめ込《こ》んでね❶。１分《ぷん》ごとに計測《けいそく》する処理《しょり》をさせるには、「基本《きほん》」カテゴリーの「一時停止《いちじていし》（ミリ秒《びょう》）“100”」ブロックを使《つか》う。１分《ぷん》は60秒《びょう》（60000ミリ秒《びょう》）なので、“100”を“60000”に変更《へんこう》しよう❷。これで、温度《おんど》を計測《けいそく》してから１分間《ぷんかん》停止《ていし》して、また温度《おんど》を測《はか》る……、という繰《く》り返《かえ》しができるよ。

次《つぎ》に、ボタンAを押《お》して最新《さいしん》の温度《おんど》をLEDに表示《ひょうじ》させるプログラムをつくろう。「入力《にゅうりょく》」カテゴリーの「ボタンAが押《お》されたとき」ブロックの出番《でばん》だね。

ところで、温度《おんど》をLEDで表示《ひょうじ》させるプログラムは55ページでも出てきたけど、そのときは温度《おんど》の数値《すうち》だけが表示《ひょうじ》されるものだったよね。今回《こんかい》は「21℃」というように単位《たんい》まで表示《ひょうじ》されるようにしたい。ただし、micro:bitのLEDでは「℃」という記号《きごう》は表示《ひょうじ》できないので、代《か》わりに形《かたち》の似《に》ている「C」を使《つか》うぞ（21℃の場合《ばあい》は「21C」となる）。

「ボタンAが押《お》されたとき」ブロックの中《なか》に、「基本《きほん》」カテゴリーの「文字列《もじれつ》を表示《ひょうじ》 “Hello!”」ブロックを加《くわ》えよう❸。これは“　”に書《か》かれている文字《もじ》を表示《ひょうじ》するためのブロックだ（34ページで出《で》てきたね）。ただし、今回《こんかい》は「計測《けいそく》した最新《さいしん》の温度《おんど》」と「C」をいっしょに表示《ひょうじ》させるため、“　”の中《なか》にさらに「文字列《もじれつ》」カテゴリーの「文字列《もじれつ》をつなげる “Hello” “World”」ブロックをはめ込《こ》むよ。取《と》り出《だ》したら、「文字列《もじれつ》を表示《ひょうじ》 “Hello!”」ブロックの “Hello!” のところに入《い》れよう❹。そして、「文字列《もじれつ》をつなげる “Hello” “World”」の “Hello” のところには変数《へんすう》「最新《さいしん》の温度《おんど》」の丸《まる》型《がた》ブロックをはめ込《こ》み、“World” は “C” に変《へん》更《こう》してね❺。

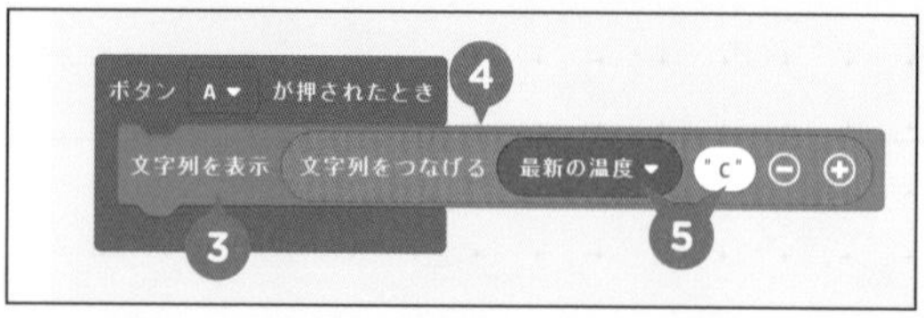

温度差《おんどさ》を表示《ひょうじ》するプログラム

今度《こんど》は、前《まえ》にボタンAを押《お》したときに表示《ひょうじ》した温度《おんど》を記録《きろく》しておいて、最新《さいしん》の温度《おんど》との温度差《おんどさ》を表示《ひょうじ》させてみるぞ。新《あら》たに変数《へんすう》「前回表示《ぜんかいひょうじ》した温度《おんど》」をつくり、変数《へんすう》「前回表示《ぜんかいひょうじ》した温度《おんど》を“0”にするブロック」を「文字列《もじれつ》を表示《ひょうじ》」ブロックの下《した》に入《い》れよう。そして“0”のところには、最初《さいしょ》につくった変数《へんすう》の「最新《さいしん》の温度《おんど》」の丸型《まるがた》ブロックをはめ込《こ》む❻。変数《へんすう》「前回表示《ぜんかいひょうじ》した温度《おんど》を最新《さいしん》の温度《おんど》にする」というブロックになったね。これは、ボタンAを押《お》したときの最新《さいしん》の温度《おんど》を、前回表示《ぜんかいひょうじ》した温度《おんど》として記録《きろく》しておくことを意味《いみ》するんだ。

最後《さいご》に、「24C（３C）」のように「最新《さいしん》の温《おん》度《ど》」の後《うし》ろに、温度差《おんどさ》を（　）で表示《ひょうじ》させることにしよう。さっきつくった「文字列《もじれつ》をつなげる」ブロックにある（＋）を押《お》すと入力欄《にゅうりょくらん》が増《ふ》えるぞ❼。

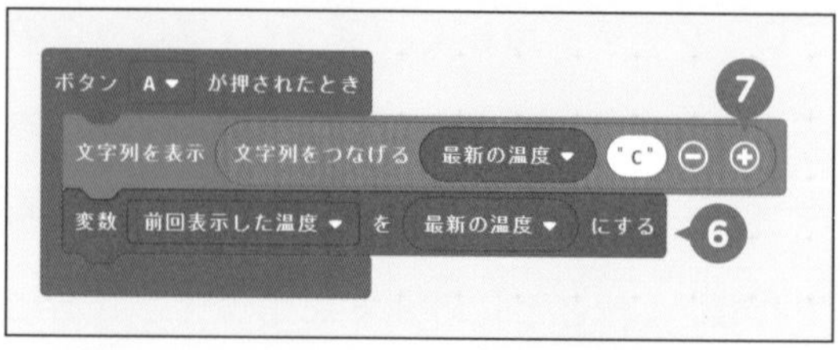

入力欄《にゅうりょくらん》が５つ以上《いじょう》あると、ブロック全体《ぜんたい》が下《した》のブロック写真《しゃしん》の❽のように、縦長《たてなが》に変形《へんけい》するよ。入力欄《にゅうりょくらん》に“(”を入《い》れよう❾。次《つぎ》の入《にゅう》力欄《りょくらん》には「計算《けいさん》」カテゴリーの「“0”−“0”」ブロックをはめ込《こ》み、前《まえ》の“0”には変数《へんすう》の「最新《さいしん》の温度《おんど》」ブロックを、後《うし》ろの“0”には変数《へんすう》の「前回表示《ぜんかいひょうじ》した温度《おんど》」ブロックをはめ込《こ》もう❿。これで最新《さいしん》の温度《おんど》から前回表示《ぜんかいひょうじ》した温度《おんど》を引《ひ》いたときの数値《すうち》が表示《ひょうじ》されるようになる。さらに次《つぎ》の入力欄《にゅうりょくらん》には温度《おんど》の単位《たんい》を表《あらわ》す“C”を⓫、最後《さいご》の入力欄《にゅうりょくらん》に“)”を入《い》れよう⓬。

これで完成《かんせい》なので、micro:bitに書《か》き込《こ》んでね。温度《おんど》の計測《けいそく》は１分《ぷん》おきなので、エアコンをつけた後《あと》など、温度変化《おんどへんか》のありそうなときに１分以上時間《ぷんいじょうじかん》をあけてボタンAを押《お》して試《ため》してみよう！

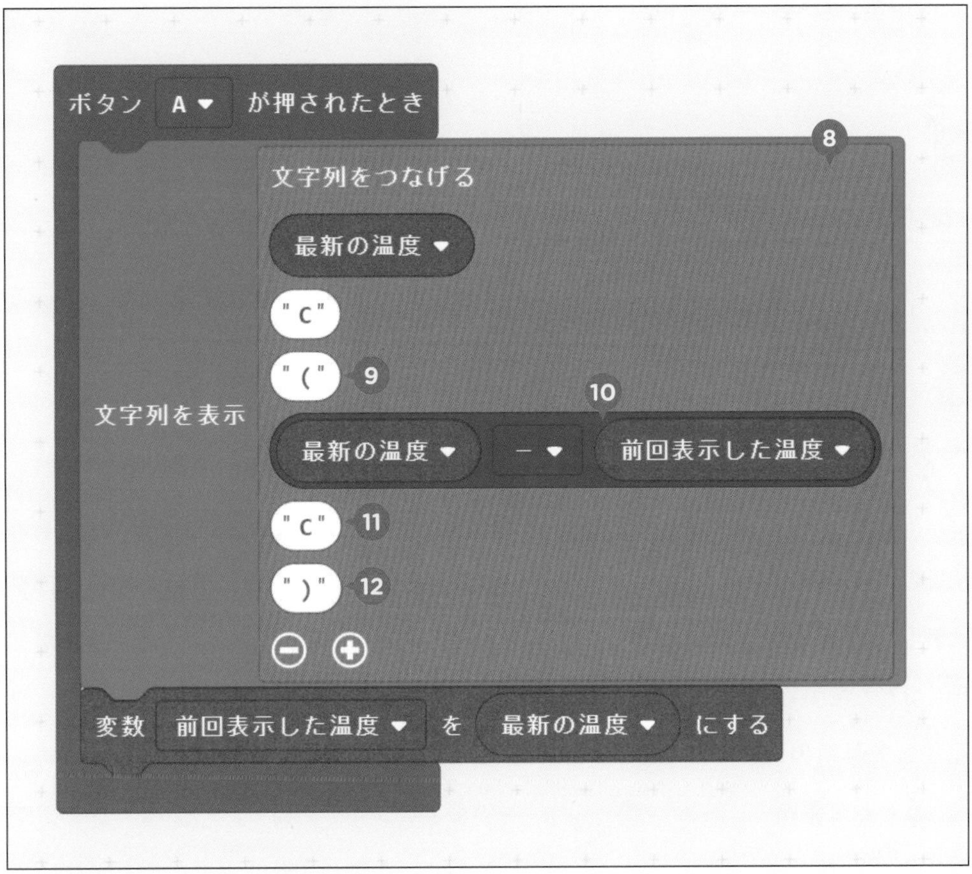

最低《さいてい》温度《おんど》・最高《さいこう》温度《おんど》記録式《きろくしき》の温度計《おんどけい》をつくろう

今度《こんど》はより実用的《じつようてき》に、部屋《へや》に置《お》いておいて今《いま》までに計測《けいそく》した温度《おんど》の最高《さいこう》と最低《さいてい》を記録《きろく》するような温度計《おんどけい》をつくろう。今回《こんかい》もプロセッサー温度《おんど》が含《ふく》まれてしまう誤差《ごさ》については調整《ちょうせい》しないので、実際《じっさい》の気温《きおん》とは異《こと》なるということには注意《ちゅうい》してね。

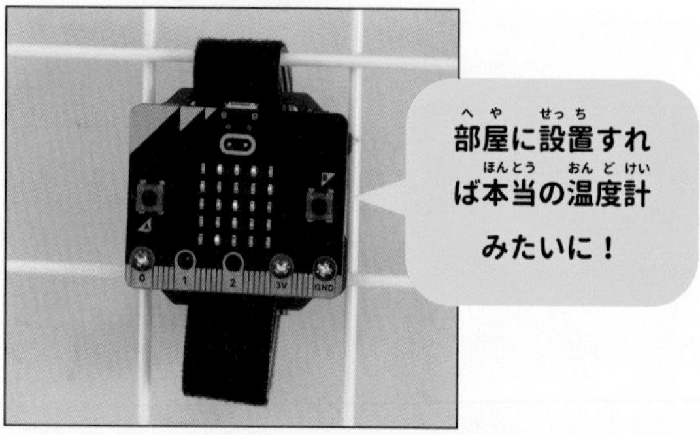

動作《どうさ》を整理《せいり》すると次《つぎ》のとおりになるよ。

- 一定間隔《いっていかんかく》で最新《さいしん》の温度《おんど》を測定《そくてい》
- 最低温度《さいていおんど》と比較《ひかく》して最新《さいしん》の温度《おんど》のほうが低《ひく》ければ最低温度《さいていおんど》として更新《こうしん》
- 最高温度《さいこうおんど》と比較《ひかく》して最新《さいしん》の温度《おんど》のほうが高《たか》ければ最高温度《さいこうおんど》として更新《こうしん》

一定間隔《いっていかんかく》で最新《さいしん》の温度《おんど》を測定《そくてい》しよう

まず、一定間隔《いっていかんかく》で最新《さいしん》の温度《おんど》を測定《そくてい》するプログラムをつくるぞ。これは、57ページの「デジタル温度計《おんどけい》」でつくった1分《ぷん》ごとに温度《おんど》を計測《けいそく》するプログラムがそのまま使《つか》えるよ。

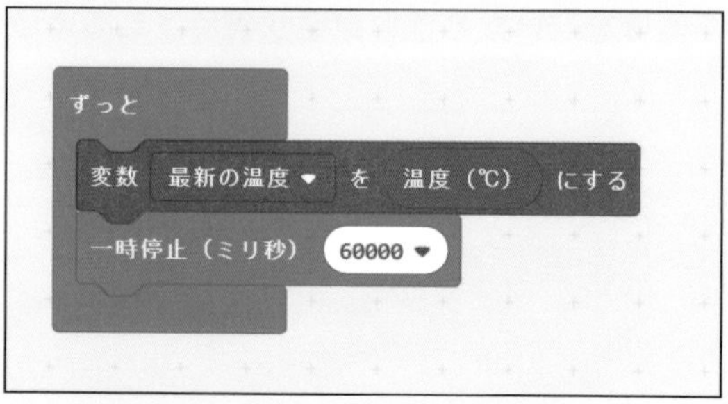

1分《ぷん》の「一時停止《いちじていし》」部分《ぶぶん》は使《つか》い方《かた》に応《おう》じて変更《へんこう》してね。

最低温度《さいていおんど》を設定《せってい》しよう

次《つぎ》に、最低温度《さいていおんど》の確認《かくにん》と更新《こうしん》をするプログラムをつくっていこう。ここでは「ひきだし監視《かんし》アラーム」でも出《で》てきた「関数《かんすう》」ブロックを使《つか》って、処理《しょり》がわかりやすくなるようにしていくよ。つくり方《かた》は51～52ページを確認《かくにん》してね。ここでは「最低温度《さいていおんど》の確認《かくにん》」という名前《なまえ》の関数《かんすう》にしよう❶。

「関数《かんすう》 最低温度《さいていおんど》の確認《かくにん》」ブロックの中《なか》に入《い》れるのは、「論理《ろんり》」カテゴリーの「もし“真《しん》”なら～」ブロック❷。“真《しん》”のところには、同《おな》じく「論理《ろんり》」カテゴリーにある「“0” ＜ “0”」

ブロックをはめ込《こ》み、前《まえ》の“0”には変数《へんすう》の「最新《さいしん》の温度《おんど》」ブロックを、後《うし》ろの“0”には新《あら》たに変数《へんすう》「最低温度《さいていおんど》」をつくってブロックをはめ込《こ》もう。「もし“最新《さいしん》の温度《おんど》”＜“最低《さいてい》温度《おんど》”なら～」という形《かたち》になったね❸。そして、このブロックの中《なか》に「変数《へんすう》 最低温度《さいていおんど》を“0”にする」を入《い》れて、“0”の部分《ぶぶん》に「最新《さいしん》の温度《おんど》」ブロックをはめ込《こ》もう❹。

これで、「もし最新《さいしん》の温度《おんど》が最低温度《さいていおんど》より低《ひく》かったら、最新《さいしん》の温度《おんど》を最低温度《さいていおんど》として記録《きろく》する」というルールができあがったぞ。この関数《かんすう》を実行《じっこう》できるように、「ずっと」ブロックでつくったプログラムのほうには、「呼《よ》び出《だ》し 最低温度《さいていおんど》の確認《かくにん》」ブロックを加《くわ》えよう❺。

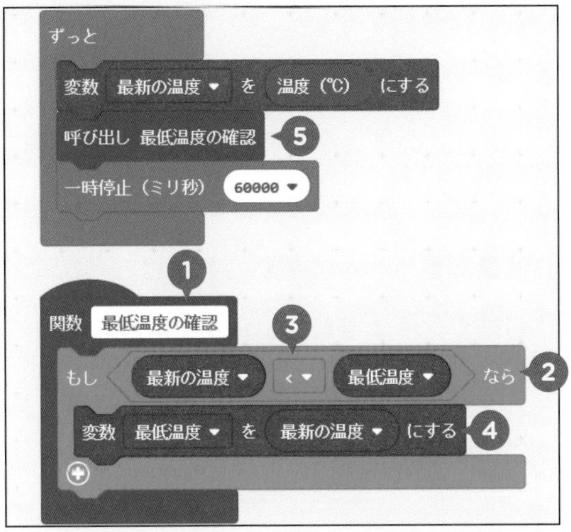

さらに、ボタンAを押《お》したときに、LEDで表示《ひょうじ》できるようにするぞ。最低温度《さいていおんど》を「min（最《もっと》も低《ひく》い）」という言葉《ことば》とセットにして、「21C (min15C) 」（最新《さいしん》の温度《おんど》が21℃、最低《さいてい》温度《おんど》が15℃）などと表示《ひょうじ》させてみよう。

「ボタンAが押《お》されたとき」の中《なか》に入《い》れるブロックは、「基本《きほん》」カテゴリーの「文字列《もじれつ》を表示《ひょうじ》“Hello!”」。このブロックの“Hello!”のところには「文字列《もじれつ》」カテゴリーの「文字列《もじれつ》をつなげる“Hello”“World”」ブロックをはめ込《こ》むんだけど、これは57～59ページの「デジタル温度計《おんどけい》」でも出《で》てきたよね。“Hello”“World”以外《いがい》にも入力欄《にゅうりょくらん》を増《ふ》やして、下《した》のようにつくってみよう。記録《きろく》した最新《さいしん》の温度《おんど》や最低温度《さいていおんど》を表示《ひょうじ》させるので、変数《へんすう》の「最新《さいしん》の温度《おんど》」「最低温度《さいていおんど》」ブロックもはめ込《こ》むよ。

ここまでのプログラムで、一定《いってい》の間隔《かんかく》で最《さい》新《しん》の温度《おんど》を測定《そくてい》して、それまでの最低温度《さいていおんど》といっしょに表示《ひょうじ》ができるようになったぞ。一《いち》度《ど》micro:bitに書《か》き込《こ》んで試《ため》してみよう。

どうだろう、「21C（min 0 C）」のように最《さい》低温度《ていおんど》が0℃になったんじゃないかな？　そんな温度《おんど》を計測《けいそく》した記憶《きおく》もないのに、どうしてだろう。実《じつ》はこれはMakeCodeで変数《へんすう》を使《つか》うときの注意点《ちゅういてん》の1つで、変数《へんすう》はつくったときに自動的《じどうてき》に0が記録《きろく》されているんだ。つまり、変数《へんすう》の「最低温度《さいていおんど》」にも0が入《はい》っているので、このままだと最新《さいしん》の温度《おんど》が0℃よりも低《ひく》く（−1℃以下《いか》）計測《けいそく》されないと、最低温《さいていおん》度《ど》を更新《こうしん》してくれないんだ。

そこで、きちんと最低温度《さいていおんど》が更新《こうしん》できるようにプログラムを追加《ついか》してあげよう。下《した》のように「最初《さいしょ》だけ」ブロックに「変数《へんすう》 最低温度《さいていおんど》を“999”にする」としてみよう。

これで、最低温度《さいていおんど》の初期設定《しょきせってい》が999℃になるので、初《はじ》めて計測《けいそく》したときの温度《おんど》が最低温《さいていおん》度《ど》として記録《きろく》されるはず。書《か》き込《こ》んでもう1回試《かいため》してみよう！　21C（min21C）になったかな？

最高温度《さいこうおんど》を設定《せってい》しよう

最低温度《さいていおんど》の測定《そくてい》や表示《ひょうじ》がうまくいったら、今度《こんど》は最高温度《さいこうおんど》の確認《かくにん》と更新《こうしん》をするプログラムを追加《ついか》するよ。つくり方《かた》はさっきの最低温《さいていおん》度《ど》と基本的《きほんてき》には同《おな》じで、次《つぎ》のような形《かたち》になるぞ。おさらいのために、自分《じぶん》でトライしてみよう。

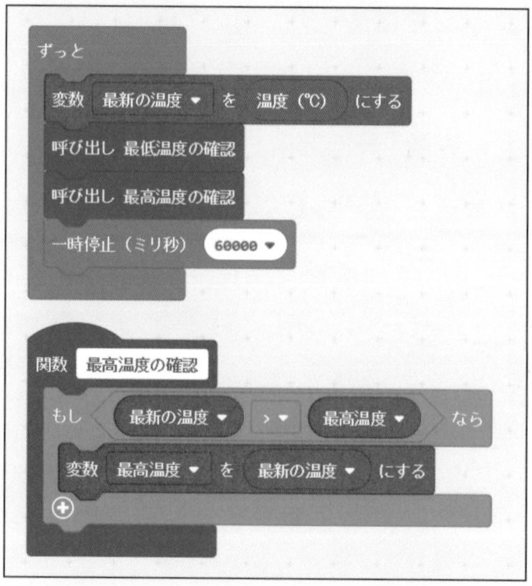

1つ注意《ちゅうい》してほしいのは、「関数《かんすう》 最高温度《さいこうおんど》の確認《かくにん》」の中《なか》に入《い》れる「もし“最新《さいしん》の温度《おんど》”＞“最高温度《さいこうおんど》”なら〜」のブロック。最低温度《さいていおんど》のときは「“最新《さいしん》の温度《おんど》”＜“最低温度《さいていおんど》”」だったけど、今回《こんかい》は最新《さいしん》の温度《おんど》が最高温度《さいこうおんど》よりも高《たか》いときに更新《こうしん》するから、「＞」になるんだ。「＜▼」をクリックして「＞」に切《き》り替《か》えてね。

あと、このままだと最高温度《さいこうおんど》の初期設定《しょきせってい》は0だ。測定《そくてい》した最新《さいしん》の温度《おんど》が0℃よりも高《たか》ければ最高温度《さいこうおんど》として更新《こうしん》されるけど、0℃よりも低《ひく》くなるような寒《さむ》い場所《ばしょ》では正《ただ》しく更新《こうしん》できないので、「最初《さいしょ》だけ」ブロックに次《つぎ》のように初期設定《しょきせってい》を加《くわ》えておこう。

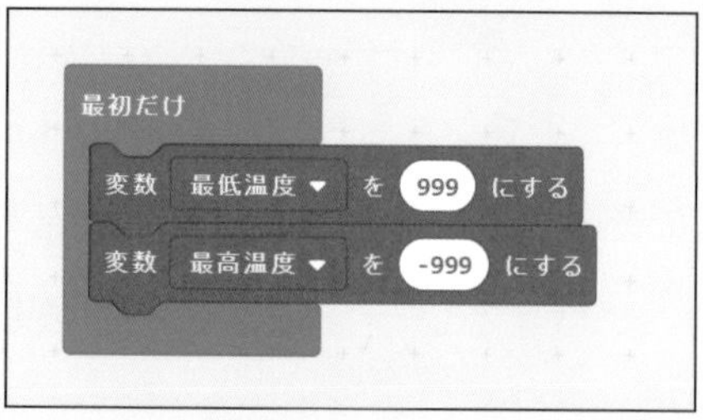

ボタンAを押《お》したときのLEDでの表示《ひょうじ》に、最高温度《さいこうおんど》も加《くわ》えるよ。最高温度《さいこうおんど》は「max（最《もっと》

も高《たか》い）」という言葉《ことば》で表《あらわ》すことにするぞ。「21C（min15C max25C）」（最新《さいしん》の温度《おんど》が21℃、最低温度《さいていおんど》が15℃、最高温度《さいこうおんど》が25℃）となるように、さっきつくった「ボタンAが押《お》されたとき」ブロックに、下《した》の写真《しゃしん》の内容《ないよう》を追加《ついか》しよう。“max”の後《あと》には変数《へんすう》の「最高温《さいこうおん》度《ど》」ブロックが入《はい》るんだね。

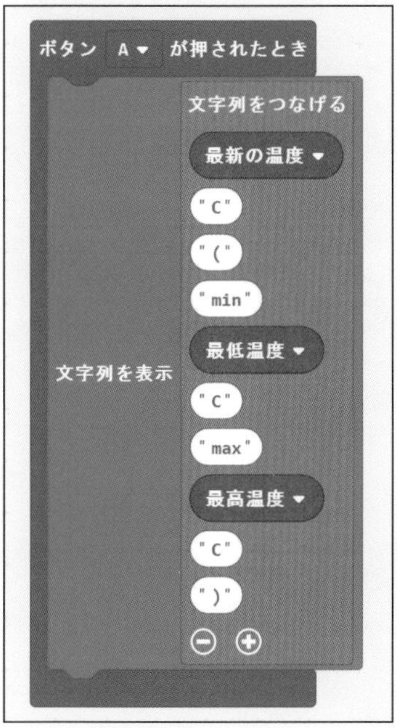

最低温度《さいていおんど》と最高温度《さいこうおんど》をリセットしよう

最後《さいご》に最低温度《さいていおんど》と最高温度《さいこうおんど》をリセットする機能《きのう》もつくっておこう。「ボタンA+Bが押《お》されたとき」のブロックの中《なか》に、次《つぎ》のように2種類《しゅるい》の変数《へんすう》ブロックを入《い》れればいい。「最初《さいしょ》だけ」ブロックでつくった最低温度《さいていおんど》と最高温《さいこうおん》度《ど》の初期設定《しょきせってい》を、ボタンA＋Bを押《お》したときも同《おな》じように実行《じっこう》させるプログラムだね。

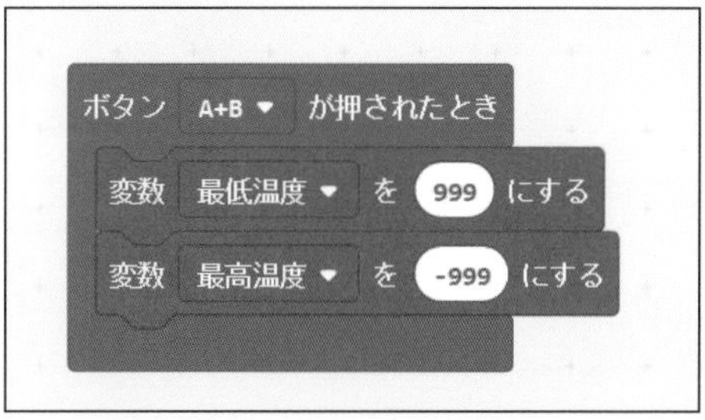

これで完成《かんせい》だ。micro:bitに書《か》き込《こ》んで部《へ》屋《や》などに設置《せっち》して使《つか》ってみよう。

加速度《かそくど》センサーを使《つか》ってみよう！

今度《こんど》は加速度《かそくど》センサーを使《つか》ってみよう。micro:bitの裏面《うらめん》を見《み》てみると左下《ひだりした》に「ACCELEROMETER」と書《か》いてあるよね。これが加速度《かそくど》センサーで、micro:bitの動《うご》きを検知《けんち》するんだ。

3方向《ほうこう》に向《む》いたセンサー素子《そし》が、動《うご》いていることを感知《かんち》することはもちろん、静止状態《せいしじょうたい》でもmicro:bitがどちらを向《む》いているかわかったりするぞ。

「ゆさぶられたとき」ブロックで動《うご》きに反応《はんのう》する

「入力《にゅうりょく》」カテゴリーの「“ゆさぶられた”とき」ブロックを使《つか》ってみよう。

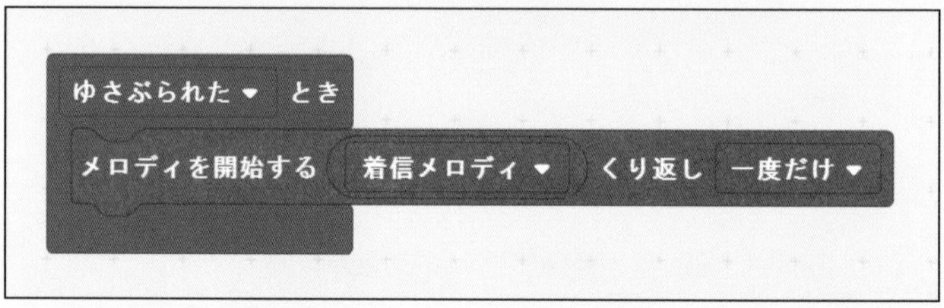

「メロディを開始《かいし》する“ダダダム”くり返《かえ》し“一度《いちど》だけ”」ブロックの“ダダダム”を“着信《ちゃくしん》メロディ”に変《か》えて、「“ゆさぶられた”とき」ブロックに入《い》れるだけだ。

シミュレーターではゆさぶることができないけど、「“ゆさぶられた”とき」ブロックを使《つか》うと、micro:bitの画像《がぞう》の右上《みぎうえ》に「● SHAKE」という操作《そうさ》ボタンが追加《ついか》される。この「●」をクリックすると「“ゆさぶられた”とき」ブロックが実行《じっこう》されるぞ。

“着信《ちゃくしん》メロディ”の音楽《おんがく》が聞《き》こえたかな。

「● SHAKE」の「●」をクリックすると「ゆさぶられたとき」がシミュレーションされるよ。

このプログラムはファイル名《めい》を「ゆさぶられた音《おと》」に変《か》えてダ

ウンロードし、micro:bitに書《か》き込《こ》もう。micro:bitをどれくらいゆさぶると音《おと》が鳴《な》るか、試《ため》してみよう。

もっと知りたい！

いろいろな動《うご》きを試《ため》してみよう

“ゆさぶられた”の部分《ぶぶん》は、ほかの動《うご》きに切《き》り替《か》えることができるよ。例《たと》えば腕時計《うでどけい》の時《じ》間《かん》を見《み》るような動《うご》きでなにかを実行《じっこう》させたい場合《ばあい》、“ロゴが上《うえ》になった”が使《つか》える。

いろいろな動《うご》き方《かた》を試《ため》してみよう。ただ、シミュレーターはすべての入力《にゅうりょく》ブロックに対応《たいおう》しているわけではないので、シミュレーターが使《つか》えないブロックについては、micro:bit本《ほん》体《たい》で確認《かくにん》してみてね。

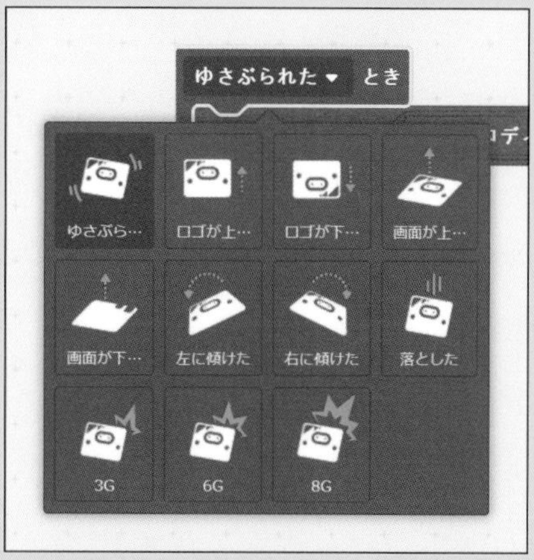

ジャンプをすると音《おと》が鳴《な》るプログラム

今度《こんど》は「“ゆさぶられた”とき」ブロック以《い》外《がい》の方法《ほうほう》で、加速度《かそくど》センサーを活《い》かしたプログラムをつくってみるよ。ここでは、「論理《ろんり》」カテゴリーの「もし“真《しん》”なら～」ブロックを使《つか》って、ジャンプをすると音《おと》が鳴《な》るようにしてみよう。

「もし“真《しん》”なら～」ブロックは60～63ページでも使用《しよう》したね。そのときは“真《しん》”のところに同《おな》じ「論理《ろんり》」カテゴリーの「“0”＜“0”」ブロックをはめ込《こ》んで、「もし最新《さいしん》の温度《おんど》が最低温度《さいていおんど》よりも低《ひく》ければ、最新《さいしん》の温度《おんど》を最低《さいてい》温度《おんど》として記録《きろく》する」といったプログラムをつくったのを覚《おぼ》えているかな？

今回《こんかい》も同《おな》じように“真《しん》”のところに「“0”＜“0”」ブロックをはめ込《こ》んで、「ジャンプしたときに計測《けいそく》される加速度《かそくど》が、設定《せってい》した数《すう》値《ち》よりも“低《ひく》い”ので音《おと》が鳴《な》る」というプログラムにするよ。ジャンプすると加速度《かそくど》が高《たか》くなるようにイメージしている人《ひと》は、低《ひく》いときに音《おと》が鳴《な》るプログラムを変《へん》だと思《おも》うかもしれないね。このような条件《じょうけん》にする理由《りゆう》は66～67ページのコラムで説明《せつめい》するよ。

つくり方《かた》は、まず「ずっと」ブロックの中《なか》

に「もし“真《しん》”なら～」ブロックを入《い》れる❶。“真《しん》”のところには、さっきも説明《せつめい》したとおり「“0”＜“0”」ブロックをはめ込《こ》むぞ。前《まえ》の“0”には「入力《にゅうりょく》」カテゴリーの「加速度《かそくど》“x”」をはめ込《こ》み、後《うし》ろの“0”は“150”に変《か》える。さらに、「加速度《かそくど》“x”」の「x▼」の部分《ぶぶん》をクリックして「絶対値《ぜったいち》」に切《き》り替《か》えよう❷。これで「もし加速度《かそくど》“絶対値《ぜったいち》”＜“150”なら～」になったね。絶対値《ぜったいち》という聞《き》き慣《な》れない言葉《ことば》が出《で》てきたけど、これについても下《した》のコラムで説明《せつめい》するね。

このブロックの中《なか》に「音楽《おんがく》」カテゴリーの「メロディを開始《かいし》する“ダダダム”くり返《かえ》し“一度《いちど》だけ”」ブロックを入《い》れるよ。そして、“ダダダム”を“ピコーン！”に切《き》り替《か》えれば完成《かんせい》だ❸。

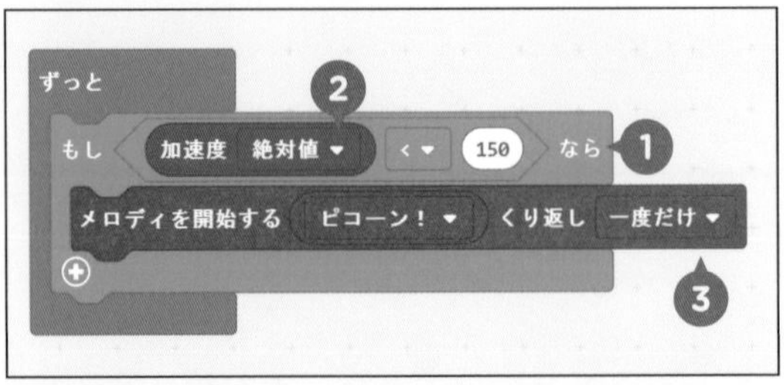

このプログラムをmicro:bitに書《か》き込《こ》んだら、探検《たんけん》ウォッチを腕《うで》に着《つ》けてジャンプしてみよう。うまくいけば音《おと》が鳴《な》るはずだ。その腕《うで》を上《うえ》に突《つ》き上《あ》げたままジャンプをすれば、まるで「スーパーマリオ」シリーズのマリオが、ジャンプしてコインを取《と》っているような気分《きぶん》にならないかな？

もっと知りたい！

加速度《かそくど》センサーのしくみ

加速度《かそくど》センサーは、micro:bitの加速度《かそくど》がどの方向《ほうこう》にどのくらいの大《おお》きさで生《しょう》じているかを調《しら》べるものだ。加速度《かそくど》とは、単位時間《たんいじかん》あたりの速度《そくど》の変化《へんか》を表《あらわ》す数値《すうち》。つまり、動《うご》いていなければ、そのものの加速度《かそくど》は0になる。では、micro:bitをLEDの面《めん》を上《うえ》にして机《つくえ》の上《うえ》に置《お》いてある状態《じょうたい》の数値《すうち》はどうなるだろう？　調《しら》べてみると、X＝0、Y＝0、Z＝－1023（図《ず》のように、Xは左右《さゆう》の方向《ほうこう》、Yは前後《ぜんご》の方向《ほうこう》、Zは上下《じょうげ》の方向《ほうこう》）となるんだ。Zは加速度《かそくど》が上《うえ》に向《む》かうとプラス、下《した》に向《む》かうとマイナスになるので、－1023というのは「Zは下《した》に向《む》かって1023の加速度《かそくど》が生《しょう》じている」ということを意味《いみ》する。

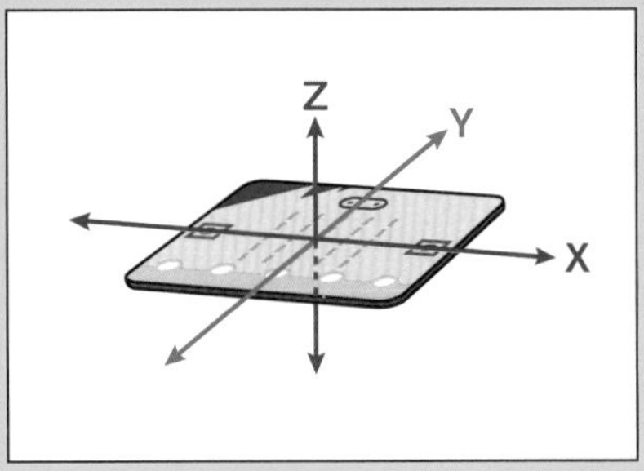

置《お》いているだけなのに下向《したむ》きに1023の加《か》

速度《そくど》が生《しょう》じるのは、地球《ちきゅう》の重力《じゅうりょく》のせい。「重力加速度《じゅうりょくかそくど》」と呼《よ》ばれる、重力《じゅうりょく》によって生《しょう》じる加速度《かそくど》が常《つね》に存在《そんざい》しているんだ。

今回《こんかい》のプログラムでは「絶対値《ぜったいち》」という言葉《ことば》が出《で》てきたけど、絶対値《ぜったいち》とは数学的《すうがくてき》には符号《ふごう》を無視《むし》した数字《すうじ》そのものの大《おお》きさのことなんだ。micro:bitではX・Y・Zの加速度《かそくど》を合成《ごうせい》した値《あたい》の絶対値《ぜったいち》を取《と》ることで、加速度《かそくど》の強《つよ》さの値《あたい》としている。「本当《ほんとう》になんの加速度《かそくど》も生《しょう》じていないとき」を0として、「机《つくえ》の上《うえ》などに置《お》いた静止状態《せいしじょうたい》(重《じゅう》力《りょく》だけがかかっている状態《じょうたい》)」で1023となるんだ。

そして、今回《こんかい》のプログラムでジャンプを判定《はんてい》する条件《じょうけん》を「＜“150”」としたのも、この絶対値《ぜったいち》1023が大《おお》きな理由《りゆう》。静止状態《せいしじょうたい》の絶対値《ぜったいち》は1023なので、150よりも大《おお》きい。だからこの条件《じょうけん》は満《み》たさないのでジャンプをしているとは判定《はんてい》されない。

では、ジャンプをするとどうなるだろう？　それは重力《じゅうりょく》に逆《さか》らって跳《と》び上《あ》がっているわけなので、下向《したむ》きの加速度《かそくど》1023だけでなく上《うえ》に向《む》かう加速度《かそくど》も加《くわ》わるんだ。だから、このときの加速度《かそくど》センサーの数値《すうち》は1023よりも大《おお》きくなるよ。

一方《いっぽう》、ジャンプの後《あと》に落下《らっか》している間《あいだ》は、上《うえ》に向《む》かう加速度《かそくど》がなくなり、下向《したむ》きの加速度《かそくど》も急激《きゅうげき》に減《へ》っていき、絶対値《ぜったいち》は150以下《いか》になる。このプログラムがジャンプの判定《はんてい》をしているのは、実《じつ》はこのときの数《すう》値《ち》を読《よ》み取《と》った結果《けっか》なんだ。

計算上《けいさんじょう》では、ジャンプした後《あと》、重力《じゅうりょく》の力《ちから》だけで重力《じゅうりょく》の方向《ほうこう》(鉛直方向《えんちょくほうこう》という)に落下《らっか》する(自由落下《じゆうらっか》)ときの加速度《かそくど》センサーの数値《すうち》は0になるはずなんだよ。ただし、実際《じっさい》には腕《うで》のぶれやセンサーが検知《けんち》するタイミングによって変《か》わってしまい、数値《すうち》が0になることはほとんどない。だから、今回《こんかい》は「150より低《ひく》い」という幅《はば》を持《も》たせた条件《じょうけん》にしているんだ。

サウンドヨーヨーをつくろう

ここからは、加速度《かそくど》センサーを活用《かつよう》したサウンドヨーヨーをつくってみよう。これは加速度《かそくど》センサーの数値《すうち》を音《おと》の数値《すうち》と結《むす》びつけることで、micro:bitの動《うご》きを音《おと》に変換《へんかん》する装置《そうち》だ。腕《うで》に着《つ》けて動《うご》かしてみたり、ひもなどを付《つ》けて振《ふ》り子《こ》のように揺《ゆ》らしたりすると音《おと》が変化《へんか》するよ！

音《おと》を鳴《な》らす方法《ほうほう》はいろいろあるけど、今回《こんかい》は周《しゅう》波数《はすう》を指定《してい》して鳴《な》らしてみよう。「入出力端子《にゅうしゅつりょくたんし》」カテゴリーを選《えら》んだときに出《で》てくる「その他《た》」カテゴリーの、「音《おと》を鳴《な》らす (Hz) “0” 長《なが》さ (ミリ秒《びょう》) “0”」というブロックを使《つか》うぞ。周波数《しゅうはすう》とは、１秒《びょう》間《かん》に何回波《なんかいなみ》（振動《しんどう》）が起《お》きたかを表《あらわ》す数値《すうち》のこと。Hz（ヘルツ）は周波数《しゅうはすう》の単位《たんい》で、１秒間《びょうかん》に１回振《かいしん》動《どう》したら１Hzだ。周波数《しゅうはすう》が高《たか》いほど、高《たか》い音《おと》になるんだよ。

もっと知りたい！

人間《にんげん》の耳《みみ》が聞《き》き取《と》れる周波数《しゅうはすう》の範囲《はんい》は？

人間《にんげん》の耳《みみ》で聞《き》き取《と》れる周波数《しゅうはすう》には限界《げんかい》があって、普通《ふつう》はだいたい20Hz～20000Hz。これより高《たか》すぎても低《ひく》すぎても聞《き》き取《と》ることができないんだ。人間《にんげん》では聞《き》き取《と》ることができない20000Hzよりも高《たか》い音《おと》を超音波《ちょうおんぱ》、20Hzよりも低《ひく》い音《おと》は超低周波音《ちょうていしゅうはおん》と呼《よ》ばれているよ。

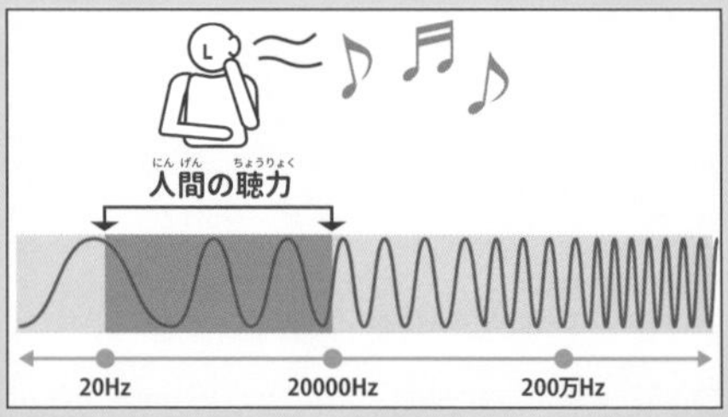

ちなみに、一般的《いっぱんてき》なピアノが出《だ》せる音《おと》は、最《もっと》も低《ひく》い音《おと》が33Hz、最《もっと》も高《たか》い音《おと》が4186Hz。よく使《つか》う「ドレミファソラシド」の場合《ばあい》、真《ま》ん中《なか》の「ド」が262Hzで高《たか》いほうの「ド」が523Hzだよ。

加速度《かそくど》の絶対値《ぜったいち》で音《おと》を鳴《な》らす

それでは、さきほど紹介《しょうかい》した「音《おと》を鳴《な》らす (Hz) “0” 長《なが》さ (ミリ秒《びょう》) “0”」ブロックを使《つか》って、「ずっと」ブロックの中《なか》に次《つぎ》のようにブロックを組《く》み立《た》ててみよう。

前《まえ》の “0” には、65 ～ 66 ページでも使《つか》った「加速度《かそくど》“絶対値《ぜったいち》”」ブロックをはめ込《こ》む。これで加速《かそく》度《ど》の絶対値《ぜったいち》が音《おと》を鳴《な》らすときの Hz の数値《すうち》として変換《へんかん》されるぞ。加速度《かそくど》の絶対値《ぜったいち》は、動《うご》かさずに置《お》いてある状態《じょうたい》では 1023 になると 66 ～ 67 ページでも説明《せつめい》したね。もし速《はや》く動《うご》かしたりぶつけるなど衝撃《しょうげき》を与《あた》えたりすると、変換《へんかん》された音《おと》は 1023Hz よりも大《おお》きくなるけど、人間《にんげん》が聞《き》き取《と》れる周波数《しゅうはすう》は 20Hz ～ 20000Hz なので、聞《き》き取《と》れなくなることはなさそうだ。

音《おと》の長《なが》さについては 0 ミリ秒《びょう》のままで大丈夫《だいじょうぶ》。これでは音《おと》が短《みじか》すぎて鳴《な》らないように思《おも》うかもしれないけど、「ずっと」ブロックの中《なか》に入《い》れてあるから繰《く》り返《かえ》し鳴《な》ってくれるよ。加速度《かそくど》センサーの値《あたい》によって常《つね》に音《おと》が変化《へんか》していくはずだ。

このプログラムで一度《いちど》書《か》き込《こ》んで試《ため》してみよう。micro:bit が「ピロロロ」と鳴《な》り出《だ》すだろう。持《も》ち上《あ》げたり揺《ゆ》らしたりすることで、音《おと》が変化《へんか》するのも確認《かくにん》しよう。

このままでも音《おと》の変化《へんか》が面白《おもしろ》いけど、ちょっと変化《へんか》しすぎてさわがしく感《かん》じるかもしれないね。置《お》いているだけでも加速度《かそくど》センサーの数値《すうち》は絶《た》えず変化《へんか》するから、音《おと》の高《たか》さも安定《あんてい》しないんだ。そこで、今度《こんど》は変化《へんか》し続《つづ》ける加速度《かそくど》センサーの値《あたい》のうち、新《あたら》しいもののいくつかを記録《きろく》しておいて、その値《あたい》の平均《へいきん》を取《と》ることで音《おと》を安定《あんてい》させる方法《ほうほう》を試《ため》してみよう。

平均値《へいきんち》を取《と》るってどういうこと？

まずは、これからどんなプログラムをつくろうとしているのか、きちんと説明《せつめい》しておくね。例《たと》えば、加速度《かそくど》センサーで 5 回計測《かいけいそく》したときの絶対値《ぜったいち》が、下《した》のようになったとする (実際《じっさい》の計測《けいそく》ではこのような極端《きょくたん》な数値《すうち》が出《で》るのは難《むずか》しいけど、説明《せつめい》のためにわかりやすくしておくよ)。

計測《けいそく》	1回目《かいめ》	2回目《かいめ》	3回目《かいめ》	4回目《かいめ》	5回目《かいめ》
加速度《かそくど》の絶対値《ぜったいち》	1000	1300	700	1400	600

さっきつくったプログラムだと、計測《けいそく》した加速度《かそくど》の絶対値《ぜったいち》がそのまま音《おと》の高《たか》さになるから、１回《かい》目《め》の計測時《けいそくじ》には1000Hz、次《つぎ》は1300Hz、そして700Hz、1400Hz、600Hzという順番《じゅんばん》で音《おと》が鳴《な》るよね。加速度《かそくど》の変化《へんか》が極端《きょくたん》だと、音《おと》の高《たか》さも極端《きょくたん》になってしまう。

そこで、もし加速度《かそくど》の平均値《へいきんち》を取《と》っていくとどうなるだろう。平均値《へいきんち》は、平均《へいきん》を出《だ》したい計測《けいそく》の値《あたい》の合計《ごうけい》を、計測《けいそく》した数《かず》で割《わ》って求《もと》められる数値《すうち》だ。１回目《かいめ》と２回目《かいめ》の計測《けいそく》での加速度《かそくど》の平均値《へいきんち》は（1000＋1300）÷２＝1150、１回目《かいめ》〜３回目《かいめ》での平均値《へいきんち》は（1000＋1300＋700）÷３＝1000となる。こうやって、５回目《かいめ》までの平均値《へいきんち》を出《だ》していくと下《した》のようになるよ。

計測《けいそく》	１回目《かいめ》	２回目《かいめ》	３回目《かいめ》	４回目《かいめ》	５回目《かいめ》
加速度《かそくど》の絶対値《ぜったいち》	1000	1300	700	1400	600
加速度《かそくど》の平均値《へいきんち》	1000	1150	1000	1100	1000

どう？　平均値《へいきんち》だと加速度《かそくど》の絶対値《ぜったいち》よりも変化《へんか》が小《ちい》さくなっているよね。なので、加速度《かそくど》の平均《へいきん》値《ち》を鳴《な》らす音《おと》の数値《すうち》にすれば、音《おと》の変化《へんか》も小《ちい》さくなるわけだ。これをプログラムで実際《じっさい》につくっていこう。

「配列《はいれつ》」ブロックを活用《かつよう》して、平均値《へいきんち》を出《だ》せるようにしよう

加速度《かそくど》の平均値《へいきんち》を出《だ》すプログラムをつくるのに必要《ひつよう》になるのが「配列《はいれつ》」ブロックだ。配列《はいれつ》という言葉《ことば》は初《はじ》めて聞《き》いた人《ひと》も多《おお》いかもしれないね。配列《はいれつ》とは同《おな》じ目的《もくてき》で使用《しよう》する複数《ふくすう》の値《あたい》を格納《かくのう》することで、変数《へんすう》を束《たば》にしたものと考《かんが》えるとイメージしやすいかな。変数《へんすう》は値《あたい》を１つしか保存《ほぞん》できないけど、配列《はいれつ》なら５個《こ》や10個《こ》といった複数《ふくすう》の値《あたい》を１つの配列《はいれつ》として保存《ほぞん》することができるんだよ。

配列《はいれつ》をつくるには、まず変数《へんすう》をつくってそれを「配列《はいれつ》」ブロックに組《く》み込《こ》むという手順《てじゅん》が必要《ひつよう》だ。それでは、今回《こんかい》は「加速度《かそくど》のサンプリング」という変数《へんすう》をつくっておこう。サンプリングとはある値《あたい》の集《あつ》まりからいくつか見本《みほん》として取《と》り出《だ》すことで、今回《こんかい》は直近《ちょっきん》の加速度《かそくど》をいくつか取《と》り出《だ》してみよう。

次《つぎ》に、「高度《こうど》なブロック」の「配列《はいれつ》」カテゴリーを開《ひら》いてみよう。赤《あか》い色《いろ》の変数《へんすう》ブロックと組《く》み合《あ》わさったブロックがあるよね。そのうちの１つ、一番上《いちばんうえ》の「変数《へんすう》“list”を“この要素《ようそ》の配列《はいれつ》‘１’‘２’”にする」というブロックを取《と》り出《だ》して、「最初《さいしょ》だけ」ブロックの中《なか》に入《い》れよう。初期設定《しょきせってい》の変数《へんすう》「list」は、今回《こんかい》は特《とく》に使《つか》わないよ。

それでは、「list▼」をクリックして、さっきつくった「加速度《かそくど》のサンプリング」に切《き》り替《か》えよう。さらに、「この要素《ようそ》の配《はい》列《れつ》“1”“2”」ブロックにある（－）ボタンを2回《かい》クリックしよう。“1”と“2”が消《き》えて、「empty array（空《から》の配列《はいれつ》）」というブロックに変《へん》化《か》するぞ。

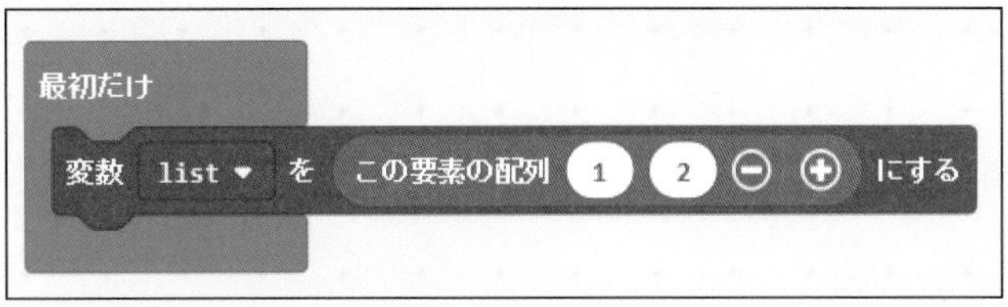

平均値《へいきんち》を取《と》るための数値《すうち》が何《なに》も入《はい》っていない状態《じょうたい》にするためには、こうやって配列《はいれつ》を空《から》にしなければならない。これで、配列《はいれつ》を使《つか》う準備《じゅんび》ができたぞ。

次《つぎ》に計測《けいそく》した加速度《かそくど》の絶対値《ぜったいち》を、配列《はいれつ》に次々追加《つぎつぎついか》していくようにするぞ。「配列《はいれつ》」カテゴリーにある「配列《はいれつ》の最後《さいご》に“　”を追加《ついか》する」ブロックを、最初《さいしょ》のプログラムでつくった「ずっと」ブロックの中《なか》に入《い》れよう❶。「配列《はいれつ》▼」をクリックして「加速度《かそくど》のサンプリング」に切《き》り替《か》えて、「音《おと》を鳴《な》らす」ブロックにはめていた「加速度《かそくど》“絶対値《ぜったいち》”」ブロックを、“　”に入《い》れる❷。これで、配列《はいれつ》の後《うし》ろに最新《さいしん》の加速度《かそくど》の絶対値《ぜったいち》が追《つい》加《か》されるよ。

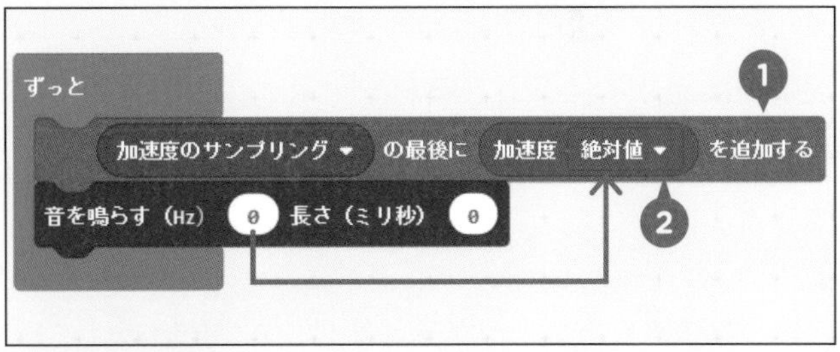

さらに、「ずっと」ブロックの中《なか》に右《みぎ》のようにブロックを加《くわ》えよう。緑色《みどりいろ》のブロックは、「ループ」カテゴリーにある「配列《はいれつ》“list”の値《あたい》を変数《へんすう》“value”に入《い》れてくりかえす」ブロックだ。“list”のところを“加速度《かそくど》のサンプリング”に切《き》り替《か》えよう❸。初期設定《しょきせってい》で入《はい》っている“value”は「値《あたい》」という意味《いみ》。このプログラムでも使《つか》っていくからそのままにしておいてね。さらに、この中《なか》に「変数《へんすう》“合計《ごうけい》”を“1”だけ増《ふ》やす」ブロックを入《い》れる。変数《へんすう》「合計《ごうけい》」はここで初《はじ》めて使《つか》うのでつくっておこう。“1”の部分《ぶぶん》に変数《へんすう》「value」ブロックをはめ込《こ》もう❹。変数《へんすう》「合《ごう》計《けい》」は平均《へいきん》を求《もと》めるのに使《つか》われる計測《けいそく》した数値《すうち》の合計《ごうけい》を入《い》れるための変数《へんすう》だ。あとは、「配列《はいれつ》“加速《かそく》度《ど》のサンプリング”の値《あたい》を変数《へんすう》“value”に入《い》れてくりかえす」ブロックの上《うえ》に「変数《へんすう》“合計《ごうけい》”を“0”

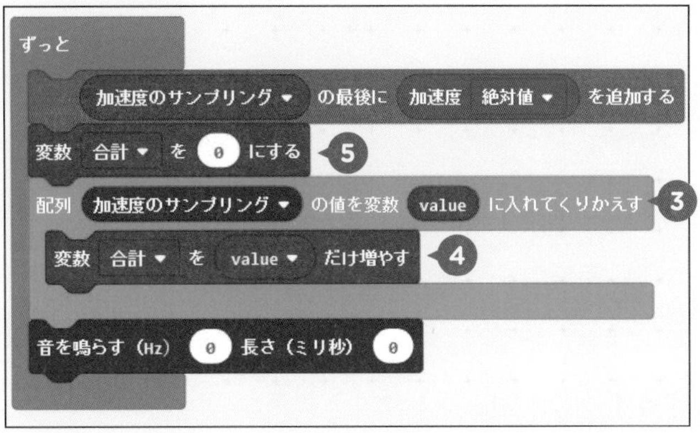

にする」ブロックを加《くわ》えておく❺。これを加《くわ》えないと正《ただ》しく合計値《ごうけいち》を取《と》ることができないんだ。

ここまでで、配列《はいれつ》に記録《きろく》した加速度《かそくど》の絶対値《ぜったいち》をどんどん合計《ごうけい》してくれるプログラムができたぞ。次《つぎ》に、この合計値《ごうけいち》を計測《けいそく》した数《かず》で割《わ》って加速度《かそくど》の平均値《へいきんち》を出《だ》せるようにしよう。下《した》のような内容《ないよう》になるぞ。

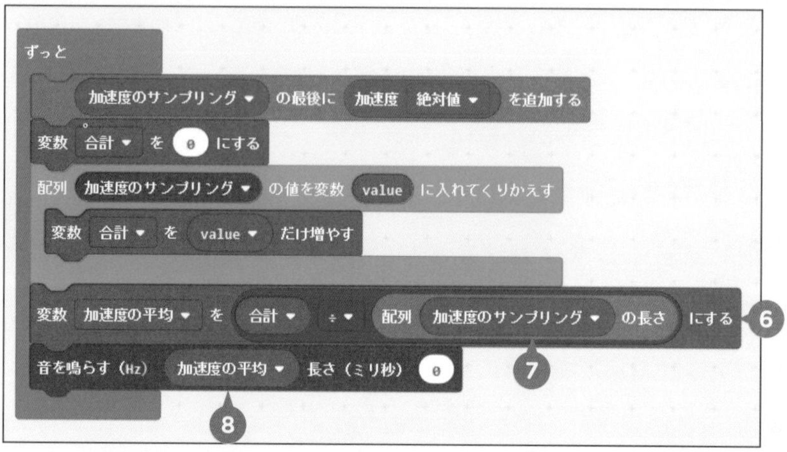

「加速度《かそくど》の平均《へいきん》」という変《へん》数《すう》をつくり、「変数《へんすう》“加速度《かそくど》の平均《へいきん》”を“0”にする」ブロックを追加《ついか》する❻。“0”の部分《ぶぶん》には「計測《けいそく》した加速度《かそくど》の合計《ごうけい》値《ち》÷加速度《かそくど》の計測数《けいそくすう》」になるようにブロックを組《く》み込《こ》もう。配列《はいれつ》として記録《きろく》された加《か》速度《そくど》の計測数《けいそくすう》は「配列《はいれつ》」ブロックの「配列《はいれつ》“list”の長《なが》さ」ブロックで取得《しゅとく》できるので、これの“list”を“加速度《かそくど》のサンプリング”に切《き》り替《か》えればOKだ❼。そして、「音《おと》を鳴《な》らす（Hz）“0”長《なが》さ（ミリ秒《びょう》）“0”」ブロックの前《まえ》の“0”に、変数《へんすう》「加速度《かそくど》の平均《へいきん》」ブロックをはめ込《こ》めば、音《おと》を鳴《な》らすときの周波数《しゅうはすう》が「加速度《かそくど》の平均《へいきん》」になるぞ❽。

平均《へいきん》を取《と》る計測《けいそく》の数値《すうち》から古《ふる》い加速度《かそくど》を外《はず》そう

ここまでつくったプログラムで一度《いちど》書《か》き込《こ》んで試《ため》してみよう。最初《さいしょ》のプログラムよりも音《おと》が滑《なめ》らかになったはず。だけど、このプログラムには実《じつ》は問題《もんだい》があるんだ。最初《さいしょ》に加速度《かそくど》を計測《けいそく》したときからずっと平均《へいきん》を取《と》り続《つづ》けてしまうので、加速度《かそくど》を少《すこ》しの間《あいだ》変化《へんか》させたくらいでは、今度《こんど》は音《おと》の高《たか》さが変化《へんか》しにくくなってしまうんだ。さらに、micro:bit本体《ほんたい》が溜《た》めておける配列《はいれつ》の長《なが》さ（計測《けいそく》した数値《すうち》の数《かず》）にも限界《げんかい》があるので、LEDディスプレイにエラーを示《しめ》す「844悲《かな》しい顔《かお》」の表示《ひょうじ》が出《で》てきてしまうよ。

そこで、「加速度《かそくど》のサンプリング」に記録《きろく》するのは直近《ちょっきん》のいくつかだけとして、一定《いってい》の数《かず》になったら古《ふる》いものから削除《さくじょ》するようにプログラムを加《くわ》えてみよう。これで、音《おと》の変化《へんか》もさせやすくなるはずだ。

関数《かんすう》を使《つか》ってまとめていくよ。「古《ふる》い加速度《かそくど》を削除《さくじょ》」という関数《かんすう》ブロックと「削除《さくじょ》する加速度《かそくど》」という変数《へんすう》ブロックを用意《ようい》して、右《みぎ》のようにブロックを組《く》んでみよう。

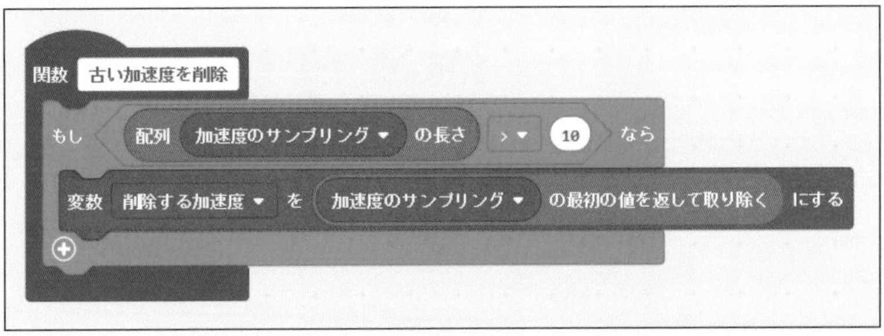

この関数《かんすう》は、「加速度《かそくど》の計測数《けいそくすう》が10よりも多《おお》くなったら、最初《さいしょ》に計測《けいそく》した加速度《かそくど》の数値《すうち》（加速度《かそくど》のサンプリングの最初《さいしょ》の値《あたい》）を取《と》り除《のぞ》く」という動作《どうさ》をさせるものだ。

「ずっと」ブロックのほうには、下《した》のとおりに「呼《よ》び出《だ》し 古《ふる》い加速度《かそくど》を削除《さくじょ》」ブロックを追加《ついか》しておこう❾。

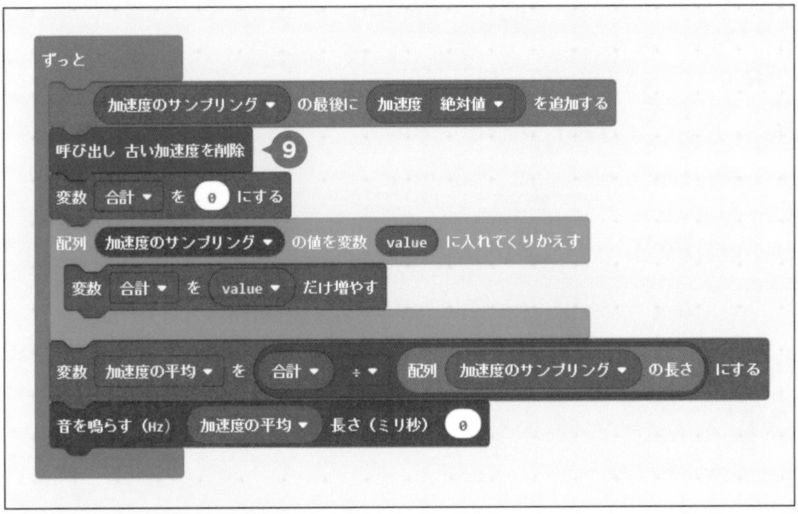

あらためてmicro:bitに書《か》き込《こ》んで試《ため》してみよう。ピロピロロといった不安定《ふあんてい》な鳴《な》り方《かた》はしなくなったんじゃないかな。平均《へいきん》を取《と》る数《かず》を10以外《いがい》に変《か》えるとどうなるかも確《たし》かめてみるといいよ。

このサウンドヨーヨーでいろいろな動《うご》かし方《かた》をしてみて、そのときの音《おと》の変化《へんか》を観察《かんさつ》してみよう。机《つくえ》などに置《お》いたときに鳴《な》っている音《おと》がおよそ1023Hzなので、そのときよりも音《おと》が低《ひく》くなったときは加速度《かそくど》も弱《よわ》くなっていて、音《おと》が高《たか》くなったときは加速度《かそくど》も強《つよ》くなっているとわかるだろう。68ページの図《ず》のように振《ふ》り子《こ》にしたり、やわらかい場所《ばしょ》に向《む》かってmicro:bitを放《ほう》り投《な》げてみたりしてみよう。もちろん、ほかの人《ひと》にぶつけたりmicro:bitを壊《こわ》したりしないように気《き》をつけてね！

加速度《かそくど》センサーの傾《かたむ》き検知機能《けんちきのう》を使《つか》ってみよう！

今度《こんど》は加速度《かそくど》センサーの傾《かたむ》き検知機能《けんちきのう》を使《つか》ってみよう。これまでは加速度《かそくど》センサーの動《うご》きを調《しら》べる能力《のうりょく》を活《い》かしたプログラムをつくったけど、傾《かたむ》きを調《しら》べる機能《きのう》でも面白《おもしろ》いプログラムがつくれるんだよ。

micro:bitがどれだけ傾《かたむ》いているか表示《ひょうじ》させよう

それでは、今回《こんかい》はmicro:bitがどれだけ傾《かたむ》いているかを角度《かくど》で表示《ひょうじ》させるプログラムをつくってみるよ。

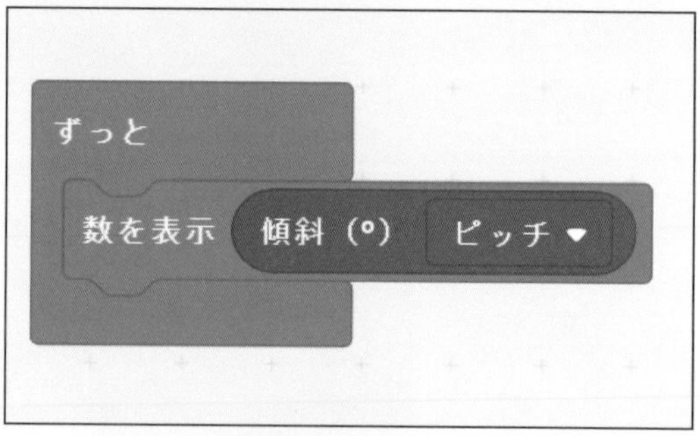

新《あら》たに使《つか》うのは「傾斜《けいしゃ》(°)“ピッチ”」というブロック。これは「入力《にゅうりょく》」カテゴリーを選《えら》んだときに出《で》てくる「その他《た》」カテゴリーの中《なか》にあるよ。「明《あか》るさ」ブロックや「加速度《かそくど》“x”」ブロックと同《おな》じく丸《まる》い形《かたち》をしているからほかのブロックとつなげられないよね。「ずっと」ブロックに「基本《きほん》」カテゴリーの「数《かず》を表示《ひょうじ》“0”」を入《い》れて、“0”のところにこの「傾斜《けいしゃ》(°)“ピッチ”」ブロックをはめ込《こ》もう。

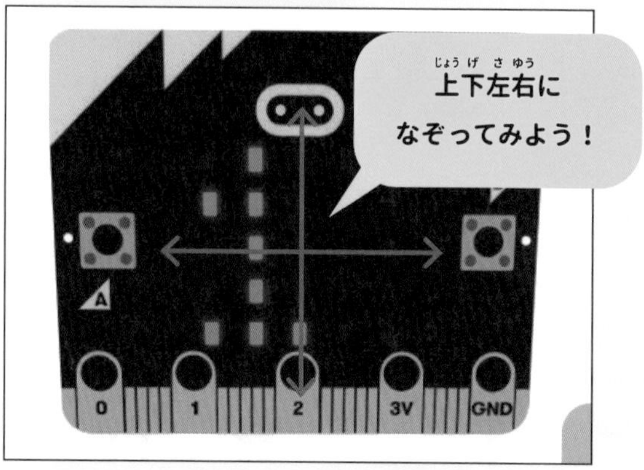

これでプログラムは完成《かんせい》だよ。シミュレーターで見《み》てみると、LEDに「0」が表示《ひょうじ》されたんじゃないかな？　タップ操作《そうさ》やマウスカーソルでシミュレーター上《じょう》のmicro:bitを上下左右《じょうげさゆう》になぞってみよう。その動《うご》きに合《あ》わせて、なんとmicro:bitが傾《かたむ》き出《だ》すぞ！　また、表示《ひょうじ》されている数字《すうじ》も変《か》わったよね。上下《じょうげ》になぞったときのほうが、数字《すうじ》が大《おお》きく変化《へんか》しているんじゃないかな。

それでは、micro:bitに書《か》き込《こ》んで実際《じっさい》にいろいろな方向《ほうこう》に傾《かたむ》けてみて、数字《すうじ》がどのように変化《へんか》するかを確《たし》かめてみよう。

もっと知りたい！

傾《かたむ》きのピッチとロールって？

「傾斜《けいしゃ》 (°) “ピッチ”」ブロックの「ピッチ▼」をクリックすると、ロールという言葉《ことば》に切《き》り替《か》えられる。ピッチは前後方向《ぜんごほうこう》の傾《かたむ》き、ロールは左右方向《さゆうほうこう》の傾《かたむ》きのことなんだ。

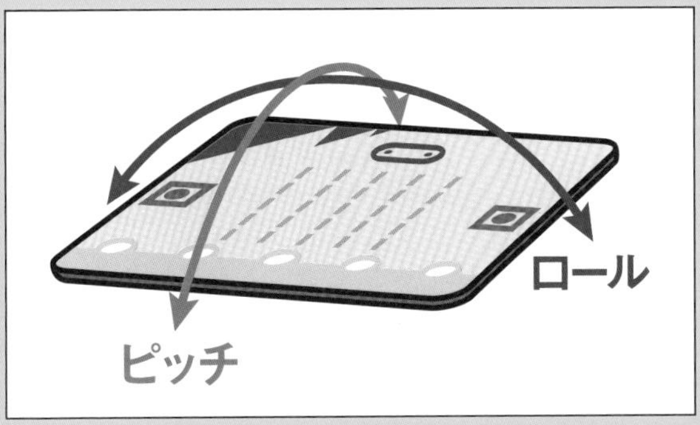

前《ぜん》ページのプログラムでは、「傾斜《けいしゃ》 (°) “ピッチ”」で数字《すうじ》をLEDに表示《ひょうじ》させたよね。シミュレーター上《じょう》でmicro:bitを上下《じょうげ》になぞったとき（前後《ぜんご》に傾《かたむ》ける動《うご》きをさせたとき）のほうが、左右《さゆう》になぞったときよりも表示《ひょうじ》の数字《すうじ》が大《おお》きく変化《へんか》するのは、ピッチを調《しら》べてLEDに表《ひょう》示《じ》させるからだ。試《ため》しに「傾斜《けいしゃ》 (°) “ロール”」に切《き》り替《か》えて、シミュレーターのmicro:bitをなぞってみよう。今度《こんど》は左右《さゆう》になぞったときのほうが、数字《すうじ》が大《おお》きく変《へん》化《か》するはずだよ。

micro:bitを水平《すいへい》にしたときが、ピッチもロールも0°の状態《じょうたい》だよ。「傾斜《けいしゃ》 (°) “ピッチ”」では、前《まえ》に傾《かたむ》けたときの−90°から後《うし》ろに傾《かたむ》けたときの90°までの範囲《はんい》を計測《けいそく》できる。一方《いっぽう》、「傾斜《けいしゃ》 (°) “ロール”」は、左方向《ひだりほうこう》に傾《かたむ》けたときの−180°から右方向《みぎほうこう》に傾《かたむ》けたときの180°まで計測《けいそく》ができるんだ。ロールのほうが計測《けいそく》できる範囲《はんい》が広《ひろ》いんだね。

このプログラムが入《はい》ったmicro:bitを身《み》の回《まわ》りにある斜《なな》めの面《めん》の上《うえ》に置《お》けば、その面《めん》が角度《かくど》で表《あらわ》すといくつなのか測《はか》ることができるよ。

角《かく》度《ど》当《あ》てゲームをつくろう

探検《たんけん》ウォッチで遊《あそ》べる「角度当《かくどあ》てゲーム」をつくってみるよ。探検《たんけん》ウォッチを着《つ》けて腕《うで》をゆさぶると、LEDディスプレイにお題《だい》となる角度《かくど》が表示《ひょうじ》されるので、腕《うで》を水平《すいへい》にした状《じょう》態《たい》からその角度《かくど》に合《あ》うように上《あ》げる。すると腕《うで》の角度《かくど》が合《あ》っているかどうか、判定《はんてい》してくれるというゲームだ。

つくったら友達《ともだち》と
どちらが先《さき》に角度《かくど》を
当《あ》てられるか
勝負《しょうぶ》してみよう！

次《つぎ》の流《なが》れで進行《しんこう》するゲームのプログラムをつくっていくよ。

ゲームの流《なが》れ

① micro:bitをゆさぶると、お題《だい》となる角度《かくど》が表示《ひょうじ》される。

②カウントダウン（この時間内《じかんない》に、正解《せいかい》の角度《かくど》になるように腕《うで》を上《あ》げる）。

③ micro:bitの傾《かたむ》きを測《はか》って、角度《かくど》の判定《はんてい》を行《おこな》う。

乱数《らんすう》でお題《だい》の角度《かくど》を表示《ひょうじ》

まずは、micro:bitがゆさぶられたときに0～90°の範囲《はんい》で角度《かくど》が出題《しゅつだい》されるプログラムをつくろう。「計算《けいさん》」カテゴリーにある「“0”から“10”までの乱数《らんすう》」ブロックを使《つか》う。これは乱数《らんすう》をつくるブロックだ。乱数《らんすう》とは、規則《きそく》性《せい》がなく、次《つぎ》になにが出《で》るのかわからない数《すう》字《じ》のこと。「“0”から“10”までの乱数《らんすう》」ブロックは指定《してい》した数《かず》の範囲《はんい》から、ランダムに数《かず》を選《えら》んでくれるんだ。0～90の範囲《はんい》になるように“10”のところを変更《へんこう》しよう。

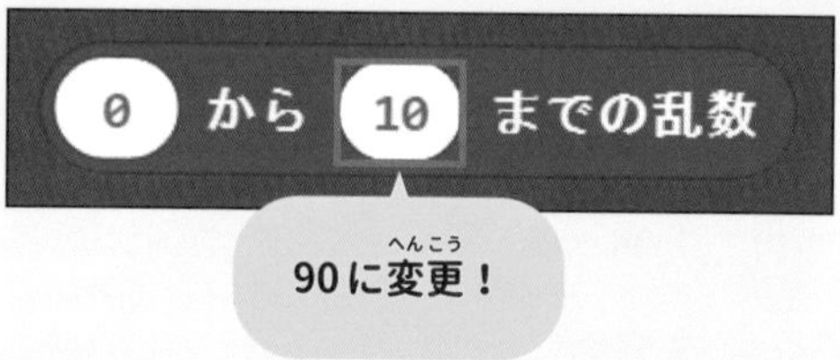

また、ゲームが進行《しんこう》している間《あいだ》、出題《しゅつだい》する角度《かくど》を記録《きろく》しておかなければいけないので、変数《へんすう》ブロックも使《つか》うよ。変数《へんすう》「出題角度《しゅつだいかくど》」をつくろう。

まず使《つか》うのは「変数《へんすう》 出題角度《しゅつだいかくど》を“0”にする」ブロックだ。“0”のところに「“0”から“90”までの乱数《らんすう》」ブロックをはめ込《こ》んだ状態《じょうたい》で、「入力《にゅうりょく》」カテゴリーの「ゆさぶられたとき」ブロックの中《なか》に入《い》れよう❶。

その下《した》には、お題《だい》をLEDに表示《ひょうじ》されるように、「基本《きほん》」カテゴリーの「数《かず》を表示《ひょうじ》“0”」ブロックを入《い》れる。このブロックの“0”部分《ぶぶん》には、さっきつくった変数《へんすう》ブロックのうち「出《しゅつ》題角度《だいかくど》」の丸《まる》いブロックをはめ込《こ》んでね❷。

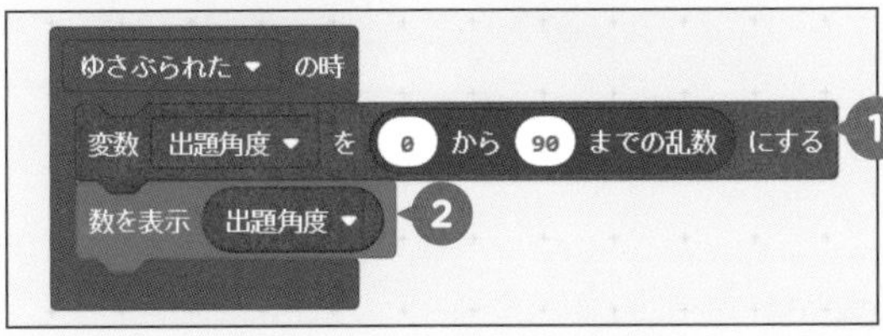

これで最初《さいしょ》のステップが完成《かんせい》だ。シミュレーターで試《ため》したり、micro:bitに書《か》き込《こ》んで確認《かくにん》してみよう。ゆさぶるたびに、LEDディスプレイに0から90のいろいろな数字《すうじ》が表示《ひょうじ》されるはずだ。

カウントダウン

次《つぎ》に、腕《うで》を上《あ》げる時間《じかん》をカウントダウン形《けい》式《しき》で知《し》らせるプログラムをつくろう。2種類《しゅるい》の三角形《さんかくけい》を交互《こうご》に表示《ひょうじ》しながら、「ピッ」という音《おと》が合計《ごうけい》14回鳴《かいな》るというカウントダウンにするよ。14回目《かいめ》の音《おと》が鳴《な》り終《お》わった時点《じてん》で上《あ》げている腕《うで》の角度《かくど》が、お題《だい》に対《たい》する回答《かいとう》となるんだ。

ここでは、関数《かんすう》ブロックを使《つか》っていくので、51ページでつくり方《かた》を振《ふ》り返《かえ》っておこう。この関数《かんすう》は「カウントダウン」という名《な》前《まえ》でつくっておくよ。「関数《かんすう》 カウントダウン」ブロックが出《で》てきたら、その中《なか》に「ループ」カテゴリーの「くりかえし“4”回《かい》」ブロックを入《い》れよう。これは動作《どうさ》を繰《く》り返《かえ》し実行《じっこう》させたいときに使《つか》うブロックだ。初期設定《しょきせってい》の“4”を“7”に変《か》えておいてね❸。“14”ではない理由《りゆう》は、この後《あと》を読《よ》んでいけばわかるよ。

「くりかえし“7”回《かい》」ブロックの中《なか》に、LEDで表示《ひょうじ》させる三角形《さんかくけい》と鳴《な》らす音《おと》を加《くわ》えていくよ。まず、「基本《きほん》」カテゴリーの「アイコンを表示《ひょうじ》“ハートマーク”」ブロックを入《い》れる。“ハートマーク”を“三角《さんかく》”という上向《うわむ》き三角《さんかく》形《けい》のアイコンに変《か》えよう❹。

次《つぎ》に、このアイコンを表示《ひょうじ》するときにいっしょに音《おと》が鳴《な》るようにする。今回《こんかい》は「入出力《にゅうしゅつりょく》端子《たんし》」カテゴリーを選《えら》んだときに出《で》てくる「その他《た》」カテゴリーの中《なか》にある、「音《おと》を鳴《な》らす(Hz)“0” 長《なが》さ(ミリ秒《びょう》)“0”」ブロックを使《つか》ってみよう。前《まえ》の“0”は音《おと》の高《たか》さを周波《しゅうは》数《すう》で指定《してい》できるんだ。ここでは“600”にするよ。後《うし》ろの“0”では音《おと》を鳴《な》らしている時間《じかん》を変《か》えられるので、“200”ミリ秒《びょう》(0.2秒《びょう》)にしておくぞ❺。

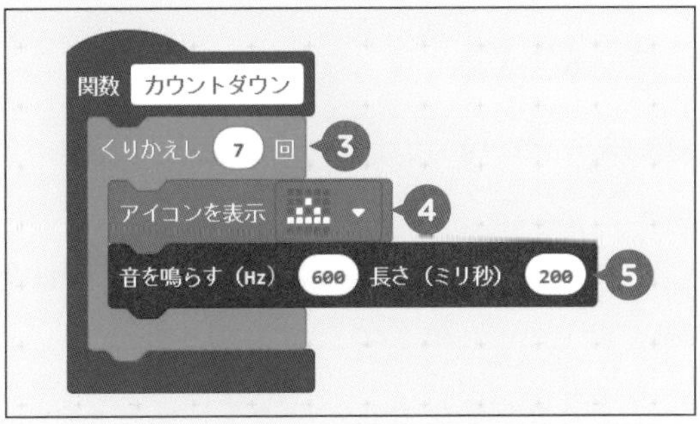

これで、上向《うわむ》きの三角形《さんかくけい》を表示《ひょうじ》させながら音《おと》が鳴《な》らせるようになった。このカウントダウンは2種類《しゅるい》の三角形《さんかくけい》を交互《こうご》に表示《ひょうじ》させるから、今度《こんど》は“左向《ひだりむ》き三角《さんかく》”のアイコンが表示《ひょうじ》さ

れるように、右《みぎ》のようにブロックを加《くわ》えてみよう。さっきと同《おな》じ音《おと》も鳴《な》るようにしてね。

これでカウントダウンの関数《かんすう》が完成《かんせい》だ。1回《かい》の動作《どうさ》で音《おと》が2回《かい》鳴《な》るから、それを7回《かい》繰《く》り返《かえ》せば、音《おと》が14回《かい》鳴《な》るカウントダウンになるんだね。

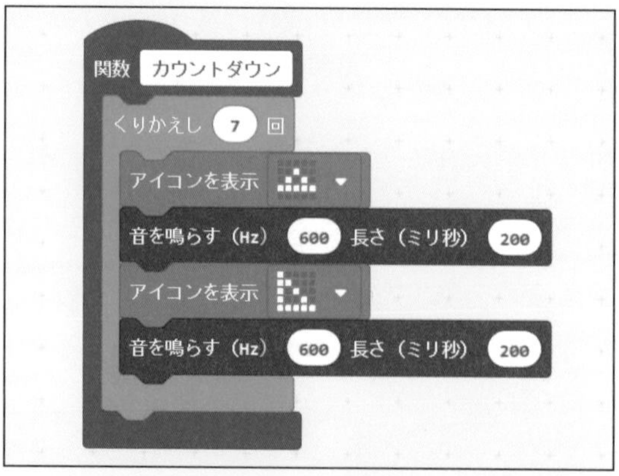

角度《かくど》の判定《はんてい》

今度《こんど》は、関数《かんすう》「角度《かくど》の判定《はんてい》」で正解《せいかい》かどうかを判定《はんてい》するプログラムだ。この関数《かんすう》では、腕《うで》を上《あ》げたときのmicro:bitの傾《かたむ》きを検知《けんち》して、変数《へんすう》「出題角度《しゅつだいかくど》」と比《くら》べるという処理《しょり》を実行《じっこう》させるよ。下《した》のようにブロックを組《く》んでみよう。

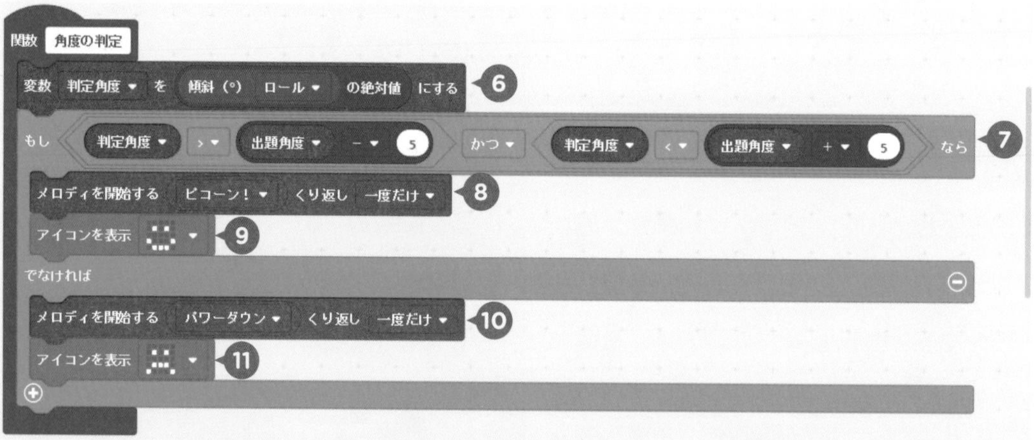

⑥「判定角度《はんていかくど》」の変数《へんすう》ブロックをつくり、「“0”の絶対値《ぜったいち》」ブロックと「傾斜《けいしゃ》（°）“ピッチ”」ブロックを組《く》み合《あ》わせる（“ピッチ”を“ロール”に切《き》り替《か》える）。
⑦「もし“真《しん》”なら〜でなければ〜」ブロックで、条件《じょうけん》ごとに振《ふ》り分《わ》ける（“真《しん》”にはめ込《こ》むブロックについては、この後《あと》くわしく説明《せつめい》）。
⑧⑩「メロディを開始《かいし》する“ダダダム”くり返《かえ》し“一度《いちど》だけ”」ブロックのメロディを変《か》える。
⑨⑪「アイコンを表示《ひょうじ》“ハートマーク”」ブロックのアイコンを変《か》える。

どういうプログラムになっているかくわしく見《み》てみよう。

今回《こんかい》は探検《たんけん》ウォッチを着《つ》けた腕《うで》を上《あ》げて、その角度《かくど》を測《はか》りたいので、ロール方向《ほうこう》の角度《かくど》を検出《けんしゅつ》する。75ページで説明《せつめい》したとおり、ピッチもロールも水平《すいへい》の状態《じょうたい》が0°で、ピッチは－90°から90°、ロールは－180°から180°を検出《けんしゅつ》できる。探検《たんけん》ウォッチを左右《さゆう》どちらの腕《うで》に着《つ》けても測《はか》れるように、ロールの角度《かくど》は絶対値《ぜったいち》（今回《こんかい》は計測《けいそく》した角度《かくど》が0°からどれだけ離《はな》れているかを表《あらわ》す数《かず》と考《かんが》えよう。

例《たと》えば、「ー 90°」も絶対値《ぜったいち》は「90」だよ）にしている。

❻では、ロールの角度《かくど》の絶対値《ぜったいち》を「変数《へんすう》“判定角度《はんていかくど》”を“0”にする」ブロックに入《い》れている。その値《あたい》を「もし“真《しん》”なら〜でなければ〜」ブロックで振《ふ》り分《わ》けている。振《ふ》り分《わ》けるための条件《じょうけん》は「判定《はんてい》角度《かくど》」＝「出題角度《しゅつだいかくど》」でもよいけれど、それでは難《むずか》しすぎるので、前後《ぜんご》5°までの範囲《はんい》をつくった❼。下《した》のようにブロックを組《く》み合《あ》わせて、条件《じょうけん》の範囲《はんい》を設定《せってい》したよ。これで、「出題角度《しゅつだいかくど》」が45°なら、41°（＝45－5より大《おお》きい）から49°（＝45＋5より小《ちい》さい）まで正解《せいかい》となるぞ。

“真《しん》”のところには、「“　”かつ“　”」ブロックを入《い》れる。前後《ぜんご》の“　”にはどちらも「“0”＜“0”」ブロックが入《はい》るけど、前側《まえがわ》は「＞」に切《き》り替《か》える必要《ひつよう》があるよ。

これに、「メロディを開始《かいし》する」ブロック❽❿と「アイコンを表示《ひょうじ》」ブロック❾⓫を使《つか》って、それぞれの条件《じょうけん》に応《おう》じた音《おと》と、アイコンを設定《せってい》しているぞ。

全体《ぜんたい》を組《く》み立《た》てる

これで、「角度当《かくどあ》てゲーム」のすべての要《よう》素《そ》がそろったよ。最初《さいしょ》につくった「ゆさぶられたとき」ブロックの中《なか》に「呼《よ》び出《だ》し カウントダウン」「呼《よ》び出《だ》し 角度《かくど》の判定《はんてい》」の順番《じゅんばん》で追加《ついか》して完成《かんせい》だ。

プログラムができたら、さっそくmicro:bitに書《か》き込《こ》んで試《ため》してみよう。

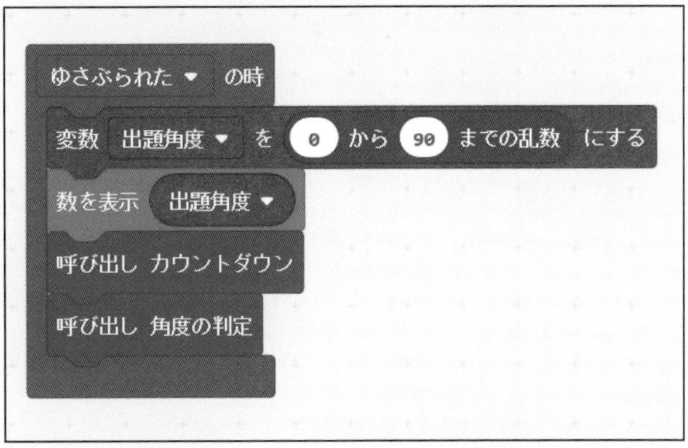

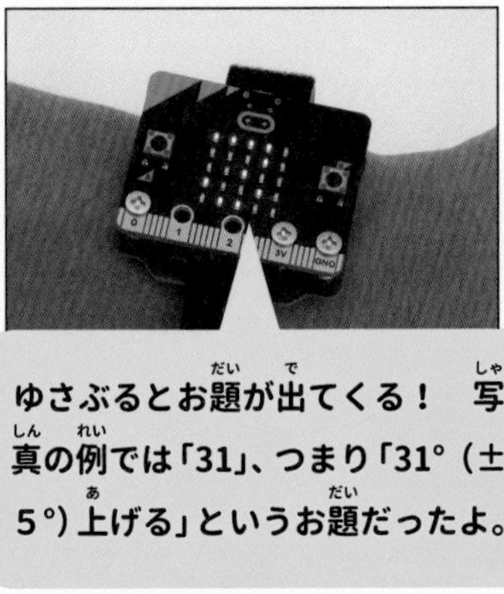

ゆさぶるとお題《だい》が出《で》てくる！ 写《しゃ》真《しん》の例《れい》では「31」、つまり「31°（±5°）上《あ》げる」というお題《だい》だったよ。

お題《だい》の角度《かくど》になるように腕《うで》を上《あ》げてみよう！

正解《せいかい》すると笑顔《えがお》のマークが表示《ひょうじ》されるよ！

探検《たんけん》メーターをつくろう

「クリノメーター」をつくってみよう。これは簡単《かんたん》にいえば角度《かくど》を使《つか》って物《もの》の高《たか》さを測《はか》る道具《どうぐ》のことで、その機能《きのう》を micro:bit に搭載《とうさい》するよ。この本《ほん》では「探検《たんけん》メーター」と呼《よ》ぶぞ。

探検《たんけん》メーターに必要《ひつよう》な補助《ほじょ》パーツを組《く》み立《た》てよう

まずは、探検《たんけん》ウォッチを少《すこ》し改造《かいぞう》して使《つか》いやすくしよう。用意《ようい》するものは割《わ》りばしかストローを1本《ぽん》、それと輪《わ》ゴムが2本《ほん》だ。

下《した》の写真《しゃしん》のように、探検《たんけん》ウォッチの右側《みぎがわ》に、輪《わ》ゴムで割《わ》りばし（ストロー）を本体《ほんたい》と平行《へいこう》になるように取《と》り付《つ》けるだけだ。これは高《たか》さを測《はか》る目標《もくひょう》に狙《ねら》いを定《さだ》めるときに使《つか》うよ。割《わ》りばしやストローは目《め》の近《ちか》くで使《つか》うので、尖《とが》った部分《ぶぶん》がないものにしよう。もちろん使《つか》い古《ふる》しなどではない、清潔《せいけつ》なものを使《つか》ってね。

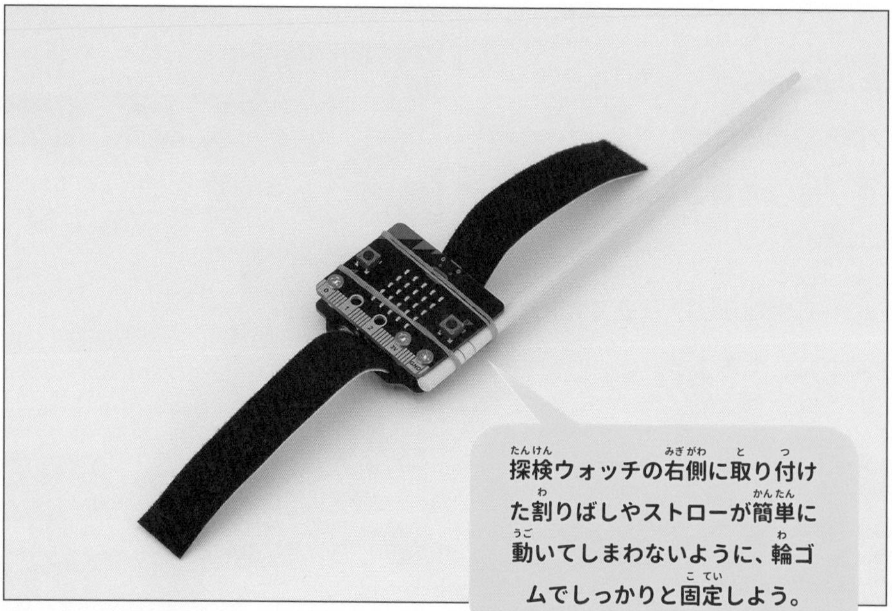

探検《たんけん》ウォッチの右側《みぎがわ》に取《と》り付《つ》けた割《わ》りばしやストローが簡単《かんたん》に動《うご》いてしまわないように、輪《わ》ゴムでしっかりと固定《こてい》しよう。

角度《かくど》を使《つか》ってどうやって物《もの》の高《たか》さを測《はか》るの？

プログラムをつくる前《まえ》に、角度《かくど》を使《つか》って高《たか》さを測《はか》る方法《ほうほう》について説明《せつめい》しておこう。直角三角形《ちょっかくさんかくけい》の性質《せいしつ》を利用《りよう》していて、1つの角《かど》の大《おお》きさと隣辺《りんぺん》の長《なが》さがわかると、対辺《たいへん》の長《なが》さを求《もと》めることができる（下図《かず》）。

ここでいう「対辺《たいへん》」は測《はか》る物《もの》の高《たか》さで、「隣辺《りんぺん》」は測《はか》る物《もの》からキミたちまでの距離《きょり》だ。このときtan（タンジェント）という三角関数《さんかくかんすう》を使《つか》う。三角関数《さんかくかんすう》は高校《こうこう》の数学《すうがく》で習《なら》うけれど、tanを使《つか》うことで、micro:bitと計測《けいそく》する物《もの》との距離《きょり》、見上《みあ》げた角度《かくど》から、対辺《たいへん》の高《たか》さを求《もと》めることができる。この数値《すうち》に自分《じぶん》の目《め》の高《たか》さ（地面《じめん》からのmicro:bitの高《たか》さ）を足《た》せば、計測《けいそく》する物《もの》の高《たか》さになるんだ。

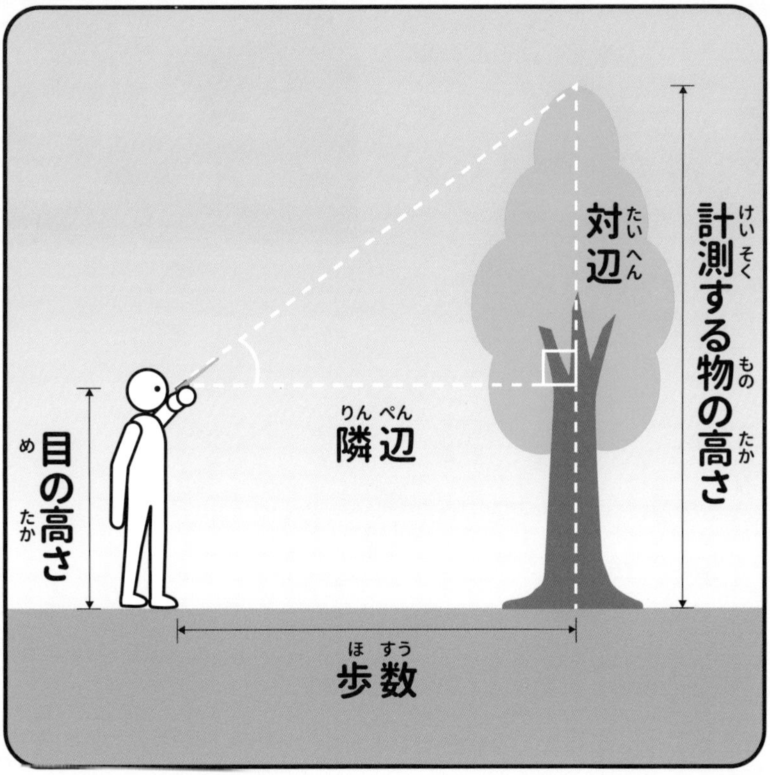

高《たか》さを測《はか》るのに必要《ひつよう》な数値《すうち》を設定《せってい》しよう

探検《たんけん》ウォッチで物《もの》の高《たか》さを測《はか》るときの手順《てじゅん》は次《つぎ》のようにするよ。

手《て》 順《じゅん》

①自分《じぶん》の目《め》の高《たか》さ、歩幅《ほはば》など計算《けいさん》に必要《ひつよう》な数字《すうじ》はあらかじめ測《はか》って決《き》めておく。

②高《たか》さを測《はか》りたい物《もの》からの歩数《ほすう》（距離《きょり》）を数《かぞ》えながら、ある程度《ていど》離《はな》れる。

③数《かぞ》えた歩数《ほすう》を探検《たんけん》ウォッチに入力《にゅうりょく》する。

④探検《たんけん》ウォッチを着《つ》けた腕《うで》を、目《め》の前《まえ》あたりで構《かま》える。

⑤高《たか》さを測《はか》りたいポイントに照準《しょうじゅん》を合《あ》わせる。

⑥照準《しょうじゅん》が合《あ》ったところでボタンを押《お》すと、高《たか》さが計算《けいさん》される。

まずは「最初《さいしょ》だけ」ブロックを使《つか》って、計算《けいさん》に必要《ひつよう》な数値《すうち》を設定《せってい》していくよ。手順紹介《てじゅんしょうかい》でも説明《せつめい》したとおり、ここに入《はい》る数値《すうち》は、あらかじめ自分《じぶん》で測《はか》っておいてね。

ここでは、次《つぎ》の４つの変数《へんすう》を使《つか》う。それぞれブロックをつくっておこう。

- **step単位《たんい》cm：自分《じぶん》の歩幅《ほはば》を設定《せってい》する。単位《たんい》はcmだ。**
- **目《め》の高《たか》さcm：まっすぐに立《た》ったときの自分《じぶん》の目《め》の高《たか》さを設定《せってい》する。これも単位《たんい》はcmだよ。**
- **距離《きょり》steps：高《たか》さを測《はか》りたい物《もの》から計測《けいそく》する場所《ばしょ》までの歩数《ほすう》を設定《せってい》する。**
- **rad：ラジアンと呼《よ》ばれる角度《かくど》の単位《たんい》の１つ。プログラミングでは、「°」よりもradを使《つか》うことのほうが実《じつ》は多《おお》いんだよ。**

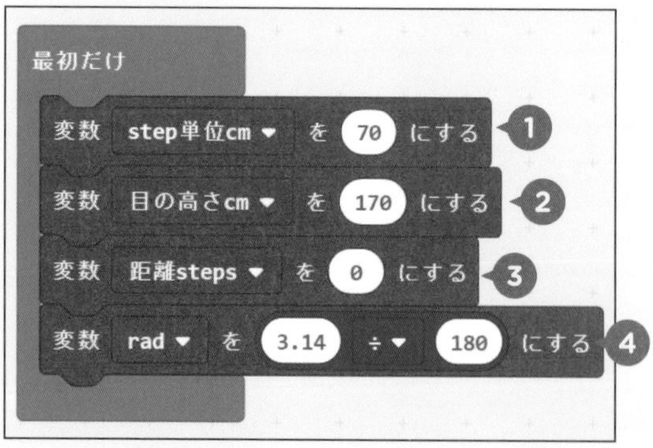

「最初《さいしょ》だけ」ブロックの中《なか》に、右《みぎ》の❶❷❸❹のよう

に4つの変数《へんすう》のブロックを入《い》れよう。❶❷の入力欄《にゅうりょくらん》の数字《すうじ》は、実際《じっさい》には自分《じぶん》で計測《けいそく》したときの数値《すうち》が入《はい》るけど、今回《こんかい》は筆者《ひっしゃ》が測《はか》ったときのもの（歩幅《ほはば》：70cm、目《め》の高《たか》さ：170cm）を入《い》れているよ。❸は高《たか》さを測《はか》りたい物《もの》からの歩数《ほすう》を後《あと》で入力《にゅうりょく》するから、今《いま》は“0”のままでOK。❹には「計算《けいさん》」カテゴリーの「“0”÷“0”」ブロックをはめ込《こ》んで、「“3.14”÷“180”」とする。これは測《はか》った角度《かくど》（°）をradに変換《へんかん》するための計算《けいさん》なんだ。このとおりに入《い》れておけば大丈夫《だいじょうぶ》だよ。

距離《きょり》の入力《にゅうりょく》モードをつくる

次《つぎ》に、高《たか》さを測《はか》りたい物《もの》からの距離《きょり》を設定《せってい》する機能《きのう》を、「ボタン“A＋B”が押《お》されたとき」ブロックでつくっていくよ。下《した》のようにプログラムを組《く》んでみよう。

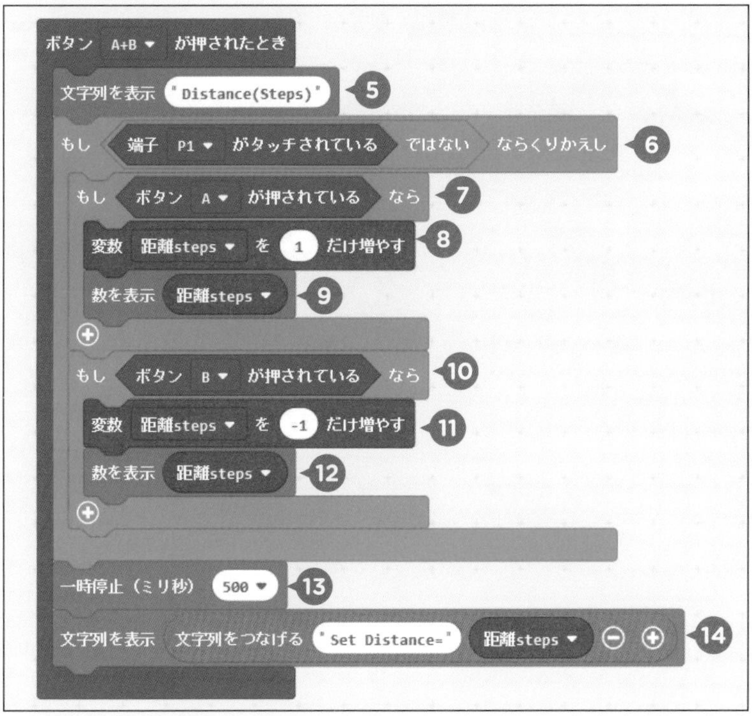

❺AとBのボタンが同時《どうじ》に押《お》されると、設定《せってい》した文字《もじ》が表示《ひょうじ》される（「文字列《もじれつ》を表示《ひょうじ》“Hello!”」ブロックを使用《しよう》）。
❻端子《たんし》P1がタッチされていなければ、以下《いか》の作業《さぎょう》を繰《く》り返《かえ》す（「もし“真《しん》”ならくりかえし」ブロックを使用《しよう》）。
❼ボタンAが押《お》されている場合《ばあい》（「もし“真《しん》”なら」ブロックを使用《しよう》）。
❽距離《きょり》（高《たか》さを測《はか》る物《もの》からの歩数《ほすう》）を1だけ増《ふ》やす。
❾⓬入力《にゅうりょく》された数《かず》を表示《ひょうじ》（「数《かず》を表示《ひょうじ》“0”」ブロックを使用《しよう》）。
❿ボタンBが押《お》されている場合《ばあい》。
⓫距離《きょり》を1だけ減《へ》らす。
⓭500ミリ秒《びょう》（0.5秒《びょう》）待《ま》つ（「一時停止《いちじてい》《し》（ミリ秒《びょう》）“100”」ブロックを使用《しよう》）。
⓮セットされた数《かず》を表示《ひょうじ》する（「文字列《もじれつ》を表示《ひょうじ》“Hello!”」ブロックと「文字列《もじれつ》をつなげる“Hello”“World”」ブロックを組《く》み合《あ》わせる）。

ブロックがどこにあるかわからなくなったら、
ブロックの色《いろ》を確認《かくにん》しよう。
ブロックの色《いろ》はカテゴリーの文字《もじ》の色《いろ》と同《おな》じだから、
どのカテゴリーのブロックかすぐわかるよ。

まずボタンA、Bを同時《どうじ》に押《お》すと距離《きょり》の設定《せってい》モードになる❺❻。歩数《ほすう》の入力《にゅうりょく》は、ボタンAを押《お》すと数値《すうち》が1増《ふ》え❼❽❾、ボタンBを押《お》すと数値《すうち》が1減《へ》るようにした❿⓫⓬。ボタンA、Bで歩数《ほすう》を入力《にゅうりょく》したら、micro:bitの端子《たんし》P1とGNDを同時《どうじ》にタッチして設定《せってい》を完了《かんりょう》させるよ❻。

P1をタッチして入力《にゅうりょく》が完了《かんりょう》したら、次《つぎ》に、LEDディスプレイにセットした数字《すうじ》を表示《ひょうじ》する。表示《ひょうじ》のプログラムは、「高度《こうど》なブロック」の中《なか》にある「文字列《もじれつ》」カテゴリーの「文字列《もじれつ》をつなげる」ブロックを使《つか》った⓮。これはそれぞれの欄《らん》に入《い》れた文字列《もじれつ》をつなげるブロックで、変数《へんすう》「距離《きょり》steps」に5が入《はい》っている場合《ばあい》は「Set Distance=5」と表示《ひょうじ》されるぞ。

それと、ちょっと気《き》をつけてほしいのが❻のところ。「論理《ろんり》」カテゴリーの「“　”ではない」ブロックを使《つか》って、「もし“端子《たんし》P1がタッチされている”ではないならくりかえし」という変《へん》な日本語《にほんご》になっちゃっているよね。これは、「ではない」という言葉《ことば》が「端子《たんし》P1がタッチされている」を打《う》ち消《け》しているんだ。つまり、「もし端子《たんし》P1がタッチされていなければ、くりかえし」という意味《いみ》になるよ。

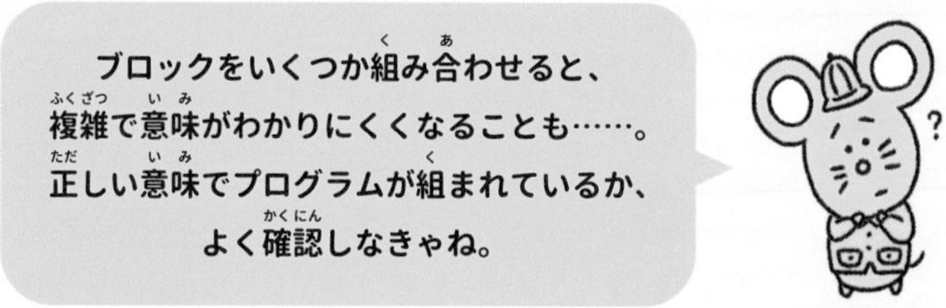

角度検知《かくどけんち》と計算《けいさん》のプログラムをつくろう

最後《さいご》に「ボタン“B”が押《お》されたとき」を使《つか》って角度《かくど》の検知《けんち》と計算《けいさん》ができるようにしよう。ここは、高《たか》さを測《はか》りたい物《もの》に探検《たんけん》ウォッチの照準《しょうじゅん》を合《あ》わせて、ボタンBを押《お》すと角度《かくど》を検知《けんち》して、高《たか》さを計《けい》算《さん》するという内容《ないよう》だ。今回《こんかい》はmicro:bitのピッチ方向《ほうこう》の角度《かくど》を検出《けんしゅつ》する。新《あら》たに4つの変数《へんすう》「角度《かくど》」「theta」「距離《きょり》cm」「求《もと》めた三角形《さんかくけい》の高《たか》さcm」を用意《ようい》してね。

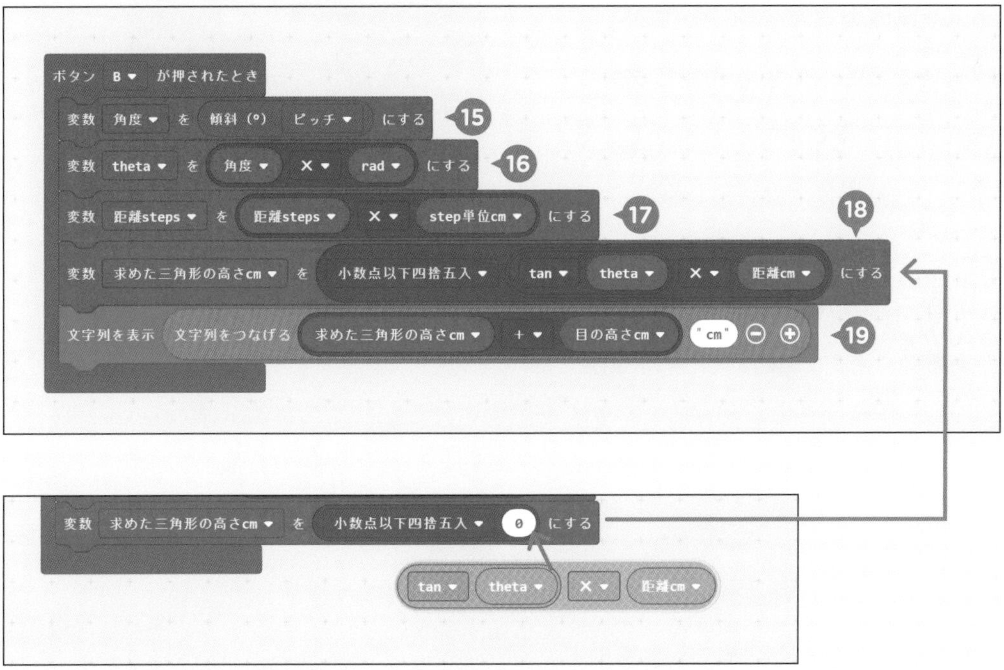

⑮micro:bitのピッチ方向《ほうこう》の傾《かたむ》きの数値《すうち》を入《い》れる。見上《みあ》げるように傾《かたむ》ける場合《ばあい》は正《せい》の角度《かくど》となる。

⑯変数《へんすう》「角度《かくど》」に変数《へんすう》「rad」をかけた数値《すうち》を入《い》れる。ここでは計測《けいそく》した角度《かくど》をプログラムで扱《あつか》えるように、radに変換《へんかん》している。

⑰変数《へんすう》「距離《きょり》steps」と変数《へんすう》「step単位《たんい》cm」をかけた数値《すうち》で、歩数《ほすう》で測《はか》った距離《きょり》をcmに換算《かんさん》している。

⑱直角三角形《ちょっかくさんかくけい》の性質《せいしつ》を使《つか》った計算式《けいさんしき》で、三角形《さんかくけい》の高《たか》さを計算《けいさん》している。「計算《けいさん》」カテゴリーの「“sin” “0”」ブロックの、sin”を“tan”に切《き》り替《か》えて“0”には変数《へんすう》「theta」をはめ込《こ》み、このブロックに変数《へんすう》「距離《きょり》cm」をかけると、三角形《さんかくけい》の高《たか》さが求《もと》められる。それらのブロックを「小数点以下四捨五入《しょうすうてんいかししゃごにゅう》“0”」ブロックに入《い》れると、小数点以下《しょうすうてんいか》が四捨五入《ししゃごにゅう》されて整数《せいすう》のみでの計算結《けいさんけっ》果《か》が出《で》る。

⑲変数《へんすう》「求《もと》めた三角形《さんかくけい》の高《たか》さcm」に変数《へんすう》「目《め》の高《たか》さcm」を足《た》して、結果《けっか》を「文字列《もじれつ》を表示《ひょうじ》“Hello!”」ブロックで表示《ひょうじ》する。

これで、探検《たんけん》メーターのプログラムができあがったよ！ プログラムをmicro:bitに書《か》き込《こ》んだら、初《はじ》めはテストも兼《か》ねて、部屋《へや》にある物《もの》の高《たか》さを測《はか》ってから、結果《けっか》をメジャーで確認《かくにん》してみよう。多《た》少《しょう》の誤差《ごさ》はあっても、なかなかよい結果《けっか》が出《で》るんじゃないかな。それが終《お》わったら、外《そと》に出《で》て、いろいろな物《もの》を測《はか》ってみよう！

地磁気《ちじき》センサーを使《つか》ってみよう！

最後《さいご》にmicro:bitの地磁気《ちじき》センサーも使《つか》ってみよう。micro:bitの裏面《うらめん》の左下《ひだりした》に「COMPASS」と書《か》いてあるよね。その線《せん》がさし示《しめ》しているチップの中《なか》に、地磁気《ちじき》を感知《かんち》するセンサーが入《はい》っているんだ（加速度《かそくど》センサーと同《おな》じチップだね）。

地球《ちきゅう》にはおよそ北《きた》がS極《きょく》、南《みなみ》がN極《きょく》となる磁場《じば》が生《しょう》じている。だから、方位磁石《ほういじしゃく》を使《つか》うとN極《きょく》が北《きた》を向《む》き、S極《きょく》が南《みなみ》を向《む》くんだ。地磁気《ちじき》センサーはその見《み》えない磁気《じき》を調《しら》べて、方向《ほうこう》を計測《けいそく》するんだよ。

「方角《ほうがく》」ブロックで方位《ほうい》を示《しめ》す

まずは「方角《ほうがく》（°）」ブロックを使《つか》ってみよう。「入力《にゅうりょく》」カテゴリーにあるぞ。丸《まる》いブロックなので、このままでは他《ほか》のブロックとつながらない。「基本《きほん》」カテゴリーの「数《かず》を表示《ひょうじ》」ブロックと組《く》み合《あ》わせて、「ずっと」ブロックの中《なか》に入《い》れよう。

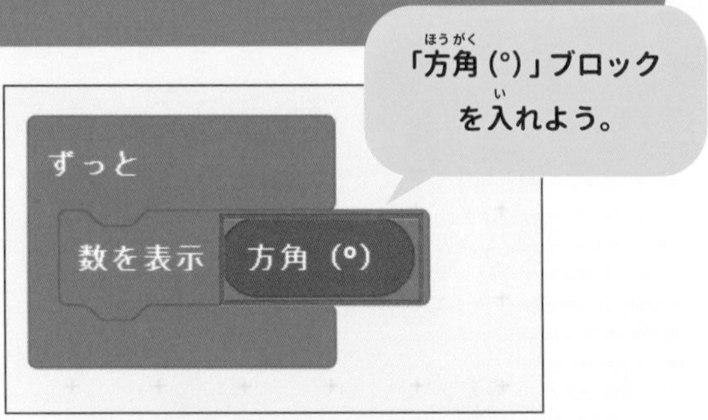

ここまでできたらシミュレーターで確認《かくにん》してみよう。micro:bitのマークの片方《かたほう》が三角《さんかく》になって、右下《みぎした》に角度《かくど》が表示《ひょうじ》された。このマークにカーソルをドラッグしてマークを回《まわ》してみよう。角度《かくど》の数字《すうじ》が変《か》わるはずだ。そしてLEDディスプレイにも同《おな》じ数字《すうじ》が表示《ひょうじ》されている。これが今《いま》の方角《ほうがく》を示《しめ》す数字《すうじ》なんだ。

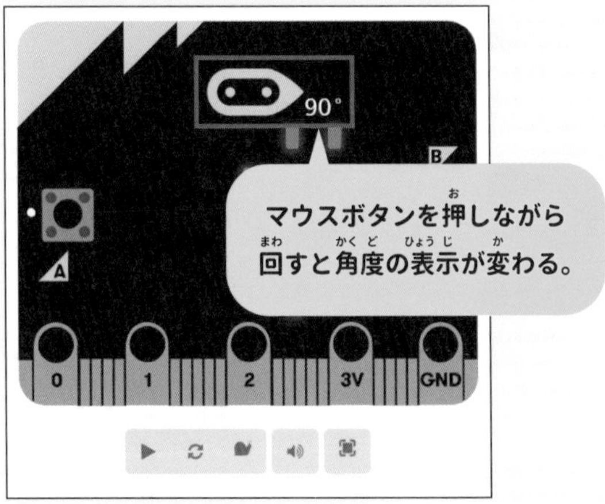

micro:bitにも書《か》き込《こ》んで実行《じっこう》してみよう。

もっと知りたい！

地磁気《ちじき》センサーのキャリブレーション

このプログラムをmicro:bitに書《か》き込《こ》むと、シミュレーターとは違《ちが》って、最初《さいしょ》にLEDディスプレイに英文字《えいもじ》が、その後《あと》に模様《もよう》が表示《ひょうじ》され、しかも一部点滅《いちぶてんめつ》しているので壊《こわ》れたと思《おも》うかもしれない。表示《ひょうじ》される英文字《えいもじ》は「TILT TO FILL SCREEN」で、「画面《がめん》を塗《ぬ》りつぶすために傾《かたむ》けろ」という意味《いみ》だ。模様《もよう》が出《で》てきたら、micro:bit を傾《かたむ》けて点滅《てんめつ》する点《てん》を動《うご》かそう。すみずみまで動《うご》かしてすべてのLEDが点灯《てんとう》したら、スマイルマークが表示《ひょうじ》される。これは地磁気《ちじき》センサーのキャリブレーションと呼《よ》ばれる操作《そうさ》で、micro:bitを傾《かたむ》けていろいろな方向《ほうこう》に向《む》けることで地磁気《ちじき》の検知《けんち》の精《せい》度《ど》を上《あ》げている。MakeCode で「方角《ほうがく》(°)」ブロックを使《つか》うと、最初《さいしょ》にプログラムを実行《じっこう》するときにこうしたキャリブレーションの処理《しょり》が入《はい》るんだ。

いろいろな方角《ほうがく》に向《む》けてみよう

キャリブレーションが終《お》わって、数字《すうじ》が表示《ひょうじ》されるようになっただろうか。探検《たんけん》ウォッチを水平《すいへい》になるように持《も》って、ゆっくりいろいろな方角《ほうがく》に向《む》けてみよう。LEDディスプレイに0 ～359の数《すう》字《じ》が表示《ひょうじ》されるよ。北《きた》が0°で90°が東《ひがし》、180°が南《みなみ》、270°が西《にし》を表《あらわ》している。

気《き》をつけてほしいのは、向《む》きを変《か》えたとき、数《すう》字《じ》を表示《ひょうじ》するスクロールのために少《すこ》し時間《じかん》がかかるという点《てん》だ（磁気《じき》を検知《けんち》して数字《すうじ》で表示《ひょうじ》し終《お》わるまでに時間《じかん》がかかる）。しばらくじっとして、同《おな》じ数字《すうじ》が何度《なんど》か表示《ひょうじ》されるまで待《ま》つと、その方向《ほうこう》の角度《かくど》がわかるはずだ。

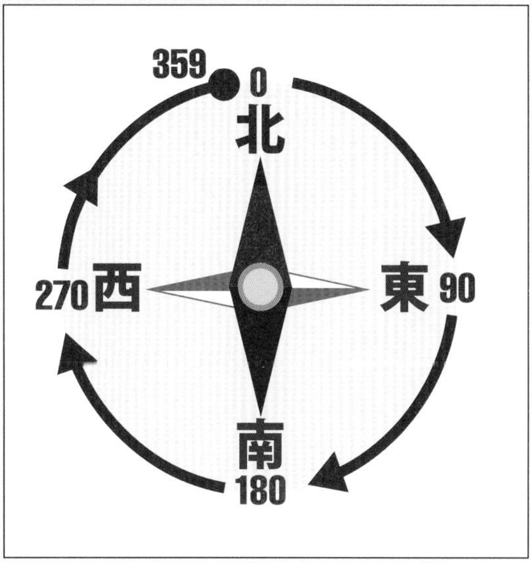

デジタルコンパスをつくろう

　方角《ほうがく》を確認《かくにん》するときに、数字《すうじ》だけではわかりにくいよね。そこで、矢印《やじるし》で北《きた》をさすデジタルコンパスをつくってみよう。

　Aボタンと Bボタンを同時《どうじ》に押《お》したら方角《ほうがく》を確認《かくにん》して、北向《きたむ》きに矢印《やじるし》が表示《ひょうじ》されるようにする。まとめると、次《つぎ》のような手順《てじゅん》になるね。

手《て》　順《じゅん》

① 探検《たんけん》ウォッチを構《かま》える。

② ボタンAとボタンBを押《お》す。

③「方角《ほうがく》（°）」ブロックの数値《すうち》を変数《へんすう》に入《い》れる。

④ 変数《へんすう》を 90°ずつ確認《かくにん》して矢印《やじるし》を表示《ひょうじ》。

プログラムを組《く》み立《た》てよう

　さっそくプログラムを組《く》み立《た》てよう。まずは「ボタン“A＋B”が押《お》されたとき」ブロックが必要《ひつよう》だ。「入力《にゅうりょく》」カテゴリーの「ボタン“A”が押《お》されたとき」ブロックを取《と》り出《だ》して、“A＋B”に変更《へんこう》しよう。次《つぎ》に方角《ほうがく》を記録《きろく》しておく変数《へんすう》をつくろう。「方角《ほうがく》（°）」ブロックと同《おな》じ見《み》た目《め》だと紛《まぎ》らわしいので今回《こんかい》は「hougaku」という変数名《へんすうめい》とする。組《く》み立《た》てると次《つぎ》のようになる。

　そして、変数《へんすう》「hougaku」の値《あたい》によって、表示《ひょうじ》する矢印《やじるし》の向《む》きを変《か》える分岐《ぶんき》をつくろう。今回《こんかい》は北《きた》をさし示《しめ》す矢印《やじるし》をつくるので、ある方角《ほうがく》を向《む》いたときの北《きた》の向《む》きが重要《じゅうよう》になるよ。

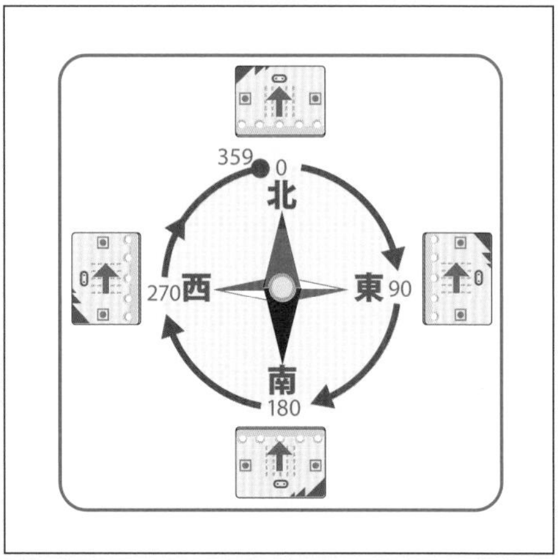

北《きた》をさす条件《じょうけん》をつくろう

このプログラムに必要《ひつよう》なのが条件分岐《じょうけんぶんき》（ある条件《じょうけん》を判定《はんてい》して、その後《あと》に行《おこな》う処理《しょり》を変《か》えること）だ。「論理《ろんり》」カテゴリーの「もし“真《しん》”なら～でなければ～」ブロックを使《つか》う。このブロックは、最初《さいしょ》は分岐《ぶんき》が2つしかないけど、(+)をクリックすると、分岐《ぶんき》を増《ふ》やすことができる。今回《こんかい》は分岐《ぶんき》が5つ必要《ひつよう》なので3回《かい》クリックしよう。

次《つぎ》に条件《じょうけん》をつくっていく。変数《へんすう》「hougaku」に地磁気《ちじき》センサーの値《あたい》が入《はい》っているので、これを比較《ひかく》していく。今回《こんかい》は東西南北《とうざいなんぼく》の4方向《ほうこう》に分割《ぶんかつ》するので、各方角《かくほうがく》が90°ずつとなる。まず北《きた》を向《む》いている場合《ばあい》から見《み》てみよう。北《きた》は0°なので、0°を中心《ちゅうしん》に90°ということは、－45°（315°）から45°が北《きた》だ。

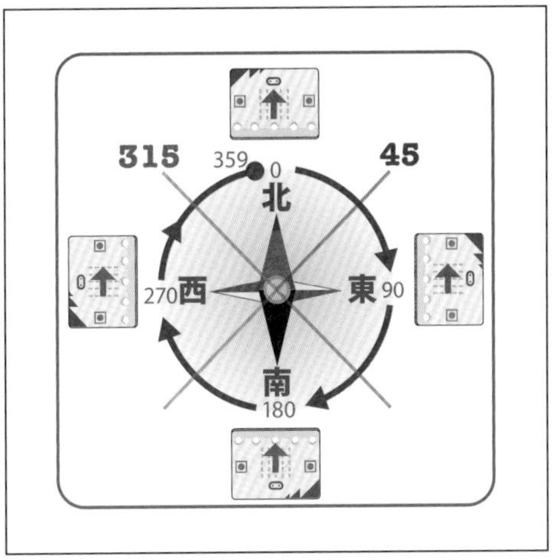

そこで、「論理《ろんり》」カテゴリーの「“0”＜“0”」ブロックで「“hougaku”＜45」という条件《じょうけん》をつくるんだ。それを「もし“真《しん》”なら～」ブロックの“真《しん》”の部分《ぶぶん》に入《い》れて❶、その分岐《ぶんき》に「基本《きほん》」カテゴリーの「その他《た》」にある「矢印《やじるし》を表示《ひょうじ》“上向《うわむ》き↑”」ブロックを入《い》れよう❷。

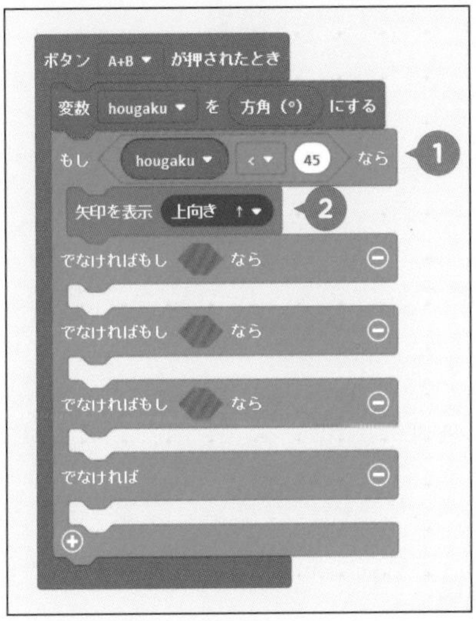

同《おな》じように残《のこ》り4つの条件《じょうけん》をつくって分岐《ぶんき》させれば完成《かんせい》だ。

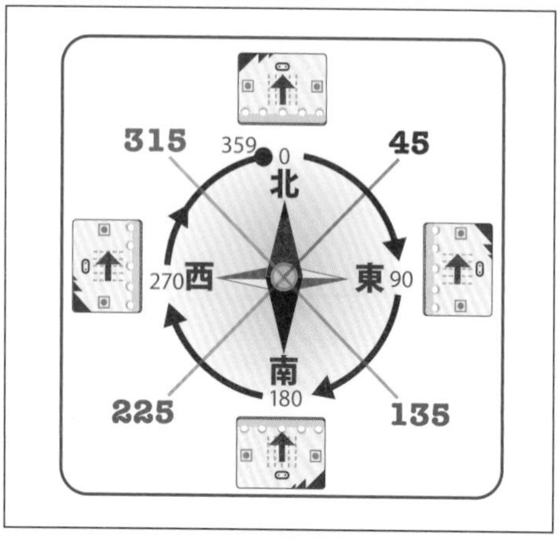

同《おな》じようなブロックをつくる場合《ばあい》は複製《ふくせい》すると簡単《かんたん》にできるよ（やり方《かた》は下《した》のコラムを見《み》てね）。

もっと知りたい！

MakeCodeでのブロックの複製《ふくせい》

ブロックを複製《ふくせい》する場合《ばあい》、複製《ふくせい》したいブロックを右《みぎ》クリックするとメニューが出《で》てくる。その中《なか》の「複製《ふくせい》する」をクリックすればできる。なお、「“0”＜“0”」ブロックの場合《ばあい》、そのときに設定《せってい》されている変数《へんすう》や値《あたい》が入《はい》った状態《じょうたい》で複製《ふくせい》されるよ。

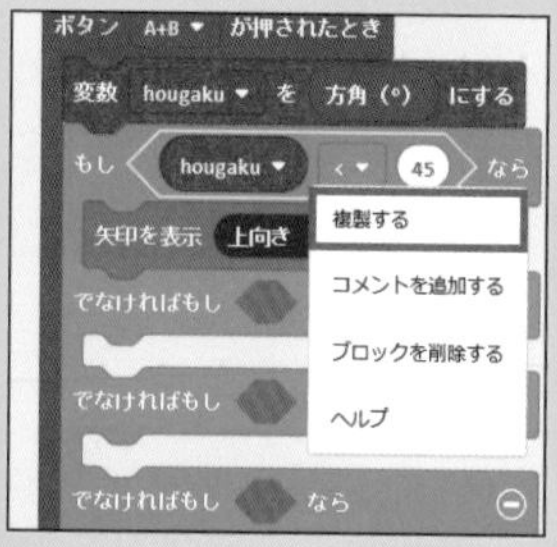

「“hougaku”＜45」ブロックを複製《ふくせい》したら、次《つぎ》の「～でなければもし“ ”なら～」の“ ”の中《なか》に入《い》れて、数字《すうじ》を135に変《か》えよう❸。さらに「矢印《やじるし》を表示《ひょうじ》“上向《うわむ》き↑”」ブロックも複製《ふくせい》して、“上向《うわむ》き↑”の部分《ぶぶん》を“左向《ひだりむ》き←”とするぞ❹。このときの矢印《やじるし》の方向《ほうこう》は、自分《じぶん》（micro:bit）が東《ひがし》を向《む》いているときの北《きた》の方向《ほうこう》なので、左向《ひだりむ》きになるわけだ。

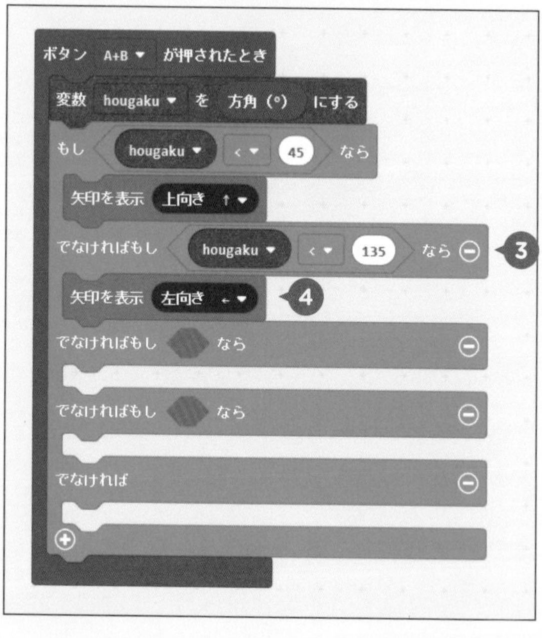

「自分《じぶん》が南《みなみ》を向《む》いているとき」と「西《にし》を向《む》いているとき」の条件《じょうけん》も、複製《ふくせい》をうまく使《つか》って組《く》み立《た》ててみよう。下《した》のようになればOKだ。

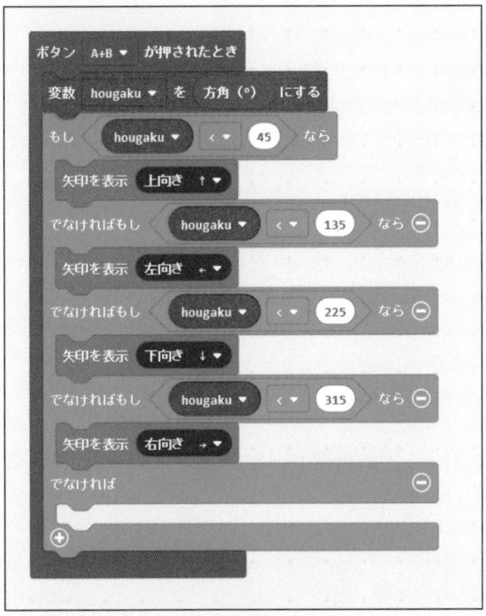

最後《さいご》の「～でなければ～」に入《はい》る条件《じょうけん》は少《すこ》し考《かんが》える必要《ひつよう》があるよ。これは、最初《さいしょ》につくった北向《きたむ》きの条件《じょうけん》に関係《かんけい》している。この条件《じょうけん》は0 ～ 359°のうち「45°より小《ちい》さい角度《かくど》」なので0 ～ 44°の範囲《はんい》となる。北《きた》を向《む》いているのは－45°（315°）から45°なので、これまでの分岐《ぶんき》から外《はず》れる315 ～ 359°の部分《ぶぶん》は北向《きたむ》きの範囲《はんい》に含《ふく》まれるんだ。よってここも「矢印《やじるし》を表示《ひょうじ》“上向《うわむ》き↑”」ブロックとなるよ❺。複製《ふくせい》して入《い》れておこう。

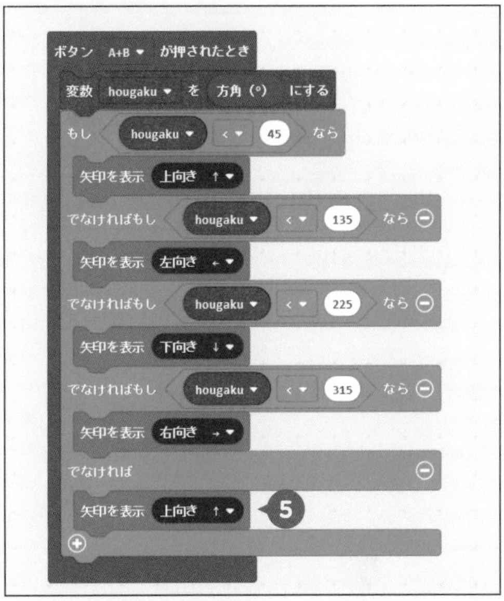

これで、「デジタルコンパス」プログラムの完成《かんせい》だ。micro:bitに書《か》き込《こ》んでみよう。ボタンAとBを同時《どうじ》に押《お》すと、北《きた》の向《む》きが表示《ひょうじ》されるかな？

ただ実際《じっさい》に使《つか》うときは、90°の範囲《はんい》で4つの方角《ほうがく》を表《あらわ》しているので、誤差《ごさ》が大《おお》きいことに注意《ちゅうい》してね（例《たと》えば、北西寄《ほくせいよ》りでも北向《きたむ》きと表示《ひょうじ》されてしまう）。

宝《たから》探《さが》しゲームをつくろう

このPartの最後《さいご》につくるのは、地磁気《ちじき》センサーを使《つか》った「宝探《たからさが》しゲーム」だ！　micro:bitのLEDディスプレイを頼《たよ》りに宝《たから》を探《さが》すゲームだぞ！　88〜91ページでつくったデジタルコンパスのつくり方《かた》を応用《おうよう》しているよ。

このゲームでは、LEDディスプレイに宝《たから》の位置《いち》と、自分《じぶん》がいる位置《いち》が示《しめ》される。探検《たんけん》ウォッチをつけて歩《ある》くことで「自分《じぶん》」を示《しめ》すLEDが動《うご》くので、「宝《たから》」のLEDの位置《いち》に合《あ》わせよう。宝《たから》の位置《いち》に正《ただ》しく合《あ》わせられたら「お宝発見《たからはっけん》！」となり、アニメーションと音楽《おんがく》でお祝《いわ》いしてくれるよ。

「ゲーム」カテゴリーのブロックを使《つか》ってみよう

新規《しんき》プロジェクトを開《ひら》いてさっそくつくってみよう。まずは今《いま》まで使《つか》ったことのない「ゲーム」カテゴリーのブロックの出番《でばん》だ。

「高度《こうど》なブロック」の中《なか》にある「ゲーム」カテゴリーを見《み》ると、「スプライト」という言葉《ことば》を含《ふく》んだブロックがあるよね。スプライトは、ビジュアルプログラミング言語《げんご》の「Scratch」（この本《ほん》でもPart5に出《で》てくるよ）や、ゲームプログラミングのツールなどを使《つか》ったことがある人《ひと》は、聞《き》いたことがあるかもしれない。スプライトとはキャラクターのことで、それを制御《せいぎょ》する命令《めいれい》が「ゲーム」カテゴリーにはそろっているんだよ。

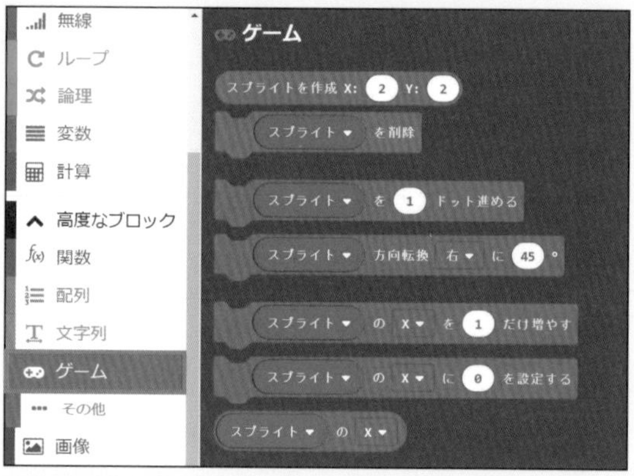

「自分《じぶん》」を表示《ひょうじ》させて進《すす》むようにしよう

さっそくスプライトを表示《ひょうじ》してみよう。スプライトをつくるには、スプライト用《よう》の変数《へんすう》が必要《ひつよう》だ。変数《へんすう》「自分《じぶん》」をつくって、「スプライトを作成《さくせい》X：“2” Y：“2”」ブロックと組《く》み合《あ》わせる。それを「最初《さいしょ》だけ」ブロックに入《い》れよう。

シミュレーターを見《み》てみると、LEDディスプレイの中央《ちゅうおう》に点《てん》が1つ表示《ひょうじ》されたね。この小《ちい》さい点《てん》が「自分《じぶん》」、つまりキミのことだよ。

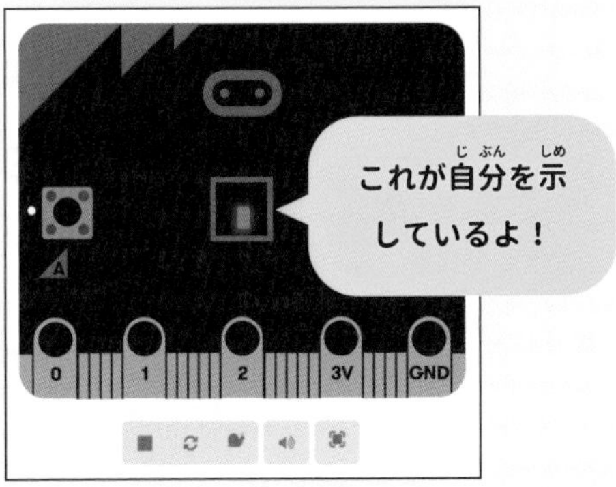

動《うご》くことで、LEDのマスも移動《いどう》する。今回《こんかい》のゲームは、だいたい3歩《ぽ》でLEDが1マス動《うご》くように設定《せってい》してみるよ。LEDディスプレイは5×5マスだから、真《ま》ん中《なか》から6歩《ぽ》(2マス)分歩《ぶんある》くとディスプレイの端《はじ》まで移動《いどう》できるくらいの範囲《はんい》だ。それより先《さき》は、当然《とうぜん》LEDは進《すす》まなくなるよ。

次《つぎ》に歩数《ほすう》を数《かぞ》えるために変数《へんすう》「steps」をつくる。そして「入力《にゅうりょく》」カテゴリーの「“ゆさぶられた”とき」ブロックと組《く》み合《あ》わせて、1ずつ増《ふ》やすようにする。

そのときに音《おと》を鳴《な》らすようにすると、micro:bitが反応《はんのう》したかどうかわかりやすくていいね。「音楽《おんがく》」カテゴリーの「音《おと》を鳴《な》らす 高《たか》さ(Hz)“真《ま》ん中《なか》のド”長《なが》さ“1拍《ぱく》”」ブロックを使《つか》ってみるよ。高《たか》さ(音程《おんてい》)は“真《ま》ん中《なか》のド”の部分《ぶぶん》をクリックするとピアノの鍵盤《けんばん》が表示《ひょうじ》されるので、好《す》きな音《おと》を選《えら》ぼう。今回《こんかい》は音《おと》の高《たか》さを“上《うえ》のファ#”、音《おと》の長《なが》さを“1/16拍《ぱく》”にしてみるぞ。

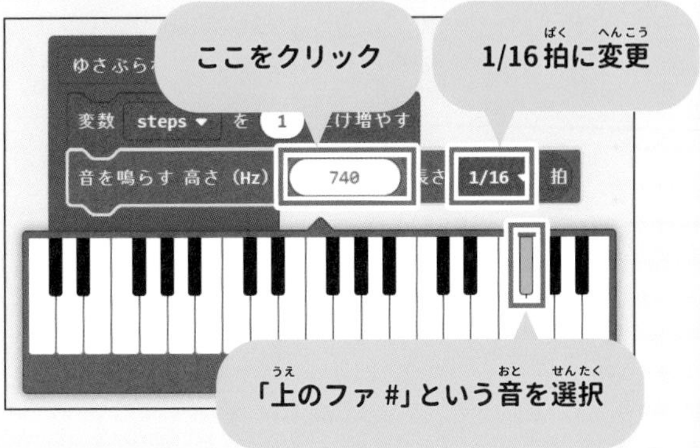

これで、「“ゆさぶられた”とき」ブロックには次《つぎ》の内容《ないよう》ができあがったぞ。

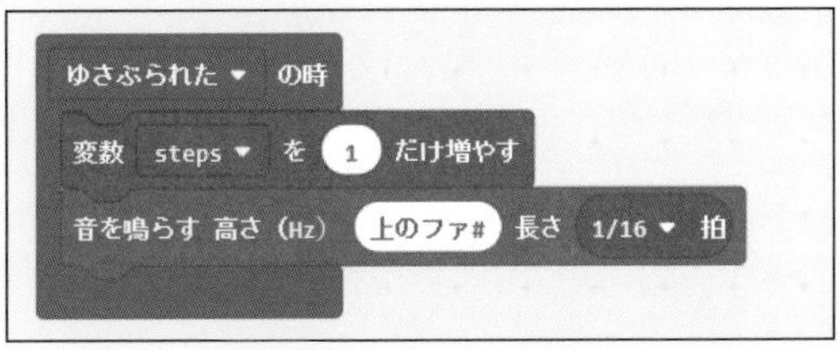

ただし、これだけではスプライトは動《うご》かないので、今度《こんど》は「ずっと」ブロックに、変数《へんすう》「steps」が3になったら、スプライト「自分《じぶん》」が1マス進《すす》むというプログラムを組《く》み合《あ》わせる。スプライトが進《すす》んだら変数《へんすう》「steps」を0に戻《もど》すことで、何回《なんかい》も進《すす》むことができる。

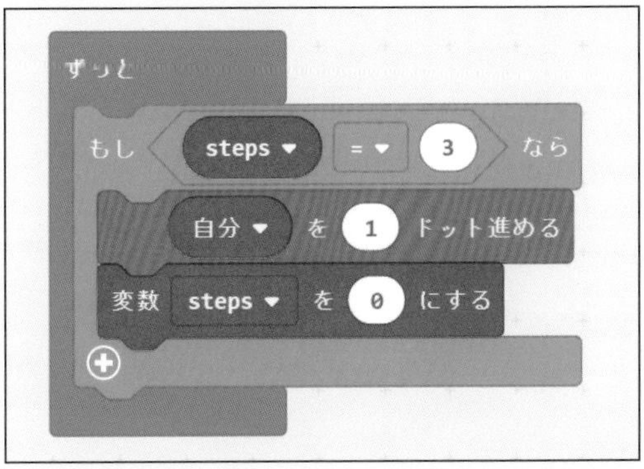

ここまでできたら、シミュレーターの「●

SHAKE」ボタンを3回《かい》押《お》してみよう。スプライトの「自分《じぶん》」が1マスとなりに進《すす》むよね！

探検《たんけん》ウォッチで動《うご》かしてみよう

ここまでのプログラムをmicro:bitに書《か》き込《こ》んだら、探検《たんけん》ウォッチを装着《そうちゃく》して実際《じっさい》に歩《ある》いてみよう。もしかすると、「自分《じぶん》」があんまり動《うご》いてくれなくてがっかりしちゃったかな？

実《じつ》はこれにはプログラムのコツがあるんだ。「宝探《たからさが》しゲーム」プログラムを探検《たんけん》ウォッチで使《つか》うときは、「“ゆさぶられた”とき」ブロックの“ゆさぶられた”の部分《ぶぶん》を“画面《がめん》が上《うえ》になった”に切《き》り替《か》えて書《か》き込《こ》んでみよう。これできっとしっかり動《うご》くはずだ。

この理由《りゆう》は、“ゆさぶられた”だと、探検《たんけん》ウォッチを腕《うで》に着《つ》けて見《み》ながら歩《ある》いた場合《ばあい》、腕《うで》が実際《じっさい》はあまり動《うご》いていないので「ゆさぶられた」と検知《けんち》しづらい。だからプログラムが実《じっ》行《こう》されないことがあるんだ。一方《いっぽう》、“画面《がめん》が上《うえ》になった”だと、探検《たんけん》ウォッチが水平《すいへい》になったことを検知《けんち》するので、プログラムが実行《じっこう》されやすい。これで3歩《ぽ》歩《ある》くとスプライトが進《すす》むようになるはずだよ。

“画面《がめん》が上《うえ》になった”を選択《せんたく》しよう！

スプライトの進《すす》む方向《ほうこう》を決《き》められるようにしよう

次《つぎ》はスプライトの進《すす》む方向《ほうこう》を決《き》めるプログラムをつくろう。これは「関数《かんすう》 スプライトの方角《ほうがく》セット」でつくっていくよ。プログラムでは、条件分岐《じょうけんぶんき》を使《つか》っている。88～91ページのデジタルコンパスで紹介《しょうかい》した、矢印《やじるし》を表《ひょう》示《じ》させるプログラムと似《に》ているから、参考《さんこう》にしてね。違《ちが》うのは「“スプライト”の“X”に“0”を設定《せってい》する」ブロックを使《つか》って、変数《へんすう》“スプライト”を“自分《じぶん》”に変《か》え、“X”を“方向《ほうこう》”に切《き》り替《か》えて使《つか》っているところだ。ここに、北《きた》(0°)、東《ひがし》(90°)、南《みなみ》(180°)、西《にし》(270°)の4つの方角《ほうがく》を入《い》れて、自分《じぶん》が向《む》いている方角《ほうがく》にスプライトの向《む》きを変《か》えるんだ。

88～91ページでつくった矢印表示《やじるしひょうじ》のプログラム

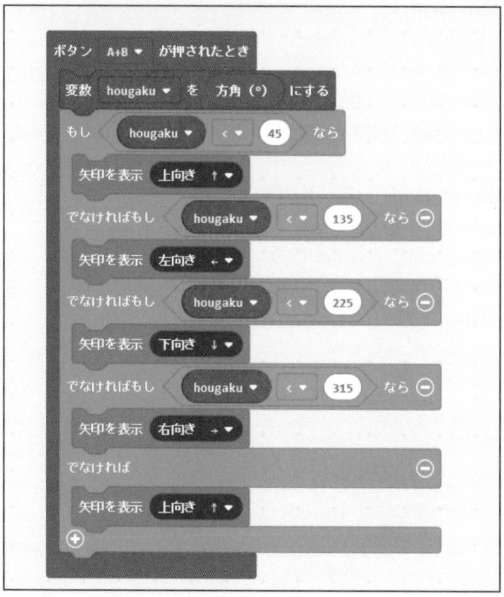

今回《こんかい》つくるプログラム

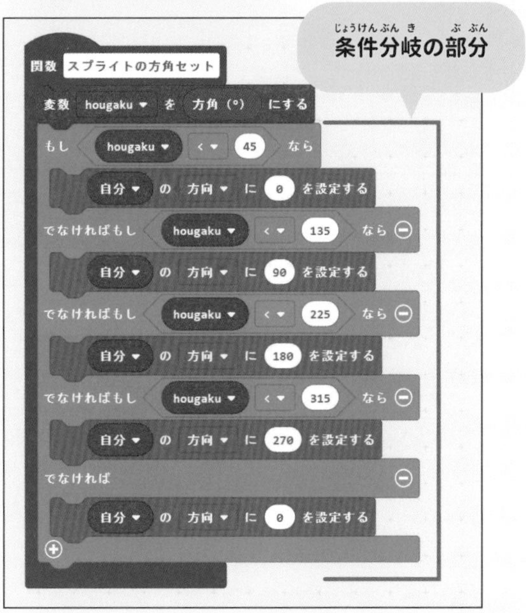

「関数《かんすう》 スプライトの方角《ほうがく》セット」ができたら、「ずっと」ブロックの一番下《いちばんした》に、この関数《かんすう》を呼《よ》び出《だ》すための「呼《よ》び出《だ》し スプライトの方《ほう》角《がく》セット」ブロックを忘《わす》れずに入《い》れておこう。これでLEDディスプレイ上《じょう》で自由《じゆう》に動《うご》き回《まわ》れるようになったはずだ。

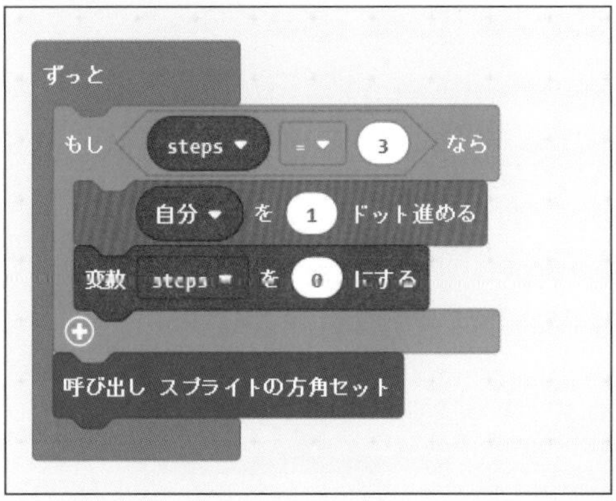

シミュレーターでも、マウスでなぞって傾《かたむ》けると、stepsが増《ふ》える。動《うご》く方角《ほうがく》を指定《してい》して「自分《じぶん》」を動《うご》かすことができるぞ。試《ため》してみよう。

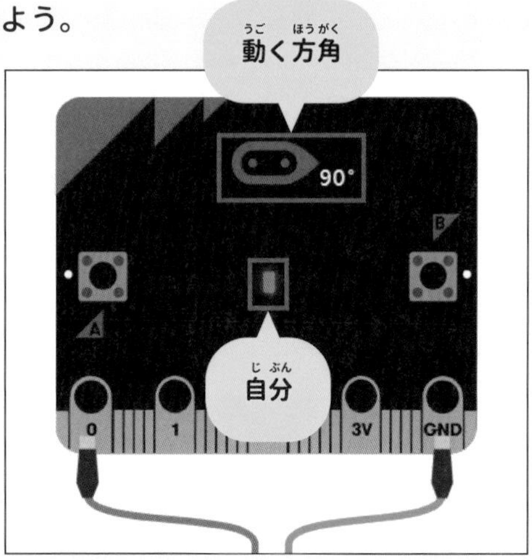

シミュレーターでは、micro:bitのマークが三角《さんかく》になっているほうに「自分《じぶん》」が進《すす》んでいくよ。上《うえ》のイメージの場合《ばあい》、「自分《じぶん》」は右《みぎ》に向《む》かって進《すす》むんだね。方向転換《ほうこうてんかん》をしたいときは、マークの三角《さんかく》の向《む》きを変《か》えよう。

宝《たから》の場所《ばしょ》を設定《せってい》しよう

今度《こんど》は、「宝《たから》」を出現《しゅつげん》させるぞ。「自分《じぶん》」のスプライトと同《おな》じように、さっきつくった「最初《さいしょ》だけ」ブロックの中《なか》に加《くわ》えていくよ。「宝《たから》」もスプライトとしてつくるので、まずは変数《へんすう》「宝《たから》」をつくっておこう。

「変数《へんすう》 宝《たから》を“0”にする」ブロックの“0”のところに、「スプライトを作成《さくせい》X:“2”Y:“2”」ブロックを入《い》れるのは、「自分《じぶん》」のスプライトをつくったときと同《おな》じだけど、宝《たから》は毎回《まいかい》違《ちが》う場所《ばしょ》に出《で》るようにしないとゲームにならないよね。

そこで、XとYの“2”のところに、「計算《けいさん》」カテゴリーの「“0”から“10”までの乱数《らんすう》」ブロックをそれぞれはめ込《こ》んで、宝《たから》の出現《しゅつげん》場所《ばしょ》がランダムになるようにしよう。LEDディスプレイは5×5マスなので、「“0”～“4”までの乱数《らんすう》」にしておけば、すべてのマスで宝《たから》が出現《しゅつげん》できるようになるぞ。

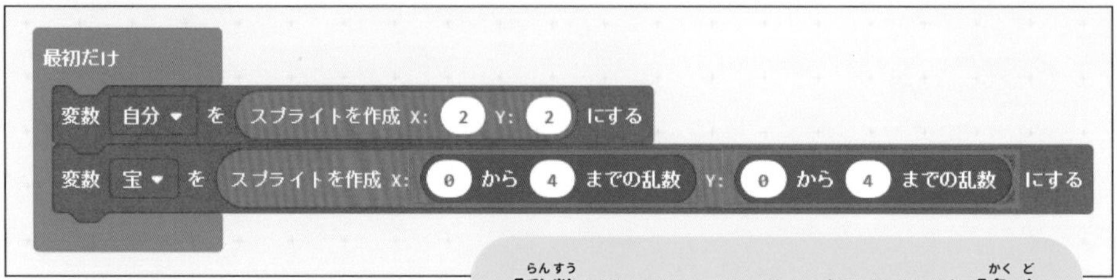

「乱数《らんすう》」は、76～79ページでつくった「角度《かくど》当《あ》てゲーム」のプログラムでも出《で》てきたぞ！そっちも読《よ》んで使《つか》い方《かた》を振《ふ》り返《かえ》ってみてね。

ただしこれだけでは、宝《たから》の場所《ばしょ》が自分《じぶん》と重《かさ》なってしまうこともある。その場合《ばあい》に、重《かさ》ならない位置《いち》に宝《たから》が設定《せってい》されるまでやりなおすようにしてみよう。

「ループ」カテゴリーの「もし“真《しん》”ならくりかえし」ブロックと「ゲーム」カテゴリーの“スプライト”が他《ほか》のスプライト“ ”にさわっている」ブロックを使《つか》って、上《うえ》の図《ず》の「最初《さいしょ》だけ」ブロックの中《なか》に追加《ついか》しよう。スプライト名《めい》には変数《へんすう》“自分《じぶん》”と“宝《たから》”を入《い》れればOKだ。

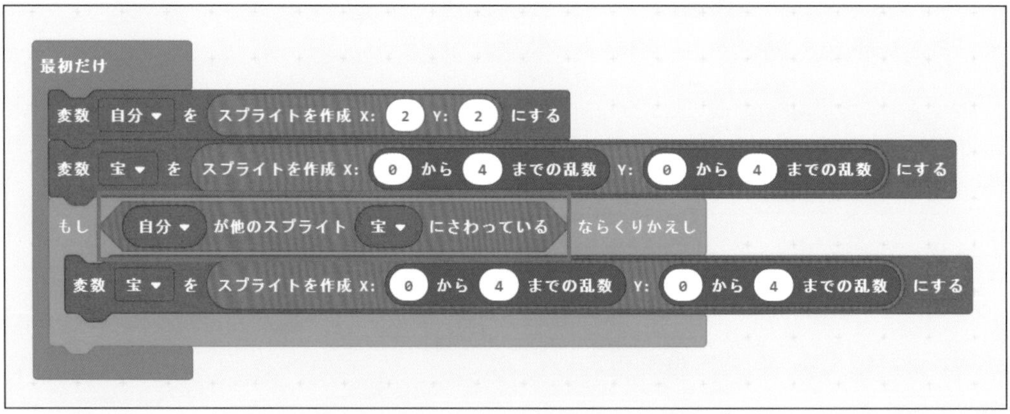

ゲームクリアのプログラムをつくろう

最後《さいご》に、宝《たから》を取《と》ってゲームをクリアしたときのプログラムをつくるよ。ここでも関数《かんすう》を使《つか》うので、「関数《かんすう》 宝《たから》ゲット確認《かくにん》」ブロックをつくっておこう。「関数《かんすう》 宝《たから》ゲット確認《かくにん》」の中《なか》に入《い》れていくブロックは次《つぎ》のようにしたよ。

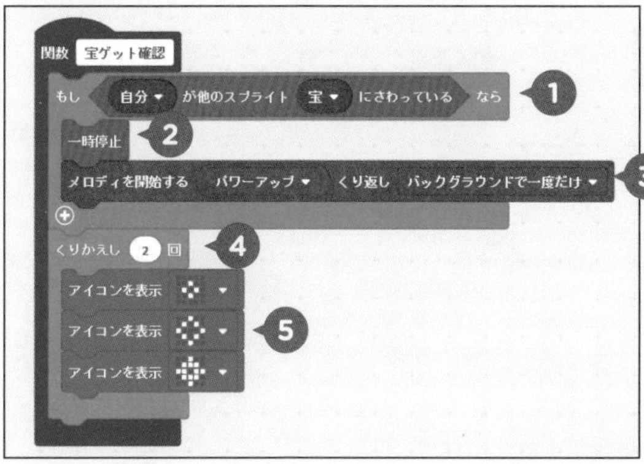

まず、「もし“真《しん》”なら〜」ブロックの“真《しん》”のところに、「“スプライト”が他《ほか》のスプライト“　”にさわっている」ブロックをはめ込《こ》む。“スプライト”の部分《ぶぶん》を変数《へんすう》“自分《じぶん》”に変《か》えて、後《うし》ろの“　”には変数《へんすう》“宝《たから》”をはめ込《こ》もう。これで「自分《じぶん》」が「宝《たから》」と同《おな》じマスに入《はい》ったときの条件《じょうけん》ができた❶。

この条件《じょうけん》を満《み》たしたときに、「ゲーム」カテゴリーの「その他《た》」にある「一時停止《いちじていし》」ブロックを加《くわ》えることで、スプライトが非表示《ひひょうじ》にできる❷。続《つづ》けて、「音楽《おんがく》」カテゴリーの「メロディを開始《かいし》する“ダダダム”くり返《かえ》し“一度《いちど》だけ”」ブロックを入《い》れて、“ダダダム”を“パワーアップ”に、“一度《いちど》だけ”を“バックグラウンドで一度《いちど》だけ”に切《き》り替《か》えよう❸。“バックグラウンドで一度《いちど》だけ”にすることで、音《おと》を鳴《な》らしながら、この後《あと》に追加《ついか》していくアイコンも表示《ひょうじ》させせることができるんだ。

そして、「もし“自分《じぶん》”が他《ほか》のスプライト“宝《たから》”にさわっているなら」の下《した》には、「ループ」カテゴリーの「くりかえし“4”回《かい》」ブロックを“2”回《かい》に切《き》り替《か》えて❹、3つのアイコン（“小《ちい》さいダイアモンド”、“ダイアモンド”、“まと”）が順番《じゅんばん》に2回《かい》ずつ表示《ひょうじ》されるようにしてみた❺。これでアイコンが花火《はなび》のアニメーションのように表示《ひょうじ》されるはずだ。

これで「関数《かんすう》 宝《たから》ゲット確認《かくにん》」は完成《かんせい》だ。この関数《かんすう》を呼《よ》び出《だ》すブロックを「ずっと」ブロックの中《なか》に追加《ついか》するけど、今回《こんかい》はスプライトが移動《いどう》したときに実行《じっこう》されるようにしたいから、「もし“steps”＝“3”なら〜」ブロックの中《なか》に追加《ついか》しよう❻。

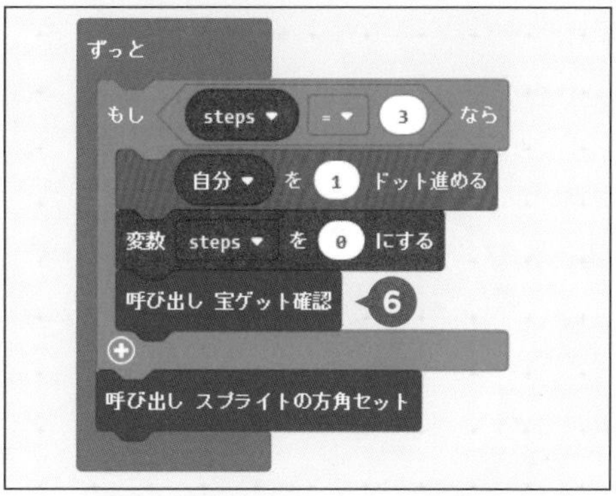

ここまで長《なが》かったね。ついに「宝探《たからさが》しゲーム」のプログラムができあがったよ！　さっそく書《か》き込《こ》んで遊《あそ》んでみよう。あと、この「宝探《たからさが》しゲーム」は動画《どうが》でも公開《こうかい》しているから、ぜひ見《み》てみてね！

Part
4

みんなで
探《たん》検《けん》ウォッチを
使《つか》おう！

せっかくつくった探検《たんけん》ウォッチ、
一《ひと》人《り》で遊《あそ》んでいてはもったいない！
標準搭載《ひょうじゅんとうさい》されている通信機能《つうしんきのう》を活用《かつよう》して、
友達《ともだち》や家族《かぞく》といっしょに楽《たの》しんでみよう。
手元《てもと》にもう1個《こ》micro:bitがあれば、
すぐに試《ため》すことができるよ。
そしてこの通信機能《つうしんきのう》を活《い》かして
忘《わす》れ物防止《ものぼうし》のアラームもつくっちゃうぞ！

Part4はココがポイント！

☑ micro:bitの通信機能《つうしんきのう》のしくみを知《し》ろう！

☑ 探検《たんけん》ウォッチ同士《どうし》で
メッセージ交換《こうかん》してみよう！

☑ 電波《でんぱ》の性質《せいしつ》を実験《じっけん》してみよう！

micro:bitの
通信《つうしん》機能《きのう》を利用《りよう》しよう

micro:bitはとても小《ちい》さいけれど、その中《なか》にはBLE（Bluetooth Low Energy）という技術《ぎじゅつ》を使《つか》った無線通信機能《むせんつうしんきのう》がついている。micro:bitの裏面《うらめん》に見《み》えるジグザグのプリントパターンが、そのアンテナだ。

「無線《むせん》」カテゴリーを見《み》てみよう

micro:bitのMakeCodeで使《つか》う場合《ばあい》「無線《むせん》」と「Bluetooth」の異《こと》なる２つの通信方法《つうしんほうほう》が選《えら》べる。どちらもBLEの技術《ぎじゅつ》を使《つか》ったものだけど、使《つか》う目的《もくてき》ややり方《かた》が違《ちが》うんだ。ここでは、「無線《むせん》」機能《きのう》を使《つか》ったmicro:bit同士《どうし》の接《せつ》続《ぞく》を紹介《しょうかい》するよ。

micro:bitの「無線《むせん》」機能《きのう》なら、とても簡単《かんたん》にmicro:bit同士《どうし》で通信《つうしん》することが可能《かのう》なんだ。プログラムの中《なか》で無線《むせん》のグループを決《き》めるだけで同《おな》じグループのmicro:bitと無線通《むせんつう》信《しん》ができる。通信《つうしん》の内容《ないよう》も自分《じぶん》でプログラムを組《く》み立《た》てることができて、離《はな》れている相手《あいて》となんでも送受信《そうじゅしん》できるぞ。

無線《むせん》のカテゴリーの中《なか》にどんなブロックがあるかを見《み》てみよう。「無線《むせん》で数値《すうち》を送信《そうしん》“0”」、「無線《むせん》で送信《そうしん》“name”＝“0”」「無線《むせん》で文字列《もじれつ》を送信《そうしん》“　”」の３種類《しゅるい》のブロックがある。その下《した》のブロックは、受信《じゅしん》に使《つか》うブロックだ。受信《じゅしん》したときにどんな処理《しょり》を実行《じっこう》するか、このブロックで決《き》めることができる。“receivedNumber”、“name”、“value”、“receivedString”の丸《まる》いブロックにはそのとき受信《じゅしん》したデータが入《はい》ることになる。

また、受信《じゅしん》したときに以下《いか》のブロックを使《つか》うと、－128から －42の数字《すうじ》で通信信号《つうしんしんごう》の強《つよ》さを測《はか》ることができるんだ。

もっと知りたい！

「Bluetooth」の機能《きのう》とは？

「Bluetooth」はmicro:bit同士《どうし》ではなく、micro:bitをほかの機《き》器《き》（コンピューターやタブレット、スマートフォン）につないで使《つか》うときの機能《きのう》なんだ。

「Bluetooth」の通信《つうしん》の特徴《とくちょう》は、ペアリングという機器同士《ききどうし》の登録《とうろく》さえ済《す》ませれば、電源《でんげん》をオンでいつでも接続《せつぞく》されて通信《つうしん》が可能《かのう》だということ。Bluetoothは、パソコンやスマートフォンなどに周辺機器《しゅうへんきき》を接続《せつぞく》するのにも、よく使《つか》われているね。マウスやイヤホンなどで見《み》たことある人《ひと》もいるんじゃないかな？

micro:bitの「Bluetooth」のカテゴリーのブロックなんて、MakeCodeにあったかな？と思《おも》ったキミはよく見《み》ているね。「Bluetooth」のカテゴリーは「高度《こうど》なブロック」の一番下《いちばんした》にある「拡張機能《かくちょうきのう》」から追加《ついか》で読《よ》み込《こ》む必要《ひつよう》があるんだ。そして読《よ》み込《こ》む場《ば》合《あい》「無線《むせん》」カテゴリーのブロックは削除《さくじょ》されて入《い》れ替《か》えることになるので覚《おぼ》えておこう。

探検《たんけん》ウォッチ同士《どうし》で通信《つうしん》しよう！

それでは通信《つうしん》機能《きのう》を使《つか》ってプログラムをつくってみるぞ。「無線《むせん》」カテゴリーの「無線《むせん》で文字列《もじれつ》を送信《そうしん》“　”」、「無線《むせん》で受信《じゅしん》したとき」のブロックを使《つか》って、ボタンAが押《お》されたら、相手《あいて》に「A」の文字《もじ》を送《おく》るプログラムをつくってみよう。

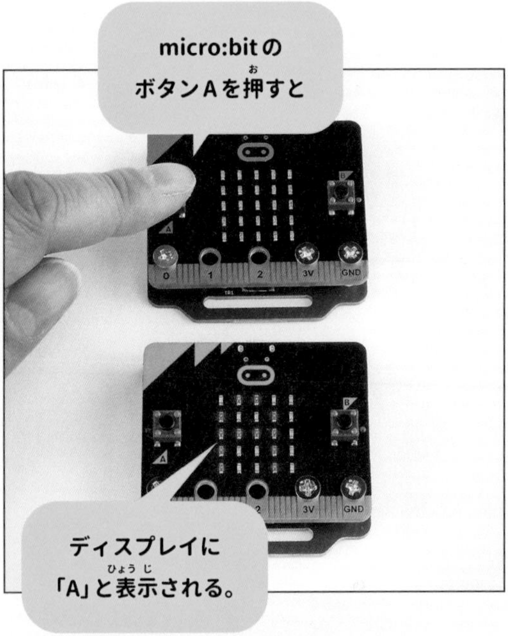

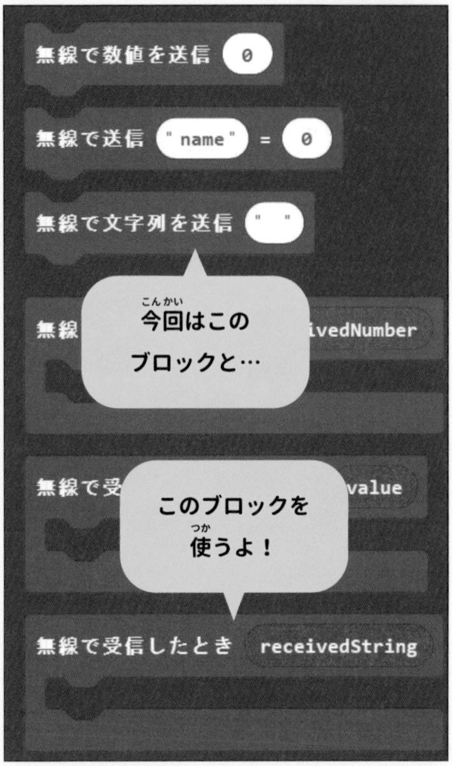

「入力《にゅうりょく》」カテゴリーの「ボタン“A”が押《お》されたとき」ブロックに、「無線《むせん》で文字列《もじれつ》を送信《そうしん》“　”」ブロックを組《く》み合《あ》わせよう。“　”の中《なか》にAと入力《にゅうりょく》しよう。

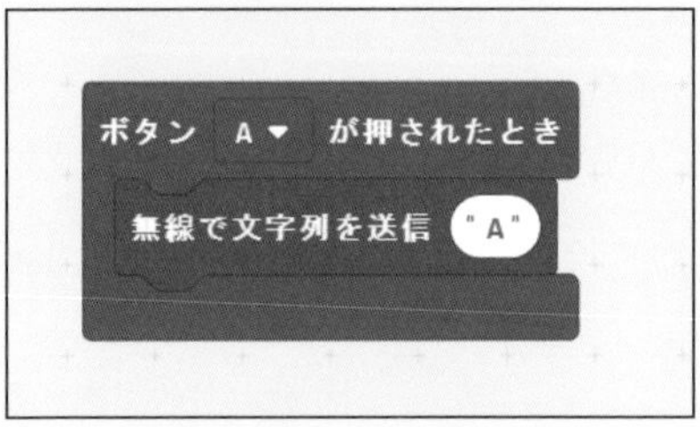

できあがったらシミュレーターのボタンAを押《お》してみてほしい。よく見《み》ると、ボタンAを押《お》したタイミングに合《あ》わせてmicro:bitのジグザグのアンテナが明《あか》るくなり、シミュレーターのmicro:bitがもう1個表示《こひょうじ》される。しかしそこには「A」の文字《もじ》は表示《ひょうじ》されなかっただろう。

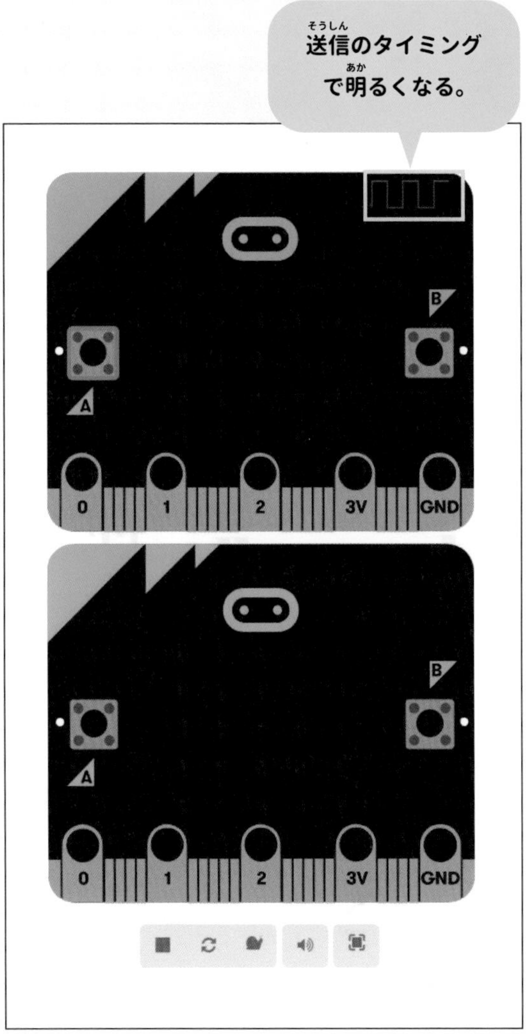

受信用《じゅしんよう》プログラムをつくろう

それもそのはずで、もう一方《いっぽう》のmicro:bitに受信《じゅしん》したときのプログラムをつくっていないからだ。「無線《むせん》で受信《じゅしん》したとき"received-String"」ブロックを使《つか》って、次《つぎ》のようにつくってみよう。何度《なんど》か試《ため》せるように500ミリ秒《びょう》(0.5秒《びょう》)待《ま》って、表示《ひょうじ》を消《け》すようにしてみたぞ。

「文字列《もじれつ》を表示《ひょうじ》」ブロックに使《つか》った変数《へんすう》「receivedString」は、「無線《むせん》で受信《じゅしん》したとき"receivedString"」ブロックを使《つか》うと「変数《へんすう》」カテゴリーに自動的《じどうてき》に追加《ついか》されるので、それを使《つか》えばいい。

プログラムができたら、シミュレーターで試《ため》してみよう。

上《うえ》のmicro:bitのボタンAをクリックしたら、下《した》のmicro:bitに「A」の文字《もじ》が表示《ひょうじ》されたはずだ。ちなみに、下《した》のmicro:bitのボタンAをクリックすると、上《うえ》のmicro:bitに「A」の文字《もじ》が表示《ひょうじ》される。

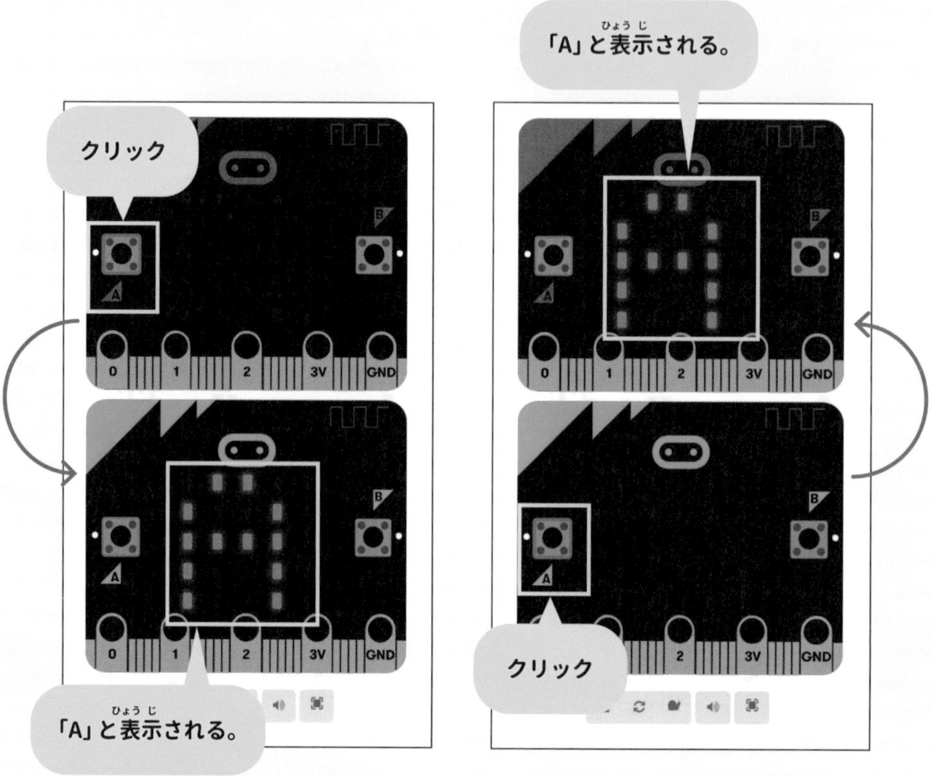

このシミュレーションでわかるように、シミュレーター上《じょう》の2つのmicro:bitには同《おな》じプログラムが実行《じっこう》されている。つまり、micro:bitが何個《なんこ》かあれば、それらにこのプログラムを書《か》き込《こ》むことで、シミュレーションと同《おな》じように双方向《そうほうこう》に通信《つうしん》が可能《かのう》ということだ。

このプログラムではボタンAしか使《つか》っていないが、ボタンBを押《お》したときや、センサーが反応《はんのう》したときにメッセージを送《おく》るというプログラムもできるぞ。

通信《つうしん》が可能《かのう》な距離《きょり》は、設定《せってい》によって最大《さいだい》で70mくらいまでだ。ただ、コンクリートや鉄《てつ》の壁《かべ》などの障害物《しょうがいぶつ》にさえぎられると電波《でんぱ》が弱《よわ》くなるので、通信距離《つうしんきょり》は短《みじか》くなるよ。

メッセンジャープログラムをつくろう

前《ぜん》ページまでで紹介《しょうかい》した通信機能《つうしんきのう》を使《つか》って、探検《たんけん》ウォッチ同士《どうし》でメッセージの交換《こうかん》ができるようにしてみよう。例《たと》えば、探検《たんけん》ウォッチやmicro:bitを持《も》った人《ひと》がたくさん集《あつ》まる会場《かいじょう》で友達《ともだち》とはぐれても、探検《たんけん》ウォッチでメッセージが送《おく》れたら安心《あんしん》だね！ 無線《むせん》グループをつくって、仲間同士《なかまどうし》でメッセージを送《おく》り合《あ》えるようにしよう。

無線《むせん》グループをつくる

今《いま》までは、1つのプログラムを複数《ふくすう》のmicro:bitに書《か》き込《こ》んだので、そのままで通信《つうしん》が可能《かのう》だったけど、「無線《むせん》」カテゴリーの「無線《むせん》のグループを設定《せってい》」ブロックを使《つか》うと、無線《むせん》のグループを指定《してい》できる。

無線《むせん》グループは「最初《さいしょ》だけ」ブロックの中《なか》に、「無線《むせん》のグループを設定《せってい》」のブロックを使《つか》って指定《してい》できる。スライダーだけでなく、数字《すうじ》を直接入力《ちょくせつにゅうりょく》することもできるから試《ため》してほしい。IDを変《か》えることで、違《ちが》うグループがつくれるよ。

シミュレーターだと、複数《ふくすう》の無線《むせん》グループを一度《いちど》にシミュレーションできない。micro:bitを複数持《ふくすうも》っていたら、無線《むせん》グループを設定《せってい》したプログラムを書《か》き込《こ》んで、テストしてみてね。

ちなみに探検《たんけん》ウォッチでグループのIDを設定《せってい》するときにはちょっとコツがいるよ。

IDを4にしたいときは、ボタンAを押《お》すときに、4回目《かいめ》を押《お》しっぱなしにしたまま、ボタンBを押《お》すと、うまくいくよ！

メッセージを送《おく》る プログラムをつくろう

次《つぎ》にメッセージを送《おく》るプログラムをつくっていこう。まずはボタンAを押《お》して、自分《じぶん》の名前《なまえ》を送《おく》ってみよう。

今回《こんかい》は「論理《ろんり》」カテゴリーの「もし“真《しん》”なら」ブロックを使《つか》う。「入力《にゅうりょく》」カテゴリーの「ボタン“A”が押《お》されている」ブロックと組《く》み合《あ》わせるよ。これを「ずっと」ブロックに入《い》れて使《つか》う。自分《じぶん》の名前《なまえ》をアルファベットで入力《にゅうりょく》してみよう。

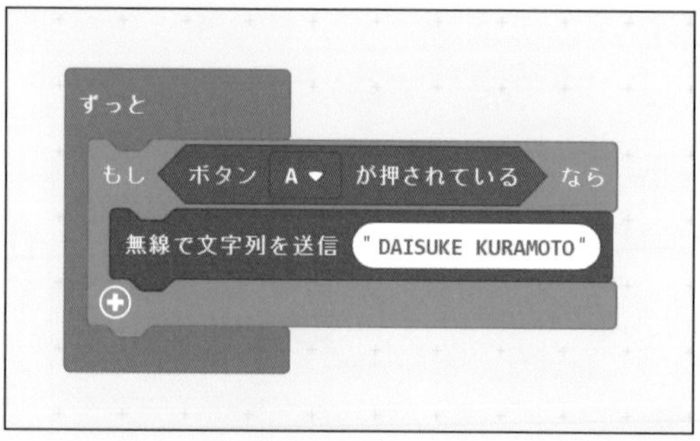

受信《じゅしん》したときのプログラムは、無線通信機《むせんつうしんき》能《のう》を試《ため》したときのプログラムとほとんど変《か》わらない。

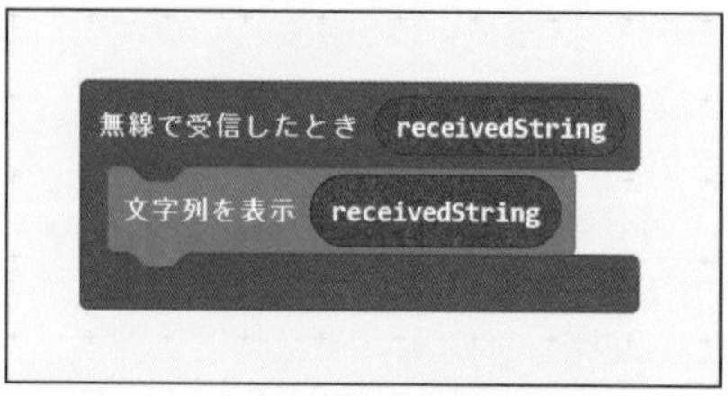

ちなみに、このプログラムをmicro:bitに書《か》き込《こ》んで試《ため》した場合《ばあい》、ボタンを押《お》して送信《そうしん》する際《さい》に、プログラムの処理速度《しょりそくど》が速《はや》く、メッセージを繰《く》り返《かえ》し送信《そうしん》してしまい、相手《あいて》のディスプレイに何度《なんど》も名前《なまえ》が表示《ひょうじ》されてしまうということがあるかもしれない。次《つぎ》のように、「基本《きほん》」カテゴリーの「一時停止《いちじていし》（ミリ秒《びょう》）」ブロックを使《つか》って、送信後《そうしんご》に待《ま》ち時間《じかん》を入《い》れれば解決《かいけつ》するはずだ。

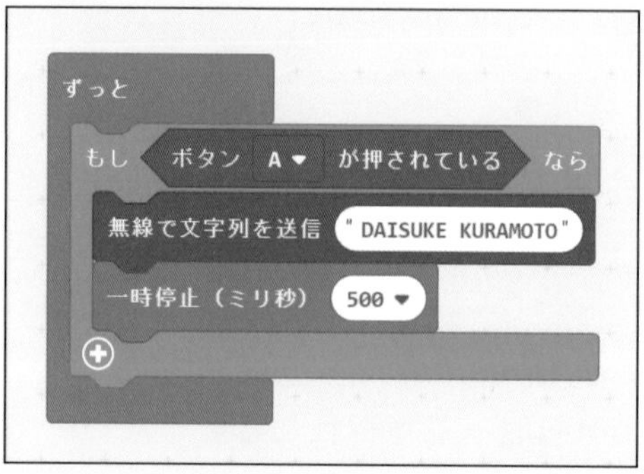

カタカナでメッセージを送《おく》ろう

ボタンAを押《お》したら、相手《あいて》に自分《じぶん》の名前《なまえ》が送《おく》れるようになったかな。次《つぎ》は、ボタンBが押《お》されたときになにかメッセージを送《おく》るようにしてみよう。今《いま》までと同《おな》じようにアルファベットで入力《にゅうりょく》してもいいけど、実《じつ》はカタカナも使《つか》える。今回《こんかい》は拡張機能《かくちょうきのう》を読《よ》み込《こ》むことで、カタカナを表示《ひょうじ》できるブロックを追加《ついか》するぞ。

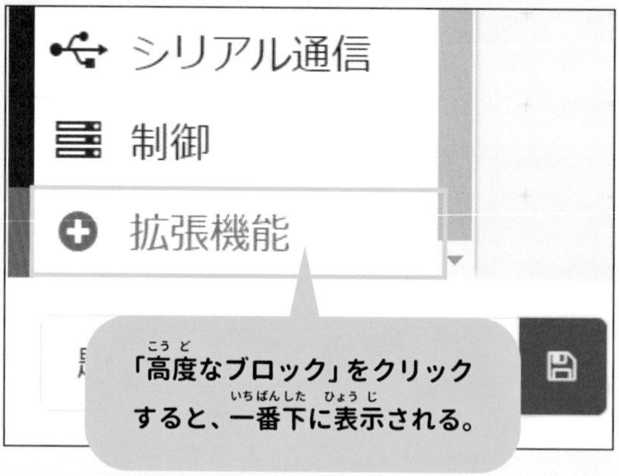

「高度《こうど》なブロック」をクリックすると「拡張《かくちょう》機能《きのう》」というカテゴリーが表示《ひょうじ》される。それをクリックして表示《ひょうじ》されるウィンドウで、「katakana」と入力《にゅうりょく》して検索《けんさく》してみよう。するとカタカナの表示《ひょうじ》された絵《え》が出《で》てくるはずだ。これがカタカナ表示《ひょうじ》の拡張《かくちょう》機能《きのう》なんだ。クリックで選択《せんたく》して読《よ》み込《こ》もう。

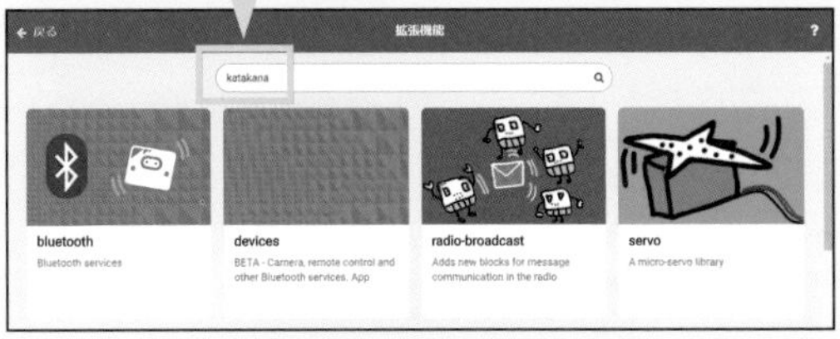

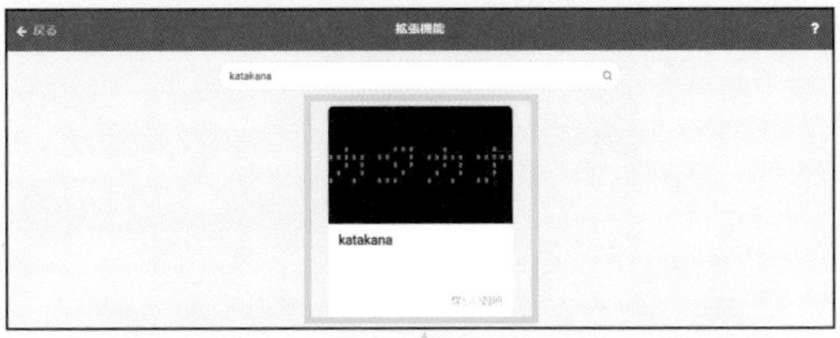

読《よ》み込《こ》みが終《お》わると「カタカナ」カテゴリーができている。カテゴリー内《ない》にある「文字列《もじれつ》を表示《ひょうじ》」ブロックを使《つか》うと、カタカナでメッセージを表示《ひょうじ》できる。「無線《むせん》で受信《じゅしん》したとき」ブロックに組《く》み合《あ》わせているプログラムで、「文字列《もじれつ》を表示《ひょうじ》」ブロックを、こちらの「文字《もじ》列《れつ》を表示《ひょうじ》」ブロックに入《い》れ替《か》えればいい。

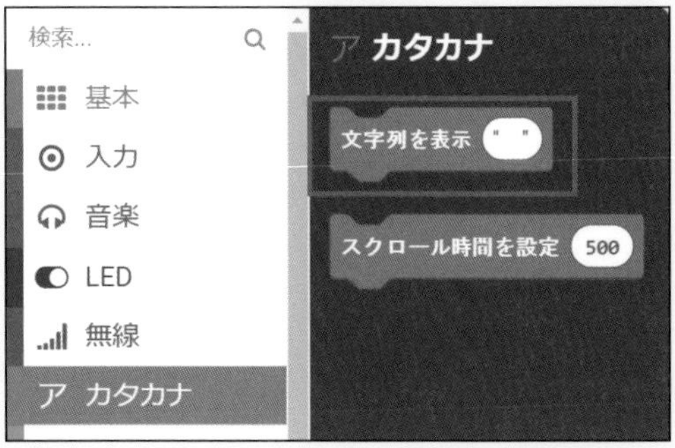

メッセージを入力《にゅうりょく》するときは、半角《はんかく》カタカナで入力《にゅうりょく》する必要《ひつよう》がある。半角《はんかく》カタカナの入力《にゅうりょく》は、ローマ字《じ》入力《にゅうりょく》などで言葉《ことば》を入《い》れてF8キーを押《お》そう（Windows標準《ひょうじゅん》の日本語《にほんご》入力《にゅうりょく》Microsoft IMEの場合《ばあい》）。ただし、このブロックを使《つか》うと、アルファベットの大文字《おおもじ》は表示《ひょうじ》されるが、小文字《こもじ》は表示《ひょうじ》されない。すでに設定《せってい》しているボタンAのメッセージも確認《かくにん》してほしい。

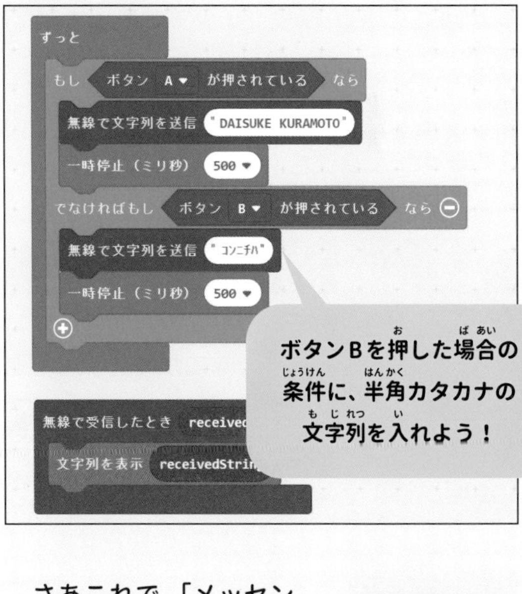

さあこれで、「メッセンジャー」プログラムの完成《かんせい》だ。さっそく友達《ともだち》と通信《つうしん》してみよう！

micro:bitの無《む》線《せん》で通《つう》信《しん》実《じっ》験《けん》をしてみよう！

micro:bitの無《む》線《せん》通《つう》信《しん》機《き》能《のう》についてもっと調《しら》べてみよう。
どんな性《せい》質《しつ》があるかを知《し》っておくと、プログラムをつくるときに便《べん》利《り》だ。

micro:bitの無《む》線《せん》通《つう》信《しん》機《き》能《のう》を調《しら》べる

micro:bitの無《む》線《せん》通《つう》信《しん》機《き》能《のう》を使《つか》うと、友《とも》達《だち》とメッセージのやりとりができたり、つくったものを操《そう》縦《じゅう》して動《うご》かしたりして遊《あそ》べるよ。そのときは、通《つう》信《しん》可《か》能《のう》な距《きょ》離《り》はどれくらいか、どういう性《せい》質《しつ》があるかなどを知《し》っておくと、プログラムもつくりやすい。そこでここでは、micro:bitの無《む》線《せん》通《つう》信《しん》機《き》能《のう》について、実《じっ》験《けん》をしながら調《しら》べてみよう。

今《こん》回《かい》は、2個《こ》の探《たん》検《けん》ウォッチを使《つか》って送《そう》信《しん》機《き》と受《じゅ》信《しん》機《き》をつくる。送《そう》信《しん》機《き》は一《いっ》定《てい》間《かん》隔《かく》でデータを送《そう》信《しん》して、受《じゅ》信《しん》機《き》はそのデータを受《う》け取《と》ったときに、電《でん》波《ぱ》の強《きょう》度《ど》を表《ひょう》示《じ》するものにする。

送《そう》信《しん》機《き》をつくろう

送《そう》信《しん》機《き》は一《いっ》定《てい》の間《かん》隔《かく》でなにかのデータを送《そう》信《しん》すればいいので、基《き》本《ほん》的《てき》なしくみは簡《かん》単《たん》だ。2秒《びょう》間《かん》隔《かく》でデータを送《そう》信《しん》するために、「無《む》線《せん》で数《すう》値《ち》を送《そう》信《しん》」ブロックと「一《いち》時《じ》停《てい》止《し》（ミリ秒《びょう》）」ブロックを組《く》み合《あ》わせる。「一《いち》時《じ》停《てい》止《し》（ミリ秒《びょう》）」ブロックは「2seconds」に変《へん》更《こう》した（ブロックの表《ひょう》示《じ》は「2000」になる）。また、今《こん》回《かい》は送《そう》信《しん》、受《じゅ》信《しん》のプログラムを別《べつ》につくるため、チャンネルの指《し》定《てい》も必《ひつ》要《よう》なので、「最《さい》初《しょ》だけ」ブロックに「無《む》線《せん》のグループを設《せっ》定《てい》」ブロックを組《く》み合《あ》わせて、指《し》定《てい》している。

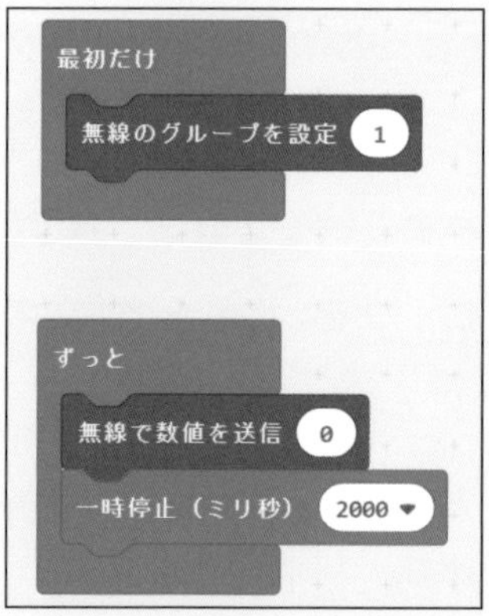

これに加《くわ》えて、micro:bitでは電波《でんぱ》の強度《きょうど》も0〜7までレベルを設定《せってい》できるので、ボタンBで強《つよ》く、ボタンAで弱《よわ》くできるようにしよう。「入力《にゅうりょく》」カテゴリーの「ボタン“B”が押《お》されたとき」ブロックを使《つか》う。「変数《へんすう》」カテゴリーで変数《へんすう》「信号《しんごう》の強《つよ》さ」をつくって、「論《ろん》理《り》」カテゴリーの「“0”＜“0”」ブロックと組《く》み合《あ》わせ、「“信号《しんごう》の強《つよ》さ”＜“7”」とする。それを「もし“真《しん》”なら」ブロックに入《い》れて❶、「変数《へんすう》“信号《しんごう》の強《つよ》さ”を“1”だけ増《ふ》やす」ブロックと組《く》み合《あ》わせる❷。「数《かず》を表示《ひょうじ》」ブロックに変数《へんすう》「信号《しんごう》の強《つよ》さ」を入《い》れて、設定《せってい》した電波強《でんぱきょう》度《ど》のレベルを表示《ひょうじ》できるようにする❸。これでボタンBが押《お》されると電波強度《でんぱきょうど》のレベルが1ずつ強《つよ》くなるプログラムになったよ。

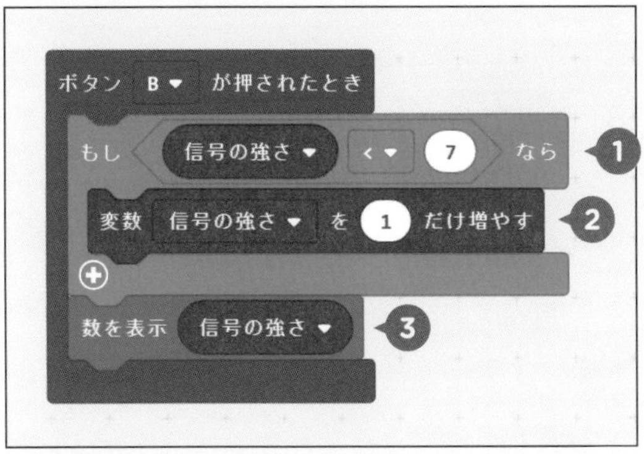

同《おな》じブロックを使《つか》って、ボタンAを押《お》すと送信強度《そうしんきょうど》が弱《よわ》くなるプログラムをつくろう。「“信号《しんごう》の強《つよ》さ”>“0”」で❹、「変数《へんすう》“信号《しんごう》の強《つよ》さ”を“−1”だけ増《ふ》やす」にする❺。

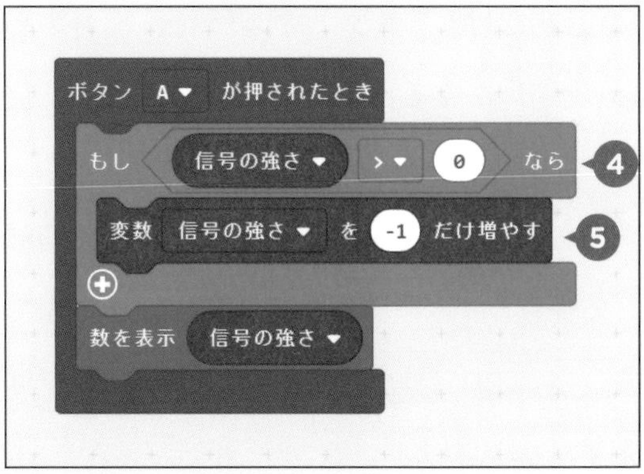

プログラムを改造《かいぞう》する

さきほどつくった、データを送信《そうしん》するプログラムを改造《かいぞう》しよう。「無線《むせん》」カテゴリーをクリックすると表示《ひょうじ》される「その他《た》」にある「無《む》線《せん》の送信強度《そうしんきょうど》を設定《せってい》」ブロックに、変数《へんすう》「信《しん》号《ごう》の強《つよ》さ」を入《い》れる❻。それを、変数《へんすう》「信号《しんごう》の強《つよ》さ」を入《い》れた「数《かず》を表示《ひょうじ》」ブロックと組《く》み合《あ》わせ❼、「無線《むせん》で数値《すうち》を送信《そうしん》」ブロックの前《まえ》に置《お》く。また、「無線《むせん》で数値《すうち》を送信《そうしん》」ブロックには、変数《へんすう》「信号《しんごう》の強《つよ》さ」を入《い》れる❽。これで、LEDディスプレイに、送信《そうしん》する電波《でんぱ》の強《つよ》さが表示《ひょうじ》されるんだ。

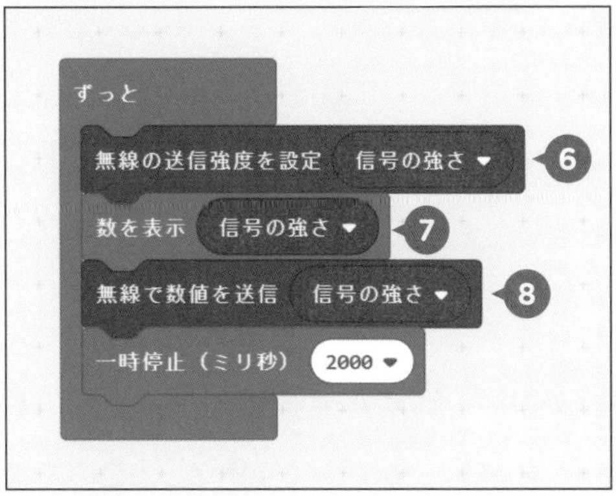

「最初《さいしょ》だけ」ブロックには「変数《へんすう》“信号《しんごう》の強《つよ》さ”を“0”にする」ブロックを追加《ついか》して、初期《しょき》値《ち》を3にしている❾。

このプログラムは「送信機《そうしんき》」という名前《なまえ》にして保存《ほぞん》、片方《かたほう》の探検《たんけん》ウォッチに書《か》き込《こ》んでおこう。これで送信機側《そうしんきがわ》のプログラミングは完了《かんりょう》だ。

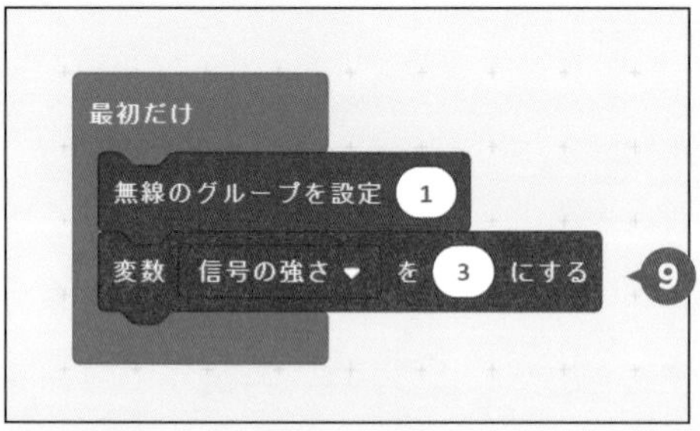

受信機《じゅしんき》のプログラム

新《あたら》しいプロジェクトを開《ひら》こう。まずは送信《そうしん》機《き》と同《おな》じように、無線《むせん》のグループをつくる。

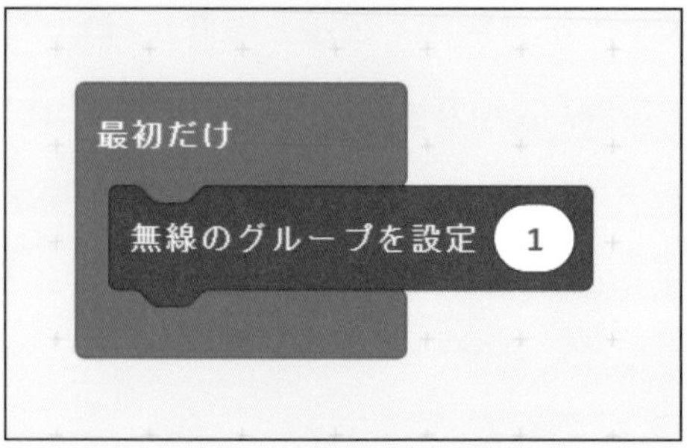

次《つぎ》に、「無線《むせん》」カテゴリーの「無線《むせん》で受信《じゅしん》したとき“receivedNumber”」ブロックを使《つか》って、送信機《そうしんき》から送《おく》られてくる「信号《しんごう》の強《つよ》さ」の数字《すうじ》(0～7)を表示《ひょうじ》させる。「数《かず》を表示《ひょうじ》」ブロックに変数《へんすう》「receivedNumber」を入《い》れて、“500”に設定《せってい》した「一時停止《いちじていし》(ミリ秒《びょう》)」ブロック、「表示《ひょうじ》を消《け》す」ブロックと組《く》み合《あ》わせる。

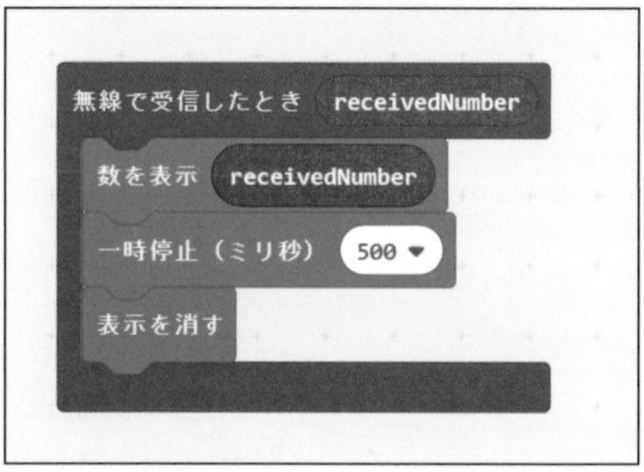

ここで、送受信《そうじゅしん》のテストをしよう。プログラムを「受信機《じゅしんき》」として保存《ほぞん》、ダウンロードして、もう1つの探検《たんけん》ウォッチに書《か》き込《こ》もう。こっちが受信機《じゅしんき》になる。両方《りょうほう》の探検《たんけん》ウォッチのスイッチをオンにして、送信機側《そうしんきがわ》で表示《ひょうじ》された数字《すうじ》（設定《せってい》した電波強度《でんぱきょうど》のレベル）が、受信機側《じゅしんきがわ》でも2秒《びょう》ごとに表示《ひょうじ》されたら成功《せいこう》だ。

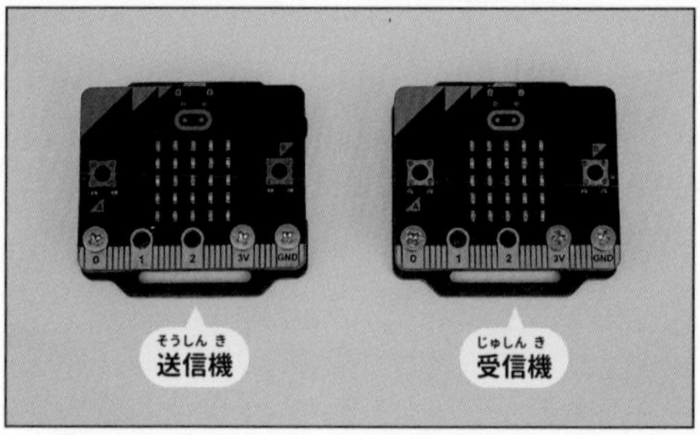

「受信機《じゅしんき》」プログラムに戻《もど》ろう。さきほどつくったプログラムに、信号強度《しんごうきょうど》の表示《ひょうじ》も追加《ついか》しよう。もう1つ「数《かず》を表示《ひょうじ》」ブロックに、「無線《むせん》」カテゴリーの「受信《じゅしん》したパケットの“信号強度《しんごうきょうど》”」ブロックを入《い》れてつくる。それと「一時停止《いちじていし》（ミリ秒《びょう》）」ブロックを組《く》み合《あ》わせて追加《ついか》する❿。

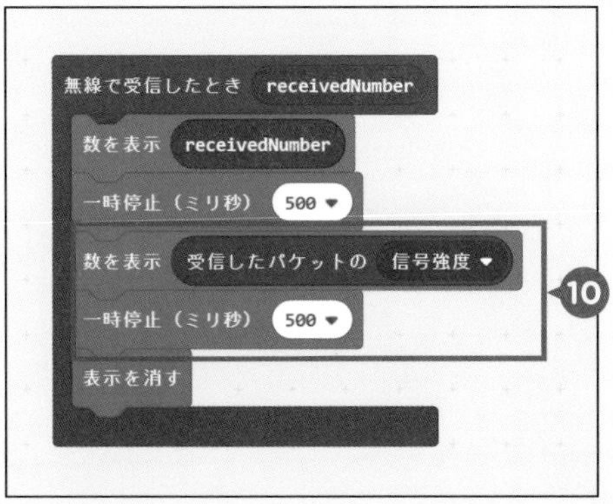

これを受信機側《じゅしんきがわ》の探検《たんけん》ウォッチに書《か》き込《こ》むと、送信機《そうしんき》で表示《ひょうじ》された数字《すうじ》の後《あと》に、「－66」などの数字《すうじ》が表示《ひょうじ》されるようになる。これが計測《けいそく》された信号強度《しんごうきょうど》だ。送信機《そうしんき》と受信機《じゅしんき》の距《きょ》離《り》や、送信機《そうしんき》の信号強度《しんごうきょうど》の設定《せってい》を変《か》えると、数字《すうじ》も変《か》わる。ただ、受信機《じゅしんき》での表示速度《ひょうじそくど》の関係《かんけい》で、ちょっと遅《おく》れて表示《ひょうじ》されるぞ。

送信機《そうしんき》は2秒《びょう》ごとにデータを送信《そうしん》している。受信機《じゅしんき》は送信《そうしん》されるたび（2秒《びょう》ごと）にデータを受《う》け取《と》っている。しかし、仮《かり》に「－66」という3文字分《もじぶん》のスクロールがあると、この表示《ひょうじ》に3秒《びょう》かかってしまい、溜《た》まった古《ふる》いデータが順次《じゅんじ》遅《おく》れて表示《ひょうじ》される。これでは実際《じっさい》の状況《じょうきょう》と、表示《ひょうじ》されている値《あたい》がだんだんずれていってしまうね。こうした点《てん》に気《き》をつけて、これから次《つぎ》の手順《てじゅん》で、「信号強度《しんごうきょうど》」の値《あたい》の範囲《はんい》を確認《かくにん》してみよう。

最大値《さいだいち》の確認《かくにん》

まず、信号強度《しんごうきょうど》の最大値《さいだいち》である－42について、送信機《そうしんき》と受信機《じゅしんき》ができるだけ近《ちか》くにあるときに得《え》られる値《あたい》だと仮定《かてい》する。写真《しゃしん》のように、2つの探検《たんけん》ウォッチを、BLEアンテナをなるべく近《ちか》づけておいて、計測《けいそく》してみよう。

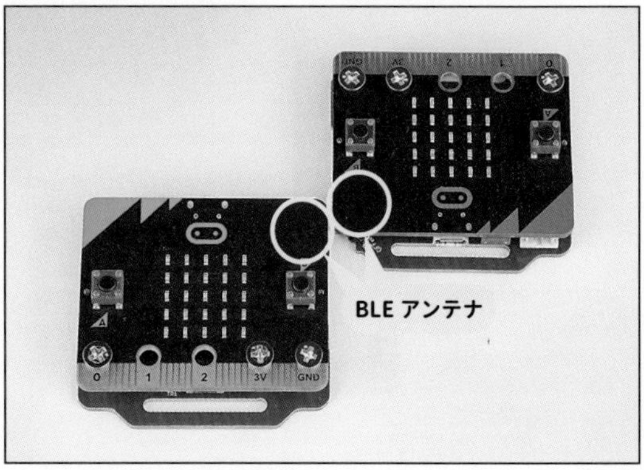

BLEのアンテナ同士《どうし》を近《ちか》づけて、かつ送信《そうしん》機《き》で電波《でんぱ》の強度《きょうど》を変《か》えて、受信機《じゅしんき》で「信号強《しんごうきょう》度《ど》」の値《あたい》を調《しら》べてみよう。探検《たんけん》ウォッチの位《い》置《ち》を変《か》えずに、送信機《そうしんき》で「信号《しんごう》の強《つよ》さ」の値《あたい》を変《か》えてみる。少《すこ》し待《ま》つと、受信機側《じゅしんきがわ》でその値《あたい》が表示《ひょうじ》される。

表示《ひょうじ》が遅《おく》れすぎていると思《おも》ったら、受信機《じゅしんき》側《がわ》のスイッチをオフにしてまたオンにすると、リアルタイムに近《ちか》い状態《じょうたい》で受信《じゅしん》した値《あたい》が表示《ひょうじ》されるよ。

結果《けっか》を次《つぎ》のページの表《ひょう》にまとめてみよう。－60くらいから－45あたりの値《あたい》が出《で》て、送《そう》信機《しんき》の設定《せってい》が強《つよ》い（7に近《ちか》い）ほど受信機《じゅしんき》での値《あたい》は大《おお》きくなる。

送信機《そうしんき》の設定《せってい》	受信機《じゅしんき》の値《あたい》	(例《れい》)筆者《ひっしゃ》の受信機《じゅしんき》の値《あたい》
0		－62
1		－48
2		－46
3		－45
4		－45
5		－44
6		－44
7		－44

最小値《さいしょうち》の確認《かくにん》

信号強度《しんごうきょうど》の最小値《さいしょうち》は、公式《こうしき》リファレンスによると－128だ。これは電波《でんぱ》の届《とど》くギリギリの範囲《はんい》での値《あたい》だと想像《そうぞう》できる。まずはその境界《きょうかい》を探《さぐ》りやすくするために、送信機《そうしんき》で「信号《しんごう》の強《つよ》さ」を0にして電波《でんぱ》の届《とど》く範囲《はんい》を狭《せま》くしよう。

次《つぎ》に2mほど離《はな》して、受信機《じゅしんき》の電源《でんげん》を入《い》れてみよう。たぶんディスプレイになにも表示《ひょうじ》されないだろう。電波《でんぱ》の届《とど》く範囲《はんい》の外《そと》だと考《かんが》えられる。それから受信機《じゅしんき》をゆっくり近《ちか》づけていくと、1.5mくらいのところでディスプレイに数字《すうじ》が表示《ひょうじ》されたんじゃないかな？その値《あたい》が最小値《さいしょうち》で、だいたい－90前後《ぜんご》になる。

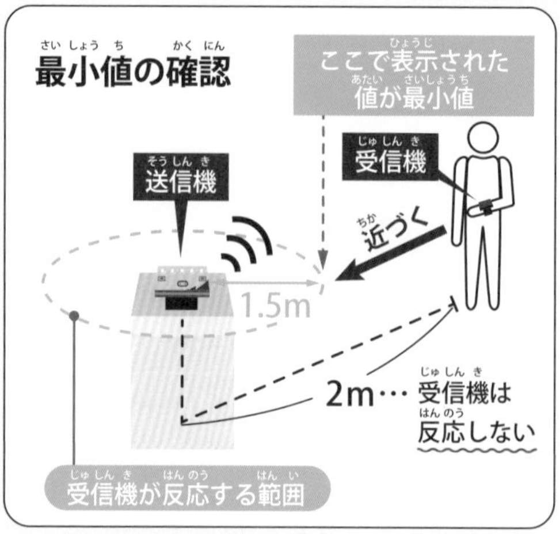

実際《じっさい》に調《しら》べてみたら、最小値《さいしょうち》で－128はなかなか出《で》ないみたいなので、こだわらなくていいよ。

家《いえ》の中《なか》なら送信機《そうしんき》で設定《せってい》する「信号《しんごう》の強《つよ》さ」は0か1くらいが適当《てきとう》だけど、公園《こうえん》や広場《ひろば》のような広《ひろ》い場所《ばしょ》で試《ため》すなら、もっと強《つよ》くしてみよう。

これで、実際《じっさい》の信号強度《しんごうきょうど》の最小値《さいしょうち》と最大値《さいだいち》がわかったね（ここでは－92から－44とする）。

信号《しんごう》の強度《きょうど》をグラフで表示《ひょうじ》

受信《じゅしん》した信号《しんごう》の強度《きょうど》を、グラフで表示《ひょうじ》するプログラムにしてみよう。ここでの数値《すうち》は、キミが実際《じっさい》に計測《けいそく》した最小値《さいしょうち》を入《い》れよう。「棒《ぼう》グラフを表示《ひょうじ》する」ブロックは、「数《かず》を表示《ひょうじ》“受信《じゅしん》したパケットの信号強度《しんごうきょうど》”」ブロックと入《い》れ替《か》える⑪。

これで、受信機《じゅしんき》プログラムも完成《かんせい》だ。グラフのほうが数字《すうじ》より表示《ひょうじ》が早《はや》いので、ほぼリアルタイムで信号《しんごう》の強度《きょうど》を見《み》ることができるよ。

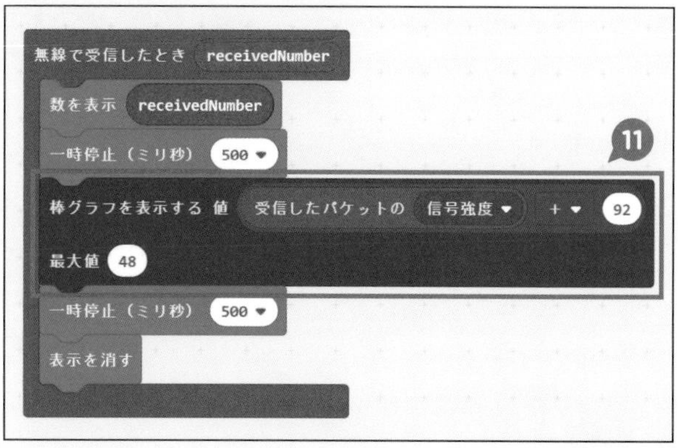

ちなみに、信号強度《しんごうきょうど》の単位《たんい》は「dBm（デシベルミリワット）」で、電波《でんぱ》などの強《つよ》さを示《しめ》す単位《たんい》だよ。

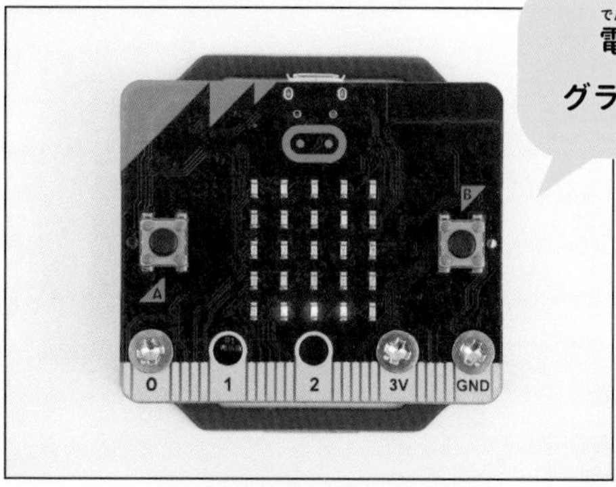

電波《でんぱ》が弱《よわ》いとグラフが低《ひく》くなる。

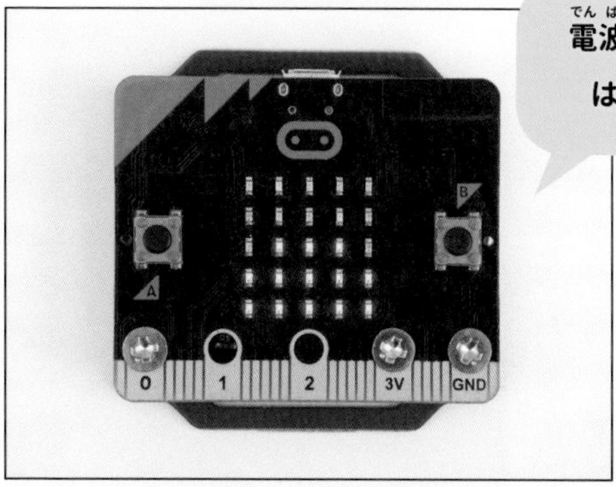

電波《でんぱ》が普通《ふつう》のときはこれくらい。

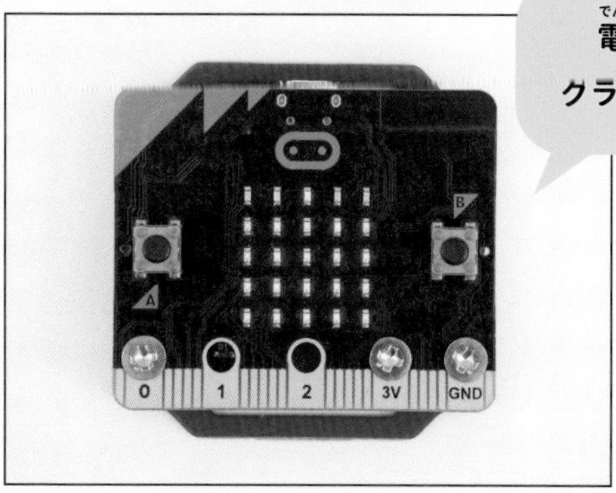

電波《でんぱ》が強《つよ》いとクラフも高《たか》くなる。

信号強度《しんごうきょうど》については、次《つぎ》のサイトでも説明《せつめい》されているよ。

https://makecode.microbit.org/reference/radio/received-signal-strength

ただし、英文《えいぶん》での説明《せつめい》なので、英語《えいご》がわかる人《ひと》といっしょに読《よ》んでね。

電波《でんぱ》の性質《せいしつ》を調《しら》べる実験《じっけん》をしよう

今回《こんかい》つくった送信機《そうしんき》と受信機《じゅしんき》のプログラムを使《つか》って、電波《でんぱ》の性質《せいしつ》を調《しら》べる実験《じっけん》をしてみよう。2つの探検《たんけん》ウォッチに、それぞれ送信機《そうしんき》と受信機《じゅしんき》のプログラムを書《か》き込《こ》んでいることを確認《かくにん》してね。

送信機《そうしんき》と受信機《じゅしんき》の距離《きょり》による違《ちが》い

まずは距離《きょり》による変化《へんか》だ。送信機《そうしんき》で「信号《しんごう》の強《つよ》さ」を0にすると、半径《はんけい》1～1.5m程度《ていど》の通信電波《つうしんでんぱ》の範囲《はんい》が発生《はっせい》する。そのエリアの中《なか》で、送信機《そうしんき》と受信機《じゅしんき》を近《ちか》づけたり遠《とお》ざけたりすると、グラフで電波《でんぱ》の強弱《きょうじゃく》がわかるだろう。「信号《しんごう》の強《つよ》さ」を変《か》えて、屋内《おくない》や屋外《おくがい》のいろいろなところで実験《じっけん》してみよう。見通《みとお》しのいいところだと70mくらいの距離《きょり》でも届《とど》くらしいぞ。ただし、電波《でんぱ》の強度《きょうど》が弱《よわ》いと、ちょっとした環境《かんきょう》の違《ちが》いでも影響《えいきょう》を受《う》ける。例《たと》えば、探検《たんけん》ウォッチの場合《ばあい》だと、アンテナの向《む》きでも大《おお》きく変《か》わる。

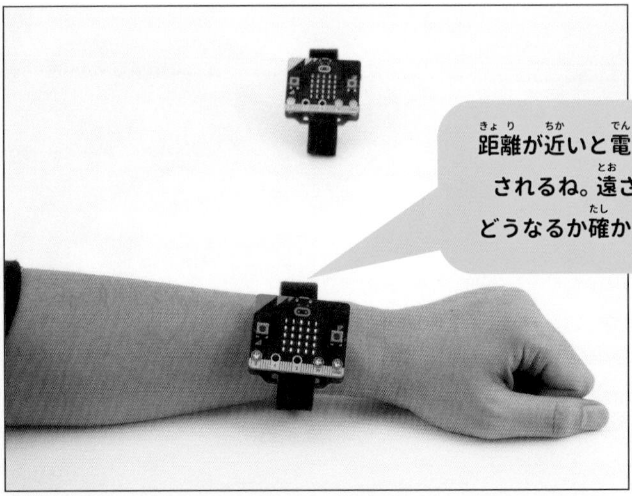

距離《きょり》が近《ちか》いと電波《でんぱ》は強《つよ》く表示《ひょうじ》されるね。遠《とお》ざけていくとどうなるか確《たし》かめてみよう！

屋内《おくない》なら「信号《しんごう》の強《つよ》さ」は0や1でいいけど、グラウンドとか見通《みとお》しのいい場所《ばしょ》では、6や7にして試《ため》してみてね！

人《ひと》の体《からだ》が障害物《しょうがいぶつ》になる

まず、人《ひと》の体《からだ》は通信《つうしん》の障害《しょうがい》になるのか調《しら》べてみよう。送信機《そうしんき》の「信号《しんごう》の強《つよ》さ」を0にして、受信機《じゅしんき》は信号《しんごう》を受信《じゅしん》できるギリギリの距離《きょり》に置《お》く。それから送信機《そうしんき》を手《て》で包《つつ》んでみよう。すると、受信機《じゅしんき》のディスプレイにはなにも表示《ひょうじ》されなくなった。

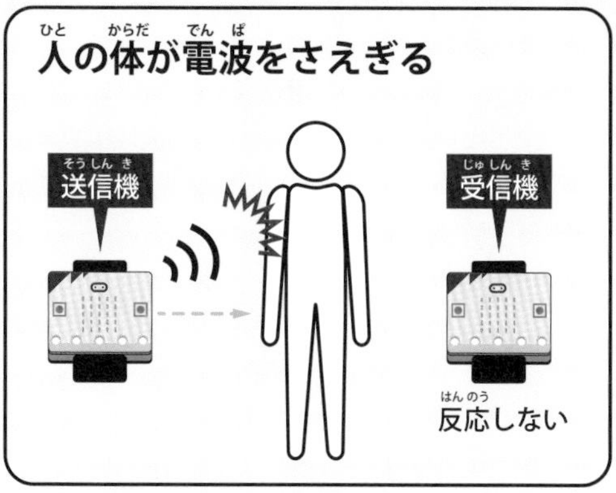

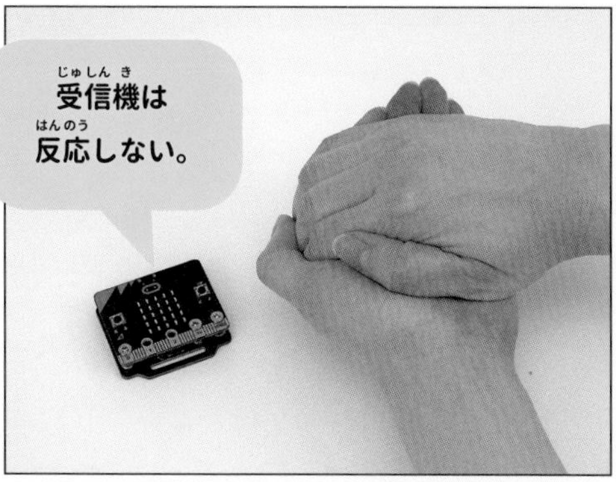

手《て》で包《つつ》み込《こ》むのがうまくできない場合《ばあい》は、送信機《そうしんき》と受信機《じゅしんき》の間《あいだ》に入《はい》れば、自分《じぶん》が壁《かべ》になるのでやってみてね。

人《ひと》の体《からだ》には水《みず》がたくさん含《ふく》まれている（成人男性《せいじんだんせい》で体重《たいじゅう》の約《やく》60%が水《みず》だ）。そして、水《みず》は電波《でんぱ》をさえぎる性質《せいしつ》がある。つまり、人《ひと》の体《からだ》も電波《でんぱ》をさえぎる障害物《しょうがいぶつ》になりやすいのだ。この実験《じっけん》では、手《て》で送信機《そうしんき》を包《つつ》んだことで、送信《そうしん》した電波《でんぱ》がさえぎられた。このことから、たくさんの人《ひと》がいる場所《ばしょ》では、通信《つうしん》がうまくいかなくなる可能性《かのうせい》が考《かんが》えられるね。

家《いえ》の中《なか》にある 通信《つうしん》の障害《しょうがい》となるもの

道具《どうぐ》を使《つか》って電波《でんぱ》をさえぎることもできる。キッチンにあるものがいろいろ使《つか》えるぞ。まずは水切《みずき》り用《よう》のステンレスのザルだ。両方《りょうほう》の探検《たんけん》ウォッチのスイッチをオンにして、送信機《そうしんき》のほうにザルをかぶせてみよう。受信機《じゅしんき》のほうでは、電波《でんぱ》の強度《きょうど》が弱《よわ》くなるよ。

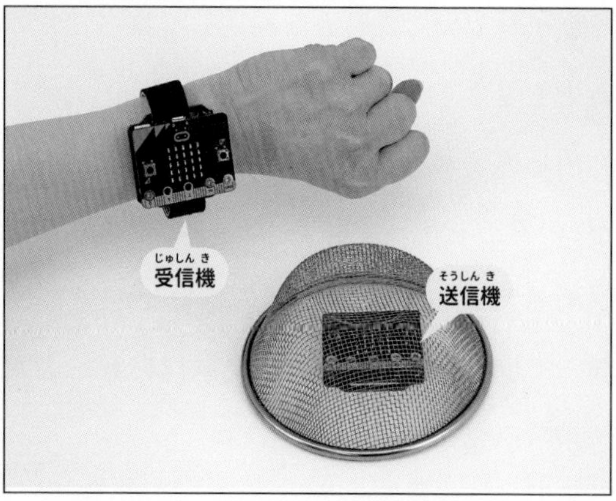

ほかに電波《でんぱ》をさえぎるものといえば、部屋《へや》の壁《かべ》がある。送信機《そうしんき》の「信号《しんごう》の強《つよ》さ」を7など強《つよ》めにして部屋《へや》の中《なか》に置《お》き、受信機《じゅしんき》は部屋《へや》の

外《そと》に持《も》ち出《だ》してみよう。micro:bitが視界《しかい》に入《はい》る見通《みとお》しのいい場所《ばしょ》ならば受信《じゅしん》できるが、部屋《へや》の壁《かべ》ごしなど見通《みとお》しの悪《わる》い場所《ばしょ》では信号《しんごう》の強度《きょうど》が弱《よわ》くなったり、受信《じゅしん》できなくなるかもしれない。壁《かべ》の材質《ざいしつ》などでも変《か》わるので、いろいろな部屋《へや》で試《ため》してみてね。一般的《いっぱんてき》には、コンクリートの壁《かべ》は電波《でんぱ》が通《とお》りにくいといわれている。

電子《でんし》レンジは電波《でんぱ》をさえぎるか？

次《つぎ》に、電子《でんし》レンジだとどうなるかな。ただし、探検《たんけん》ウォッチを入《い》れたまま電子《でんし》レンジを使《つか》うと危険《きけん》なので、電子《でんし》レンジのコンセントは必《かなら》ず抜《ぬ》いておくこと。

送信機《そうしんき》の「信号《しんごう》の強《つよ》さ」を最大《さいだい》の7にして電子《でんし》レンジの中《なか》に入《い》れてみよう。扉《とびら》を閉《し》めると、電子《でんし》レンジの外《そと》にある受信機《じゅしんき》ではほとんど受信《じゅしん》できなくなるはずだ。

電子《でんし》レンジは電磁波《でんじは》を利用《りよう》して食《た》べ物《もの》や飲《の》み物《もの》を温《あたた》めている。その電磁波《でんじは》とmicro:bitで利用《りよう》しているBLEは、同《おな》じ周波数帯《しゅうはすうたい》（2.4GHz帯《たい》）の電波《でんぱ》を使《つか》っている。電子《でんし》レンジは、扉《とびら》を閉《し》めると電磁波《でんじは》を外《そと》に漏《も》らさないしくみになっているので、中《なか》に入《い》れた送信機《そうしんき》からの電《でん》波《ぱ》が届《とど》かなくなるのだ。

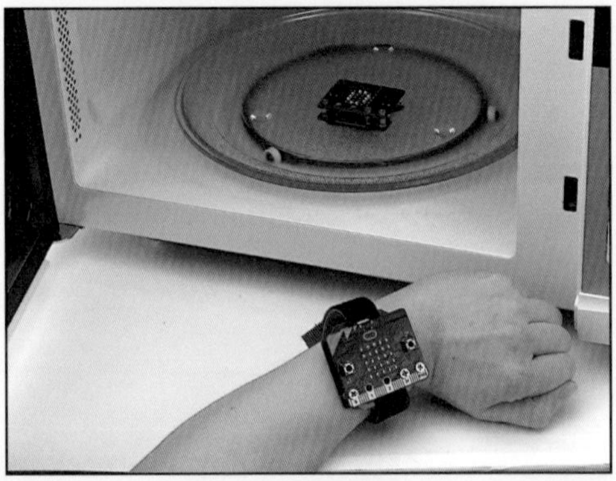

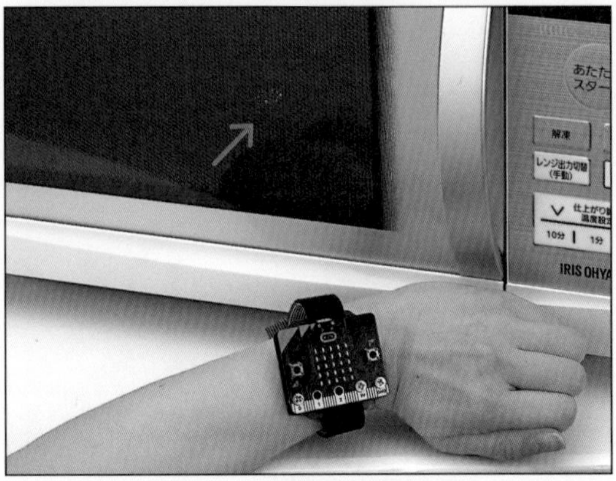

電波《でんぱ》っていろいろなものに
影響《えいきょう》されるんだね〜。
いろいろな場所《ばしょ》で試《ため》してみよう！

電波《でんぱ》の特性《とくせい》などを知《し》っておくと、
プログラムをつくるときに役《やく》に立《た》つんだよ。
次《つぎ》のページから無線通信機能《むせんつうしんきのう》を使《つか》った
プログラムをつくるから、今回体験《こんかいたいけん》したこと、
覚《おぼ》えていてね！

忘《わす》れ物《もの》アラームをつくろう！

micro:bitの無線通信機能《むせんつうしんきのう》を使《つか》って、大事《だいじ》なものの置《お》き忘《わす》れ防止《ぼうし》に使《つか》える、忘《わす》れ物《もの》アラームをつくってみよう。114〜116ページで行《おこな》った通信機能《つうしんきのう》の実験《じっけん》が役《やく》に立《た》つぞ！

しくみを考《かんが》える

まずは忘《わす》れ物《もの》アラームのしくみを考《かんが》えてみよう。前《まえ》のページでmicro:bitの無線通信機能《むせんつうしんきのう》についていろいろな実験《じっけん》をしたけど、電波《でんぱ》は発信《はっしん》したときの強《つよ》さによって、届《とど》く範囲《はんい》が決《き》まっていたよね。その性質《せいしつ》を使《つか》って、荷物《にもつ》につけた発信機《はっしんき》の電波《でんぱ》が届《とど》く範囲《はんい》を外《はず》れたら、身《み》に着《つ》けている受信機《じゅしんき》が音《おと》を鳴《な》らして知《し》らせてくれるというしくみにするよ。もう少《すこ》し具体的《ぐたいてき》にしくみを考《かんが》えてみよう。

発信機《はっしんき》（荷物《にもつ》につける）

- 電波《でんぱ》を発信《はっしん》する
- 電波《でんぱ》の強《つよ》さを変《か》えられる

受信機《じゅしんき》（自分《じぶん》が身《み》に着《つ》ける）

- 電波《でんぱ》を受信《じゅしん》する
- 受信《じゅしん》できない状態《じょうたい》になったらアラームを鳴《な》らす

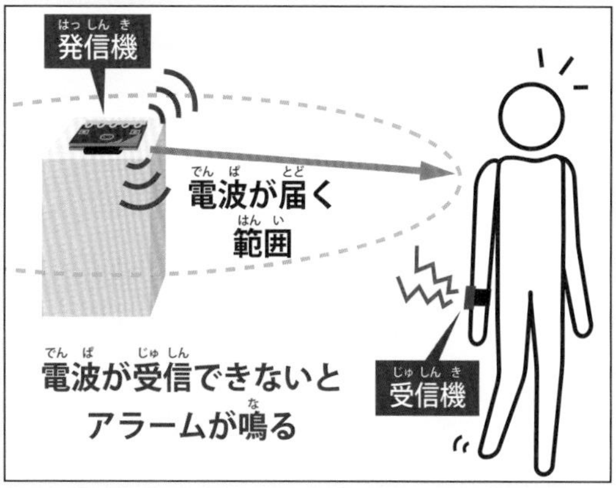

このような機能《きのう》をプログラムでつくって、探検《たんけん》ウォッチに書《か》き込《こ》めば、忘《わす》れ物《もの》アラームになりそうだ。どのブロックを使《つか》えばプログラムがつくれそうかな？ この後《あと》、いっしょに考《かんが》えながらつくっていくぞ。

ここでは次《つぎ》のように考《かんが》えてみた。受信機《じゅしんき》のプログラムでは、変数《へんすう》を使《つか》って忘《わす》れ物《もの》をしていないか（電波《でんぱ》を受信《じゅしん》しているか）どうか判別《はんべつ》する。このような、状態《じょうたい》を管理《かんり》する変数《へんすう》のことをフラグと呼《よ》ぶことがあるので、今回《こんかい》は変数《へんすう》「忘《わす》れ物《もの》フラグ」とするぞ。

このプログラムでは、変数《へんすう》「忘《わす》れ物《もの》フラグ」が0のときは忘《わす》れ物《もの》をしているので音《おと》が鳴《な》り、1のときは荷物《にもつ》が近《ちか》くにある、ということにする。0や1がどちらの状態《じょうたい》を表《あらわ》すかは、そのプログラムをつくる人《ひと》が自由《じゆう》に決《き》められるので、必《かなら》ずしもこのとおりじゃなくてもいいよ。

この「忘《わす》れ物《もの》フラグ」を上《あ》げたり下《さ》げたり（立《た》てたり倒《たお》したりと表現《ひょうげん》することもある）するのは、発信機《はっしんき》の発信《はっしん》する電波《でんぱ》だ。受信機《じゅしんき》は、受信《じゅしん》した電波《でんぱ》に応《おう》じて「忘《わす》れ物《もの》フラグ」の0、1を書《か》き換《か》えるというプログラムになる。

次《つぎ》に、受信機《じゅしんき》が、発信機《はっしんき》からの電波《でんぱ》を確認《かくにん》して「忘《わす》れ物《もの》フラグ」を書《か》き換《か》えるタイミングを考《かんが》えたい。まず、受信機《じゅしんき》は自分《じぶん》で「忘《わす》れ物《もの》フラグ」を0にする。その後《ご》、一定時間待機《いっていじかんたいき》して、発信機《はっしんき》からの電《でん》波《ぱ》の確認《かくにん》を行《おこな》うことにしてみよう。

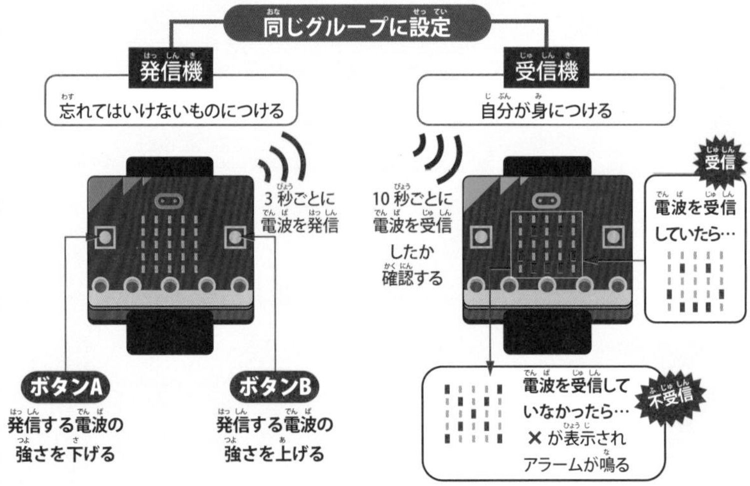

仮《かり》に待機《たいき》の時間《じかん》を10秒《びょう》として発信機《はっしんき》のタイミングを考《かんが》えてみる。10秒間《びょうかん》の間《あいだ》に一度《いちど》でも受信《じゅしん》されて「忘《わす》れ物《もの》フラグ」が1になればよいのだから、発信機《はっしんき》は、10秒《びょう》より短《みじか》い間隔《かんかく》で電波《でんぱ》を送信《そうしん》すべきだ。なぜかというと、受信機《じゅしんき》での確認《かくにん》の間隔《かんかく》と同《おな》じ10秒《びょう》に設定《せってい》すると、ちょっとしたタイミングのずれなどで電波《でんぱ》の送受信《そうじゅしん》が失敗《しっぱい》した場合《ばあい》に、すぐにアラームが鳴《な》ってしまう。これでは忘《わす》れ物《もの》アラームとしては使《つか》いづらいものになってしまう。今回《こんかい》は3秒《びょう》に設定《せってい》しよう。

それでは、次《つぎ》からは実際《じっさい》にプログラムをつくっていくよ。

発信機《はっしんき》をつくろう

発信機《はっしんき》のプログラムをつくろう。前《まえ》につくった「送信機《そうしんき》」プログラムとほぼ同《おな》じプログラムになるよ。

まず、「無線《むせん》」カテゴリーの「無線《むせん》のグループを設定《せってい》」ブロックで“1”に設定《せってい》する❶。それに変数《へんすう》「送信強度《そうしんきょうど》」を組《く》み合《あ》わせるけど、まず「変数《へんすう》」カテゴリーで新《あたら》しく「送信強度《そうしんきょうど》」ブロックを作成《さくせい》しよう。すると「変数《へんすう》“送信《そうしん》強度《きょうど》”を“　”にする」ブロックができるので“3”に設定《せってい》する❷。

「無線《むせん》のグループを設定《せってい》」ブロックと「変数《へんすう》“送信強度《そうしんきょうど》”を“3”にする」ブロックを、「最《さい》初《しょ》だけ」ブロックに組《く》み合《あ》わせる。ただ、これだけだと見《み》た目《め》にはなにも変化《へんか》しないので、電源《でんげん》が入《はい》ったかどうかすらわからない。そこで、スイッチをオンにしたときの動作確《どうさかく》認《にん》のために、「基本《きほん》」カテゴリーの「アイコンを表示《ひょうじ》」ブロックを使《つか》って、チェックのマークを表示《ひょうじ》することにしたぞ❸。

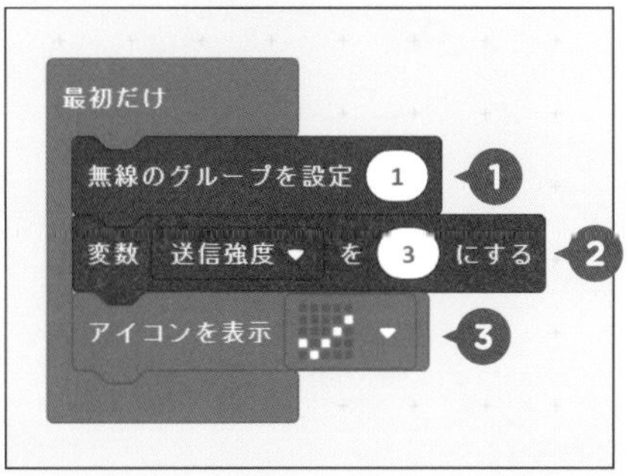

無線《むせん》のグループは仮《かり》に1としたが、変更《へんこう》してもかまわない。グループの番号《ばんごう》は、0～255の数字《すうじ》から自分《じぶん》で選《えら》んで決《き》められるぞ。

次《つぎ》に「送信強度《そうしんきょうど》」を変更《へんこう》するためのプログラムをつくろう。今回《こんかい》はボタンA、Bを押《お》したときに、電波強度《でんぱきょうど》のレベルを設定《せってい》して表示《ひょうじ》することにした。ボタンBで強度《きょうど》のレベルを上《あ》げて、ボタンAで強度《きょうど》のレベルを下《さ》げるようにしている。

ここで、電波強度《でんぱきょうど》の設定《せってい》と表示《ひょうじ》は、ボタンA、Bの両方《りょうほう》のプログラムで行《おこな》うので、関数《かんすう》「送信強度設定《そうしんきょうどせってい》と表示《ひょうじ》」をつくる。「高度《こうど》なブロック」をクリックすると表示《ひょうじ》される「関数《かんすう》」カテゴリーで「送信強度設定《そうしんきょうどせってい》と表示《ひょうじ》」ブロックをつくった。

関数《かんすう》「送信強度設定《そうしんきょうどせってい》と表示《ひょうじ》」は次《つぎ》のような内容《ないよう》になる。「無線《むせん》」カテゴリーの「その他《た》」にある「無線《むせん》の送信強度《そうしんきょうど》を設定《せってい》」ブロックに、変数《へんすう》「送信強度《そうしんきょうど》」を入《い》れる❹。次《つぎ》に「基本《きほん》」カテゴリーの「数《かず》を表示《ひょうじ》」ブロックに変数《へんすう》「送信《そうしん》強度《きょうど》」を入《い》れる❺。その2つのブロックに、100ミリ秒《びょう》に設定《せってい》した「一時停止《いちじていし》（ミリ秒《びょう》）」ブロック❻と「表示《ひょうじ》を消《け》す」ブロックを組《く》み合《あ》わせれば完成《かんせい》だ❼。

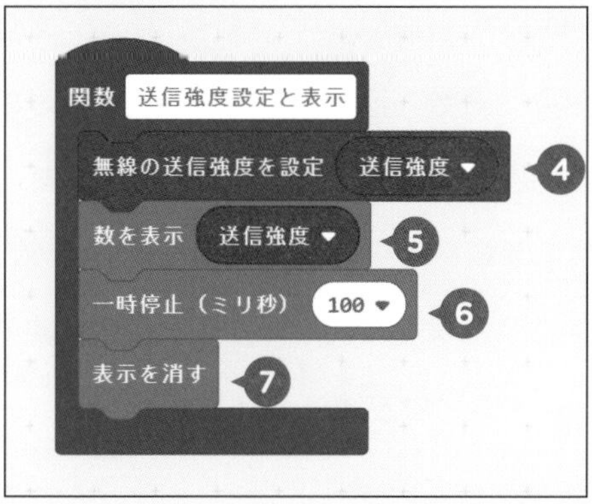

ボタンBが押《お》されたときのプログラムは、「入力《にゅうりょく》」カテゴリーの「ボタン“B”が押《お》されたとき」ブロックを使《つか》う❽。この内容《ないよう》は次《つぎ》のようになるよ。

まず、「論理《ろんり》」カテゴリーの「“ ”＜“ ”」ブロックに、変数《へんすう》「送信強度《そうしんきょうど》」を入《い》れて、「“送《そう》信強度《しんきょうど》”＜“7”」にする。これを「論理《ろんり》」ブロックの「もし“真《しん》”なら」ブロックに入《い》れて❾、「変数《へんすう》」カテゴリーの「変数《へんすう》“送信強度《そうしんきょうど》”を“1”だけ増《ふ》やす」ブロック❿と組《く》み合《あ》わせる。さきほどつくった関数《かんすう》の「呼《よ》び出《だ》し 送信強度設《そうしんきょうどせっ》定《てい》と表示《ひょうじ》」ブロック⓫と組《く》み合《あ》わせると、ボタンBを押《お》して、電波《でんぱ》の送信強度《そうしんきょうど》を上《あ》げることができる。

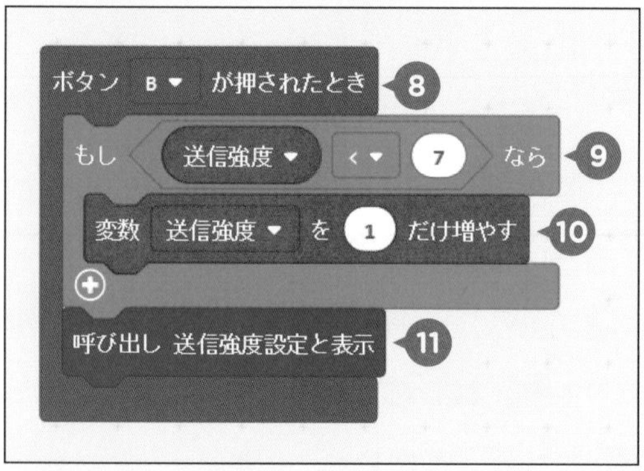

ボタンAが押《お》されたときのプログラムは、ボタンBが押《お》されたときのプログラムとほとんど同《おな》じだ。ただし、「“送信強度《そうしんきょうど》”＞“0”」となり⓬、「変数《へんすう》“送信強度《そうしんきょうど》”を“－1”だけ増《ふ》やす」に変《か》わる⓭ので注意《ちゅうい》してほしい。

シミュレーターで試《ため》してみると、ボタンBをクリックすると数《かず》が増《ふ》え、ボタンAをクリックすると数《かず》が減《へ》ったはずだ。

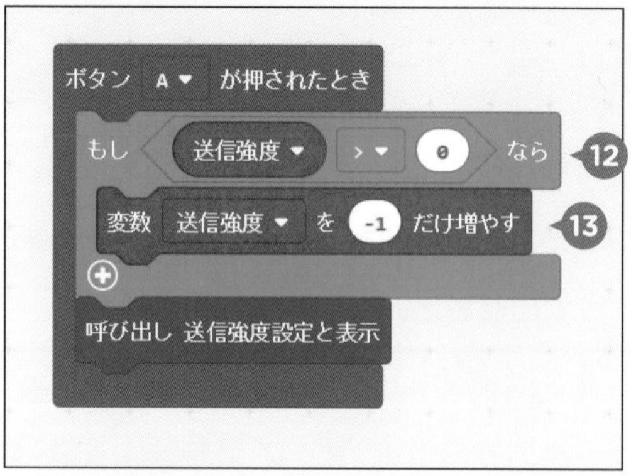

次《つぎ》に、電波《でんぱ》を発信《はっしん》するプログラムをつくろう。今回《こんかい》は3秒《びょう》に１回発信《かいはっしん》するのだから、関《かん》数《すう》「ビーコン発信《はっしん》」を実行《じっこう》して3秒《びょう》（3000ミリ秒《びょう》）間待《かんま》つという内容《ないよう》にする。ちなみにビーコンとは、このように電波《でんぱ》などを発信《はっしん》する無線標識技術《むせんひょうしきぎじゅつ》のことだ。

関数《かんすう》「ビーコン発信《はっしん》」のプログラムは、無線《むせん》で数値《すうち》を送信《そうしん》して、LED画面《がめん》に電波《でんぱ》を発信《はっしん》しているような表示《ひょうじ》をさせるようにする。「関数《かんすう》」カテゴリーで「ビーコン発信《はっしん》」を新《あたら》しく作成《さくせい》する⑭。それに、「無線《むせん》」カテゴリーの「無線《むせん》で数値《すうち》を送信《そうしん》」ブロック、「基本《きほん》」カテゴリーの「アイコンを表示《ひょうじ》」ブロックと「表示《ひょうじ》を消《け》す」ブロックを組《く》み合《あ》わせる。

今回無線《こんかいむせん》で送信《そうしん》する数値《すうち》の意味《いみ》は特《とく》にないが、「無線《むせん》で数値《すうち》を送信《そうしん》」ブロックでは、数値《すうち》を設定《せってい》しないといけないので“0”にしている⑮。

「アイコンを表示《ひょうじ》」ブロックは、アニメーションのように表示《ひょうじ》させたいので、2つ使《つか》う。大小《だいしょう》のダイヤ型《がた》のアイコンを設定《せってい》しているよ⑯。

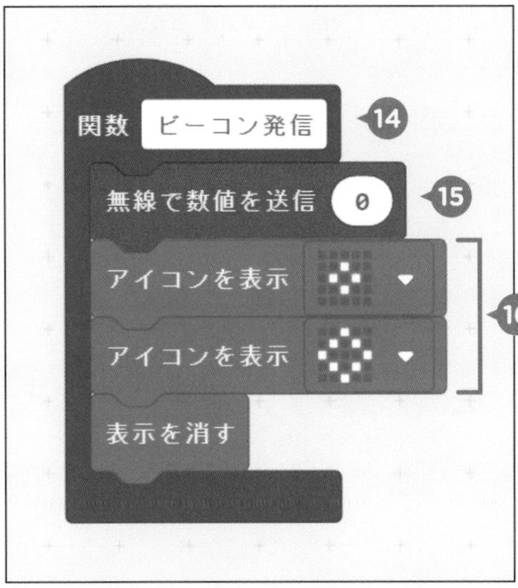

ディスプレイにアイコンを表示《ひょうじ》したままだと、電池《でんち》がなくなるのも早《はや》いよ。アイコンを表示《ひょうじ》しないプログラムにしてもいいかもね。

電波《でんぱ》を発信《はっしん》するプログラムは、「ずっと」ブロックを使《つか》う。これに、「関数《かんすう》を呼《よ》び出《だ》す“ビーコン発信《はっしん》”」ブロックと、「一時停止《いちじていし》（ミリ秒《びょう》）」ブロックを組《く》み合《あ》わせる。「一時停止《いちじていし》（ミリ秒《びょう》）」ブロックで3秒《びょう》を設定《せってい》するときは「3000」と入力《にゅうりょく》する。

これでプログラムは完成《かんせい》だ。「発信機《はっしんき》」という名前《なまえ》で保存《ほぞん》して、発信機《はっしんき》となる探検《たんけん》ウォッチに書《か》き込《こ》もう。3秒《びょう》に1回《かい》、送信《そうしん》されたアニメーションが表示《ひょうじ》されれば成功《せいこう》だ。

受信機《じゅしんき》をつくろう

次《つぎ》に、受信機《じゅしんき》のプログラムをつくる。ここで重要《じゅうよう》なのは、発信機《はっしんき》からの電波《でんぱ》を受信《じゅしん》したか確認《かくにん》することだ。この部分《ぶぶん》からつくっていこう。関数《かんすう》「フラグチェック」と変数《へんすう》「忘《わす》れ物《もの》フラグ」をつくっておこう。「関数《かんすう》“フラグチェック”」ブロックには、「もし“　”なら～でなければ～」ブロックを使《つか》って条件分岐《じょうけんぶんき》していくぞ。この場合《ばあい》は、「“　”＝“　”」ブロックを、「“忘《わす》れ物《もの》フラグ”＝“0”」にして組《く》み合《あ》わせている。

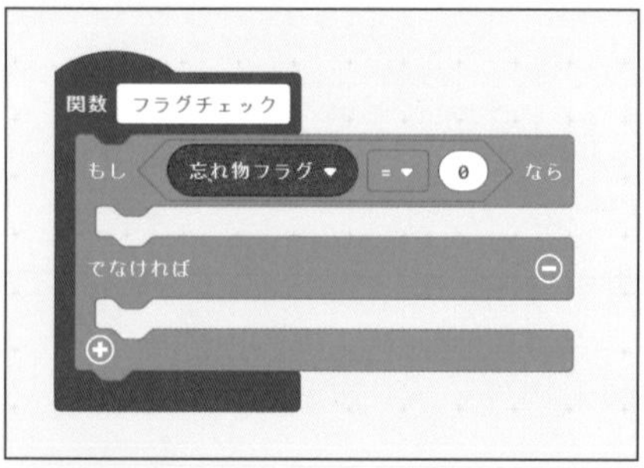

まず、「“忘《わす》れ物《もの》フラグ”＝“0”」のとき、メロディを鳴《な》らして、画面《がめん》には×を表示《ひょうじ》することにする。「音楽《おんがく》」カテゴリーの「メロディを開始《かいし》する“ダダダム”くり返《かえ》し“一度《いちど》だけ”」ブロックと、「アイコンを表示《ひょうじ》」ブロックを組《く》み合《あ》わせる。このときのメロディは“おそうしき”にした。

「でなければ～」の場合《ばあい》は忘《わす》れ物《もの》をしていないので、「アイコンを表示《ひょうじ》」ブロックで「うれしい顔《かお》」のアイコンにして、「表示《ひょうじ》を消《け》す」ブロックと組《く》み合《あ》わせた。発信機《はっしんき》のときと同《おな》じように、アイコンを表示《ひょうじ》していると電池《でんち》がなくなるのが早《はや》いので、表示《ひょうじ》させなくてもかまわない。これで関数《かんすう》「フラグチェック」は完成《かんせい》だ。

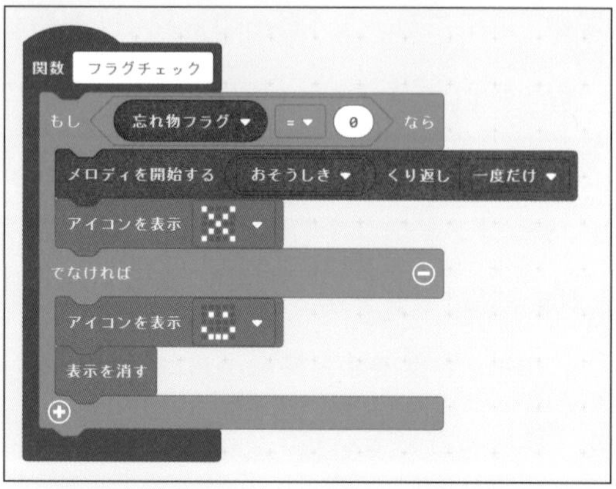

次《つぎ》にこの関数《かんすう》を実行《じっこう》するプログラムをつくっていく。「変数《へんすう》“忘《わす》れ物《もの》フラグ”を“　”にする」ブロックを“0”にして⑰、「一時停止《いちじていし》（ミリ秒《びょう》）」ブロックを“10000”に設定《せってい》する⑱。これらと「関数《かんすう》を呼《よ》び出《だ》す“フラグチェック”」ブロックを組《く》み合《あ》わせる⑲。

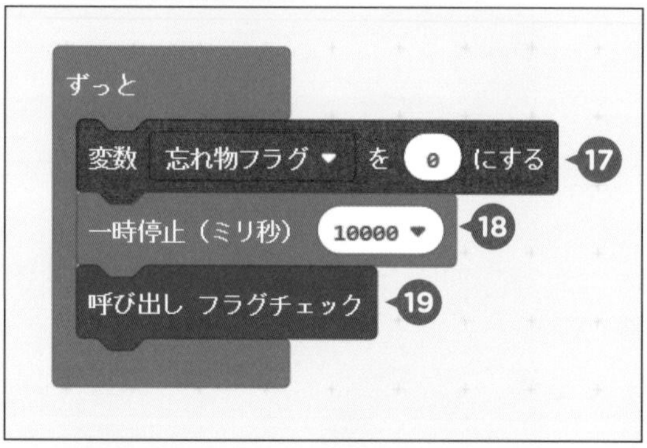

発信機《はっしんき》からの電波《でんぱ》を受信《じゅしん》したときのプログラムをつくる。「無線《むせん》で受信《じゅしん》したとき“ receivedNumber”」ブロックに「変数《へんすう》“忘《わす》れ物《もの》フラグ”を“1”にする」ブロックを組《く》み合《あ》わせるだけだ。

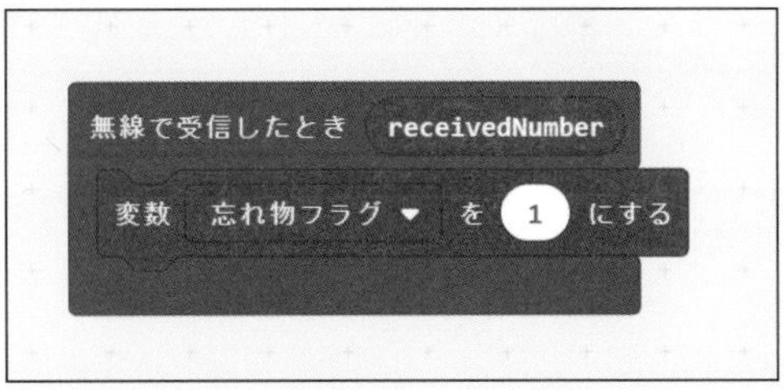

実《じつ》は、最初《さいしょ》に無線《むせん》グループの設定《せってい》と、変数《へんすう》「忘《わす》れ物《もの》フラグ」を0にして関数《かんすう》「フラグチェック」を実行《じっこう》しておく必要《ひつよう》がある。こうすることで、音《おと》が鳴《な》るか、電池《でんち》の残《のこ》りはあるかなどの確認《かくにん》ができる。「最初《さいしょ》だけ」ブロックに、「無線《むせん》のグループを設定《せってい》」ブロック⑳、「変数《へんすう》“忘《わす》れ物《もの》フラグ”を“0”にする」ブロック㉑、「関数《かんすう》を呼《よ》び出《だ》す“フラグチェック”」ブロック㉒を組《く》み合《あ》わせる。

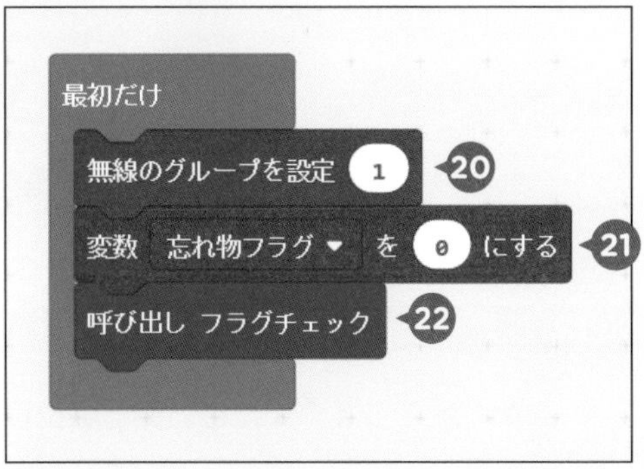

これでプログラムは完成《かんせい》だ。「受信機《じゅしんき》」という名前《なまえ》で保存《ほぞん》して、受信機《じゅしんき》になる探検《たんけん》ウォッチに書《か》き込《こ》もう。電源《でんげん》をオンにしたら、悲《かな》しそうな音《おと》が鳴《な》り、LEDディスプレイに×が表《ひょう》示《じ》されるよ。

探検《たんけん》ウォッチで試《ため》してみよう

プログラムができたら、実際《じっさい》に試《ため》してみよう。ただ、探検《たんけん》ウォッチ本体《ほんたい》のボタン電池《でんち》は小《ちい》さい分《ぶん》容量《ようりょう》も少《すく》ない。電波《でんぱ》の送受信《そうじゅしん》や、音《おと》を鳴《な》らすのは電池《でんち》を消耗《しょうもう》するので、できれば、電池《でんち》ボックスをつないで、単《たん》4形《がた》乾電池《かんでんち》を使《つか》ったほうがいい。その場合《ばあい》ボタン電池《でんち》は入《い》れっぱなしでOKだ。

まずは部屋《へや》の中《なか》で試《ため》してみる。受信機《じゅしんき》の電源《でんげん》をオンにして、アラーム音《おん》とLED画面《がめん》に×が表示《ひょうじ》されるのを確認《かくにん》しよう。受信《じゅしん》をチェックするタイミングの10秒《びょう》を待《ま》って、再《ふたた》び同《おな》じ音《おと》がすれば受信機《じゅしんき》はOKだ。そのまま電源《でんげん》をオンにしておこう。

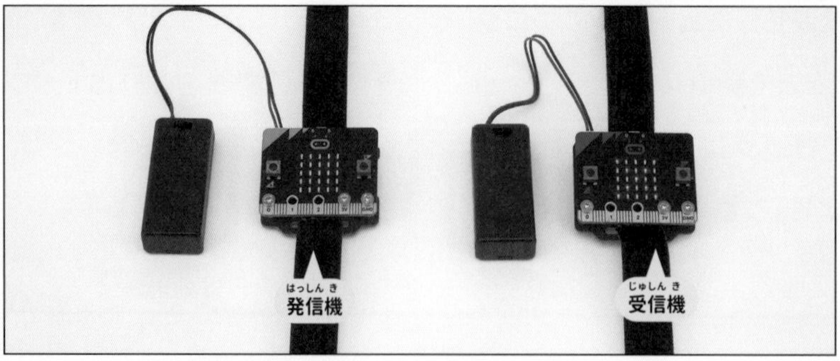

次《つぎ》に発信機《はっしんき》の電源《でんげん》をオンにする。発信機《はっしんき》と受信機《じゅしんき》を近《ちか》づけて、再《ふたた》びチェックのタイミングを待《ま》とう。今度《こんど》は音《おと》が鳴《な》らず「うれしい顔《かお》」が表示《ひょうじ》されたら成功《せいこう》だ。

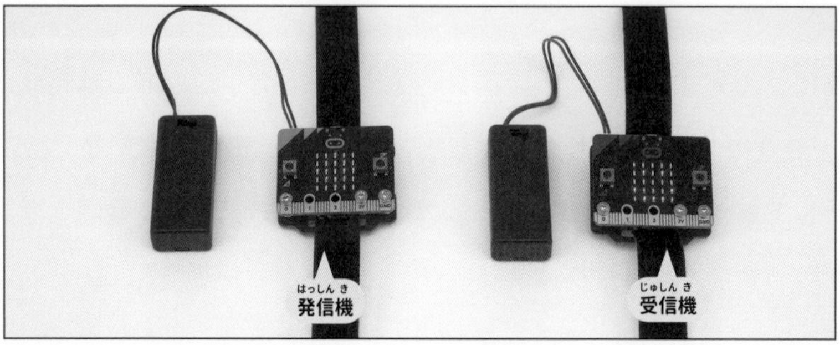

「うれしい顔《かお》」が何度《なんど》か表示《ひょうじ》されるのがわかったら、発信機《はっしんき》の電源《でんげん》をオフにして電波《でんぱ》の範囲外《はんいがい》、つまり忘《わす》れ物《もの》をしてしまった状況《じょうきょう》を試《ため》してみよう。しばらく待《ま》ったとき、音《おと》が鳴《な》り、×が表示《ひょうじ》されれば完璧《かんぺき》だ。

アラームが鳴《な》る距離《きょり》を確認《かくにん》する

次《つぎ》に、置《お》き忘《わす》れた物《もの》から、アラームが鳴《な》り始《はじ》める場所《ばしょ》までの距離《きょり》を確認《かくにん》する。公園《こうえん》のような広《ひろ》いところがいいよ。発信機《はっしんき》はベンチなどに置《お》きっぱなしにして、受信機《じゅしんき》を身《み》に着《つ》けて少《すこ》しずつ離《はな》れてみよう。最初《さいしょ》は発信機《はっしんき》の信号強度《しんごうきょうど》を0にするといいぞ。試《ため》してみたところ、信号強度《しんごうきょうど》0で4mくらい、7で40mくらい離《はな》れたときにアラームが鳴《な》って、忘《わす》れ物《もの》に気《き》がついた。

通信《つうしん》機能《きのう》を使《つか》うと、
micro:bitでできることが
こんなにも広《ひろ》がるんだね！
まだまだmicro:bitは
できることがいっぱいあるんだ！
次《つぎ》のPart5では、Scratchとも
組《く》み合《あ》わせて使《つか》ってみるよ〜。

Part 5

Scratch3.0と micro:bitで プログラミング！

「Scratch」は知《し》っているかな？

初《しょ》心《しん》者《しゃ》向《む》けプログラミング言《げん》語《ご》の定《てい》番《ばん》だ。

実《じつ》は、micro:bitとScratchは

組《く》み合《あ》わせて使《つか》うことができる。

Scratchでつくった作《さく》品《ひん》を、

micro:bitからコントロールすることができるんだ。

Scratchでつくったツールのコントローラーを、

micro:bitでつくることができるんだよ。

Part5はココがポイント！

☑ Scratchとmicro:bitの連《れん》携《けい》方《ほう》法《ほう》を知《し》ろう！

☑ 簡《かん》単《たん》なプロジェクトで
実《じっ》際《さい》に動《うご》かしてみよう！

☑ お絵《え》かきツールをつくってみよう！

Scratchと連携《れんけい》させる ためのしくみと動作環境《どうさかんきょう》

まずはしくみと動作環境《どうさかんきょう》を紹介《しょうかい》しよう。micro:bitには無線通信機能《むせんつうしんきのう》として、BLE（Bluetooth Low Energy）が搭載《とうさい》されているよ。BLEを使《つか》ってパソコンと通信《つうしん》して、Scratchでつくった作品《さくひん》をコントロールできちゃうんだ。

Scratchとの通信《つうしん》にはScratch Linkという補助《ほじょ》アプリが必要《ひつよう》だ。micro:bit本体《ほんたい》にはそれとデータのやり取《と》りをする.hexファイルを書《か》き込《こ》む必要《ひつよう》がある。

Scratchとの連携《れんけい》に必要《ひつよう》な環境《かんきょう》

OS	Windows 10 version 1709以降《いこう》 macOS 10.13以降《いこう》
通信《つうしん》	Bluetooth 4.0（内蔵《ないぞう》またはUSBなどで追加《ついか》）
ソフトウェア	Scratch Link（アプリ）

動作環境《どうさかんきょう》が整《ととの》ったら、Scratchの公式《こうしき》サイトの手順《てじゅん》（https://scratch.mit.edu/microbit ）に沿《そ》って、接続《せつぞく》の設定《せってい》をしていこう。

Scratch Linkをインストールしよう

まずは、補助《ほじょ》アプリケーション、「Scratch Link」をダウンロードしてインストールしよう。それぞれのOSのアプリケーションストアや、Scratch公式《こうしき》サイトから直接《ちょくせつ》ファイルをダウンロードすることもできるぞ。

Windows

Mac

アプリケーションストアから入手《にゅうしゅ》すると、インストールまで自《じ》動《どう》でできるけど、Scratch公式《こうしき》サイトから直接《ちょくせつ》ダウンロードした人《ひと》はzipファイルを解凍《かいとう》して、インストーラーを実行《じっこう》しよう。

インストールが終《お》わったら、「Scratch Link」をダブルクリックして実行《じっこう》して、ステータスバーにアイコンが表示《ひょうじ》されたらOKだ。終了《しゅうりょう》したい場合《ばあい》は、そのアイコンを右《みぎ》クリックして終了《しゅうりょう》を選《えら》ぼう。

Scratch micro:bit HEXをインストールしよう

次《つぎ》にmicro:bitとUSBケーブルを準備《じゅんび》して、専用《せんよう》の.hexファイルをmicro:bitにインストールしよう。普段《ふだん》の.hexファイルをmicro:bitに書《か》き込《こ》む手順《てじゅん》と同《おな》じなので、落《お》ち着《つ》いて操作《そうさ》してほしい。

Windows

Mac

サイトにあるダウンロードのリンクをクリックしてzipファイルをダウンロードしよう。zipファイルは、右《みぎ》クリックなどで解凍《かいとう》して、パソコンにつないだmicro:bitにドラッグ&ドロップでコピーして完了《かんりょう》だ（37ページでのやり方《かた》と同《おな》じだよ）。

探検《たんけん》ウォッチ（micro:bit）の電源《でんげん》を入《い》れてみると、LED画面《がめん》にアルファベットが5文字《もじ》表示《ひょうじ》されたはずだ。そのまま次《つぎ》の手順《てじゅん》に進《すす》もう。

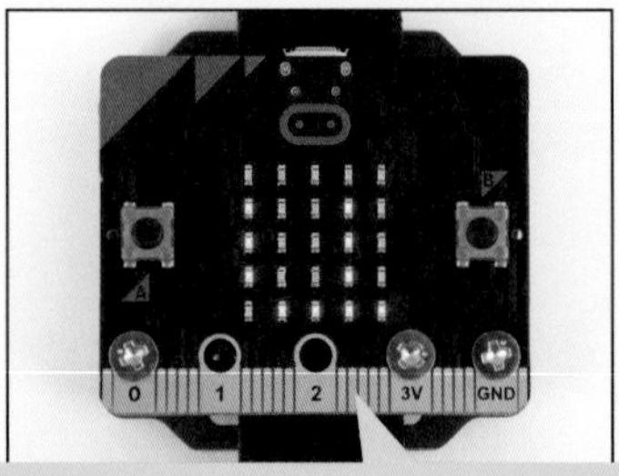

表示《ひょうじ》される5文字《もじ》のアルファベットは、そのmicro:bitの名前《なまえ》なんだ。

Scratchにmicro:bitを接続《せつぞく》しよう

Scratch（https://scratch.mit.edu/ ）を開《ひら》いて、「作《つく》る」を押《お》して Scratch のプロジェクトエディターを表示《ひょうじ》させよう。「拡張機能《かくちょうきのう》を追加《ついか》」のボタンを押《お》して、「micro:bit」拡張機能《かくちょうきのう》を読《よ》み込《こ》もう。

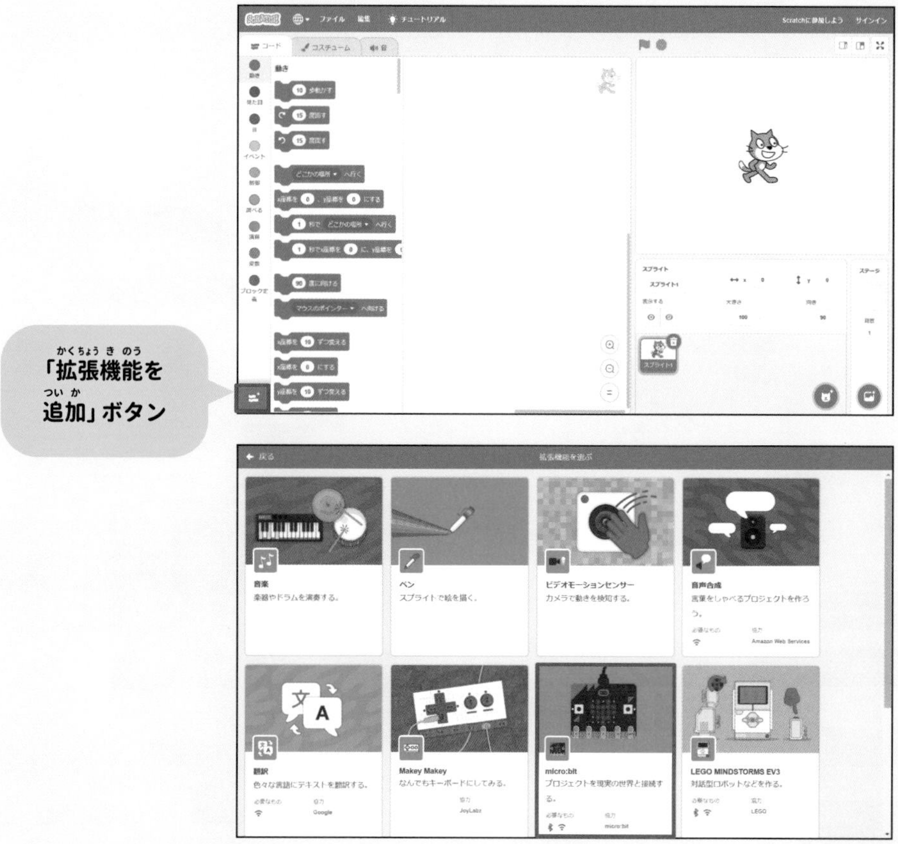

「micro:bit」拡張機能《かくちょうきのう》を読《よ》み込《こ》むと、接続《せつぞく》のための画面《がめん》が表示《ひょうじ》されるはずだ。もし、左下《ひだりした》のような確認画面《かくにんがめん》が出《で》たら「Scratch Link」を実行《じっこう》したか、micro:bitの電源《でんげん》が入《はい》っているか、確認《かくにん》して「もう一度試《いちどため》す」を押《お》そう。右下《みぎした》のような画面《がめん》が出《で》たらmicro:bitの横《よこ》の「接続《せつぞく》」ボタンで接続《せつぞく》しよう。

もし、接続《せつぞく》のための画面《がめん》を閉《と》じてしまったら、ブロックパレットの「micro:bit」拡張機《かくちょうき》能見出《のうみだ》しの右《みぎ》のアイコンを押《お》して再度開《さいどひら》くことができるぞ。途中《とちゅう》で接続《せつぞく》が途《と》切《ぎ》れた場合《ばあい》も同《おな》じようにするといいよ。

これで「micro:bit」拡張機能《かくちょうきのう》ブロックが追《つい》加《か》されたはずだ。

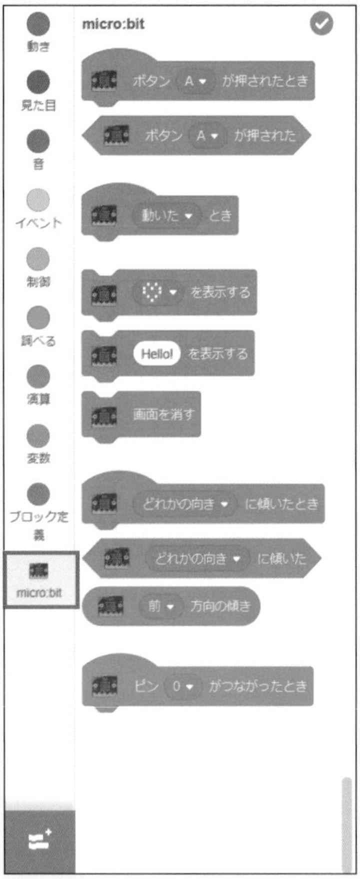

“♡”を表示《ひょうじ》して確認《かくにん》しよう

接続《せつぞく》がうまくいったら、追加《ついか》されたブロックを使《つか》って動作《どうさ》を確認《かくにん》しよう。「♡を表示《ひょうじ》する」のブロックをクリックして、micro:bitの画面《がめん》に注目《ちゅうもく》しよう。

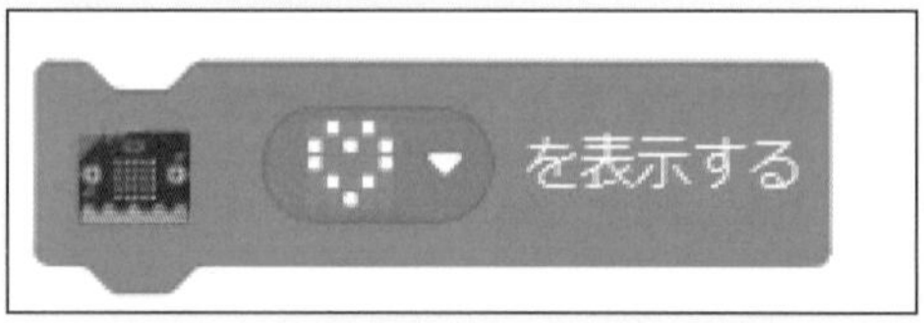

これでScratchとmicro:bitの接続《せつぞく》の設定《せってい》は完了《かんりょう》だ。ここからは、サンプルプロジェクトを試《ため》してみたり、実際《じっさい》にプログラムをつくったりしながら、使《つか》い方《かた》をマスターしていくぞ。

サンプルプロジェクトを
見《み》てみよう

まず公式《こうしき》ページ（https://scratch.mit.edu/microbit）にあるサンプルプロジェクトを実際《じっさい》に体験《たいけん》してみよう。作品《さくひん》URLをクリックしたらプロジェクトが読《よ》み込《こ》まれるので、すぐに試《ため》せるよ！

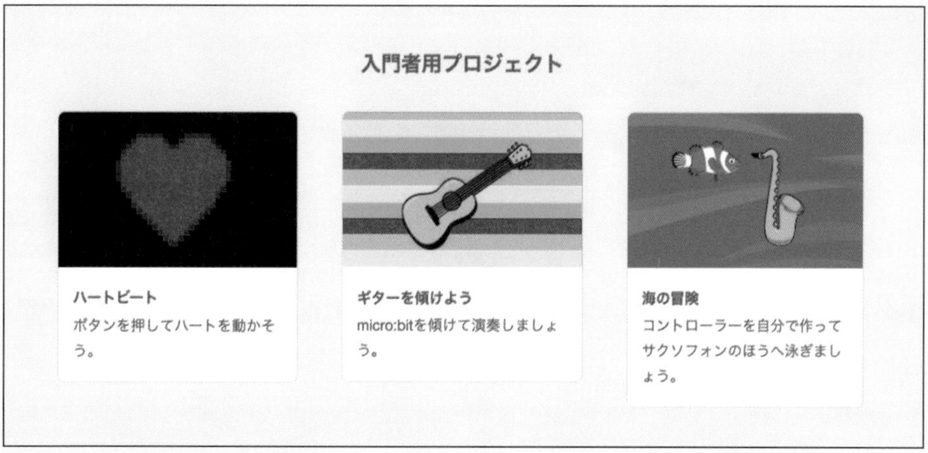

ハートビート

作品《さくひん》URL: https://scratch.mit.edu/projects/239075756/editor

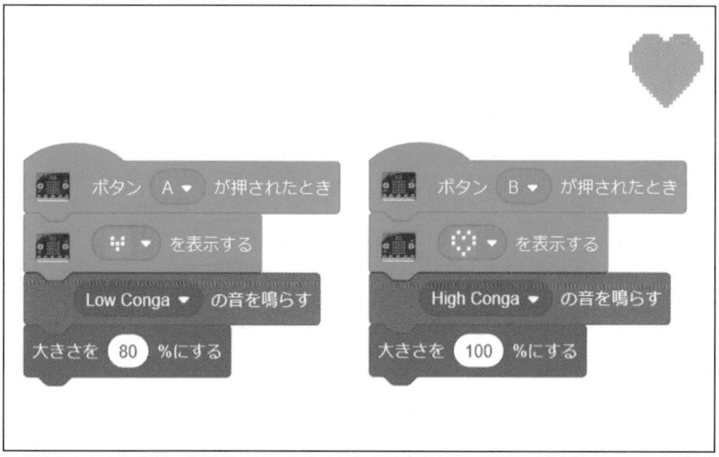

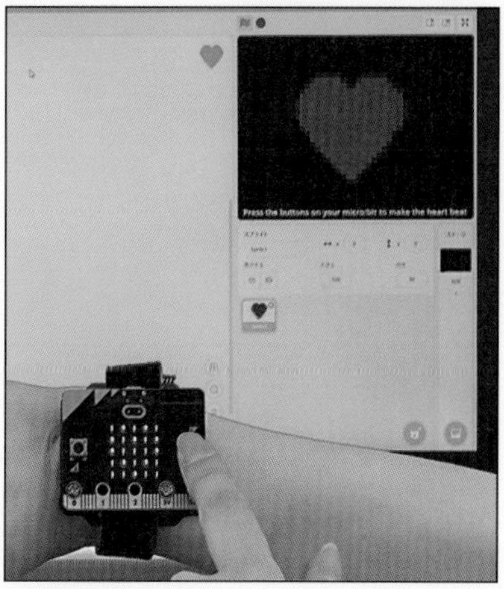

micro:bitのボタンA、ボタンBを交互《こうご》に押《お》すと、Scratchの画面《がめん》とmicro:bitのLED画面《がめん》のハートがドキドキするぞ。

ギターを傾《かたむ》けよう

作品《さくひん》 URL:https://scratch.mit.edu/projects/239075950/editor

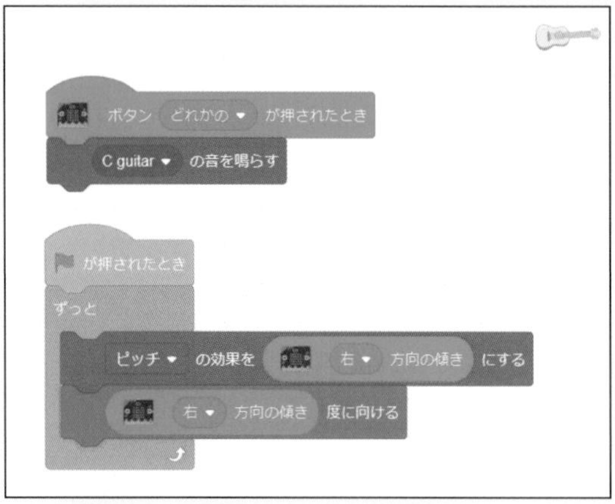

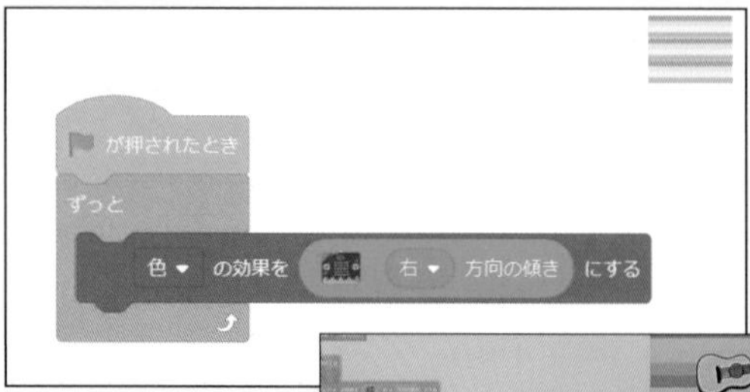

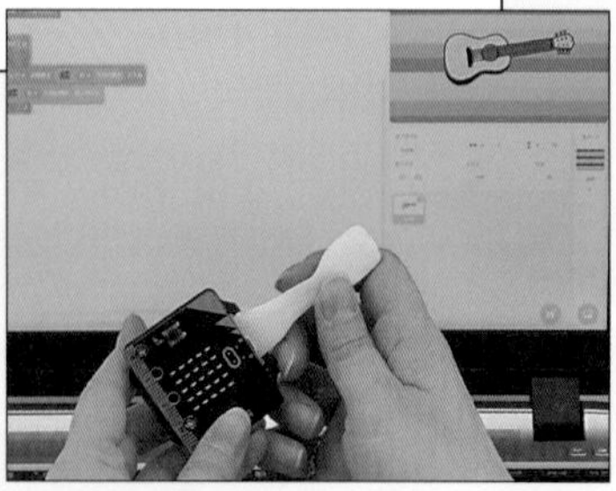

AまたはBどちらかのボタンを押《お》すと音《おと》が出《で》る。Scratchの緑《みどり》の旗《はた》をクリックしてmicro:bitを傾《かたむ》けると音《おと》が変化《へんか》するよ。まるで気分《きぶん》はロックスターだ。

海《うみ》の冒険《ぼうけん》

作品《さくひん》 URL:https://scratch.mit.edu/projects/239075973/editor

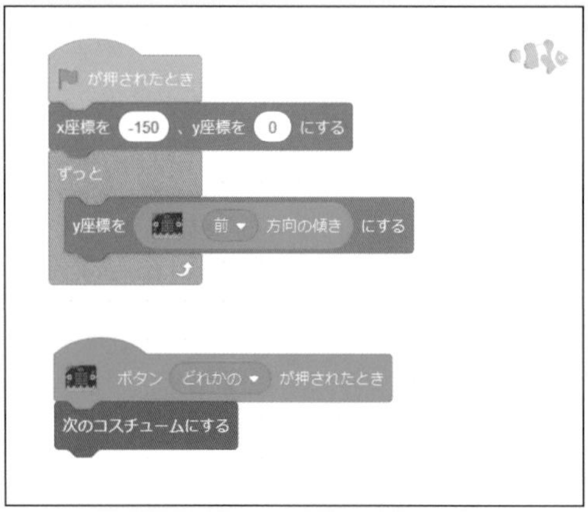

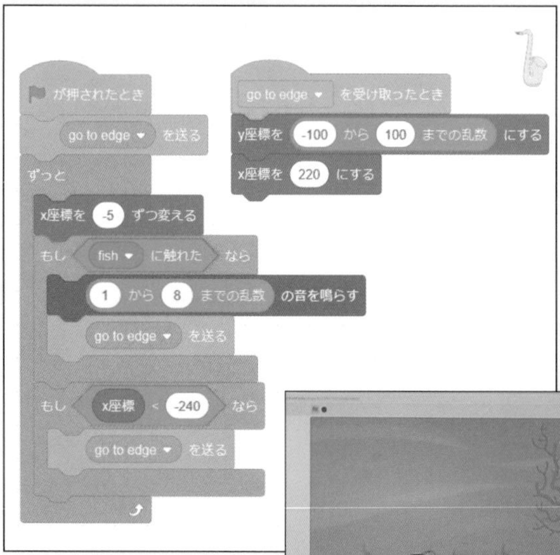

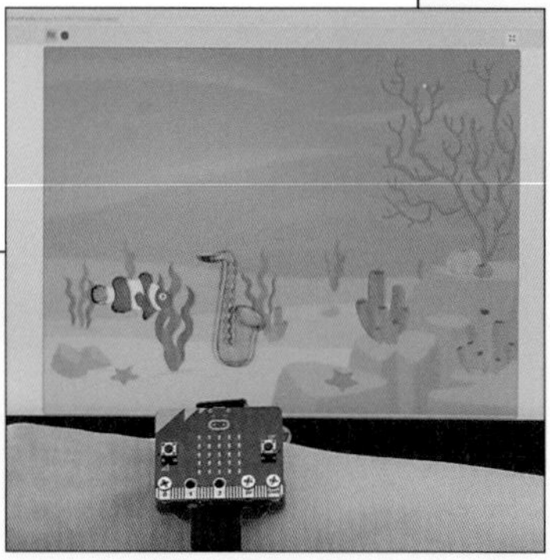

micro:bitを手前《てまえ》や奥《おく》に傾《かたむ》けると、魚《さかな》が上下《じょうげ》に移動《いどう》するぞ。右《みぎ》側《がわ》から流《なが》れてくるサックスに当《あ》たると音《おと》が鳴《な》るので、うまく狙《ねら》ってみよう。

Scratchプログラミングのポイント

今《いま》まで探検《たんけん》ウォッチのプログラミングで経験《けいけん》したMakeCodeでのプログラムと異《こと》なり、Scratchではいくつかのスプライトやステージそれぞれにコードが書《か》けるのが特徴《とくちょう》だ。

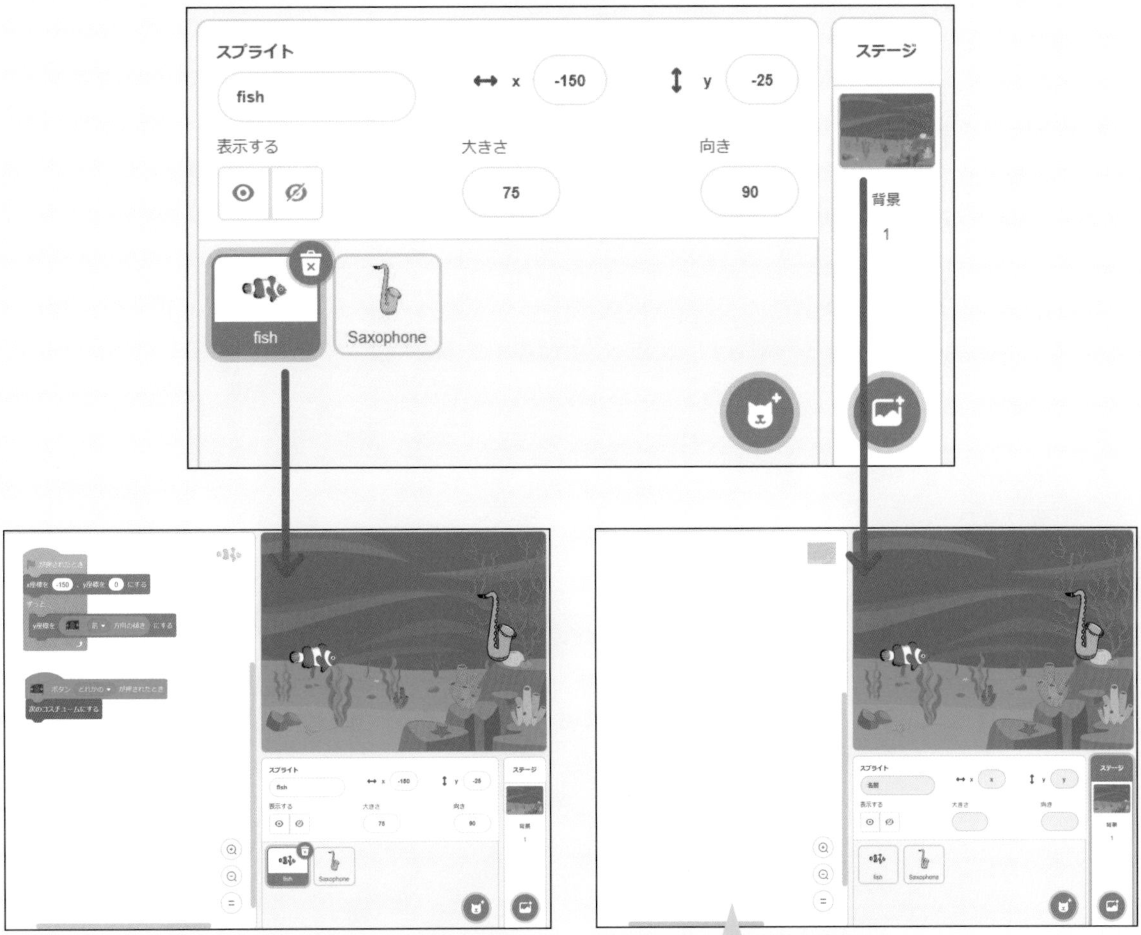

何《なに》ができるかわかったところで、自分《じぶん》でも「micro:bit」拡張《かくちょう》機《き》能《のう》を使《つか》った作品《さくひん》をつくってみよう。

ここにプログラムを
書《か》くんだよ。

お絵《え》かきツールを
つくってみよう！

Scratchとmicro:bitを使《つか》って、お絵《え》かきツールをつくろう。ちょっとずつ実験《じっけん》をしながらプログラムをつくっていくので、Scratchがはじめてでも大丈夫《だいじょうぶ》だぞ。

micro:bitを傾《かたむ》けることで、パソコンの画面上《がめんじょう》に絵《え》を描《か》けるプログラムをつくってみよう。micro:bitのボタンA、Bを使《つか》って、線《せん》の太《ふと》さを変《か》えられるようにしたぞ。線《せん》の太《ふと》さはmicro:bitのLED画面《がめん》にも表示《ひょうじ》されるんだ。

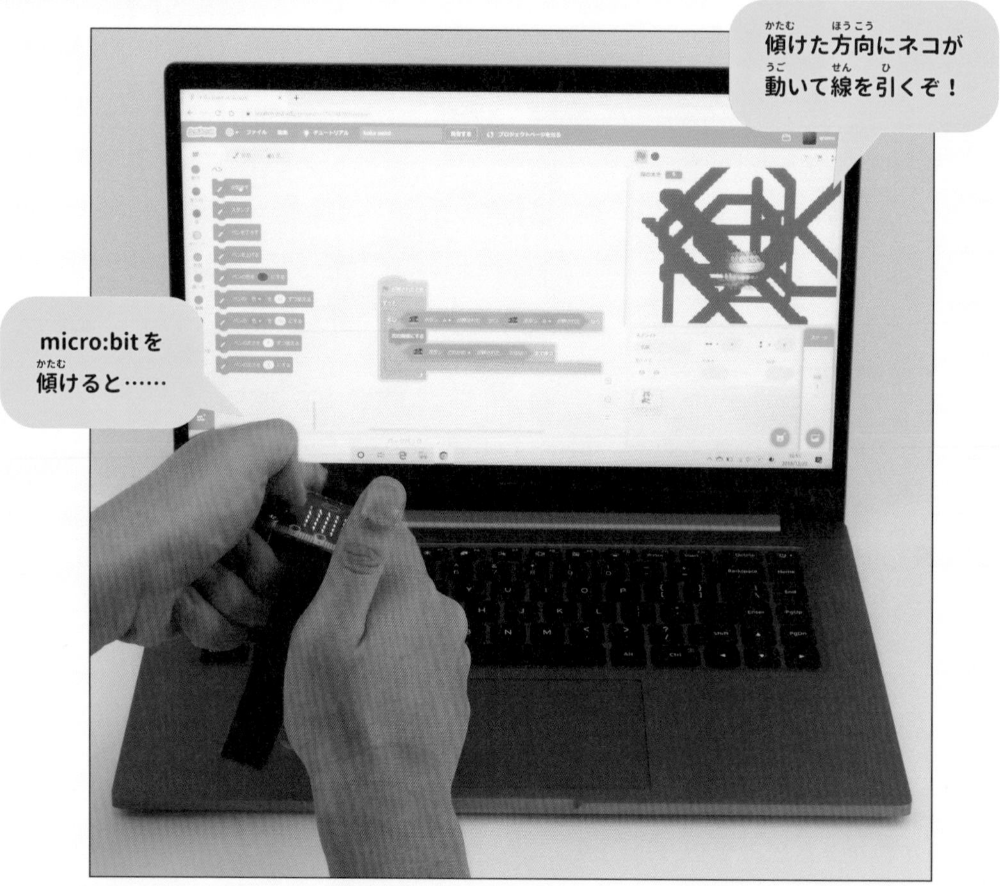

スプライトを動《うご》かそう

Scratchではプログラムで動《うご》かすキャラクターのことをスプライトと呼《よ》んでいる。まずはそれを動《うご》かしてみよう。「動《うご》き」のカテゴリーに「10歩《ぽ》動《うご》かす」というブロックがあるので、クリックしてみよう。

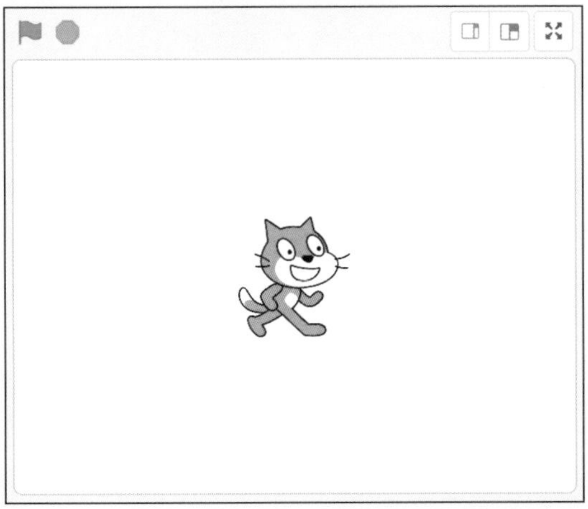

クリックすると実行《じっこう》されてステージのネコが動《うご》いたはずだ。カテゴリーにあるブロックをクリックして実行《じっこう》できるのはmicro:bitのMakeCodeとの大《おお》きな違《ちが》いの1つなんだ。使《つか》い方《かた》がわからないブロックはとりあえずクリックしてみるといいぞ。

「10歩《ぽ》動《うご》かす」のブロックを真《ま》ん中《なか》のコードエリアに持《も》っていって、「ずっと」のブロックで囲《かこ》んでみよう。そのブロックをクリックするとネコは右端《みぎはし》まで行《い》ってしまう。そのうち、ステージから消《き》えてしまう。

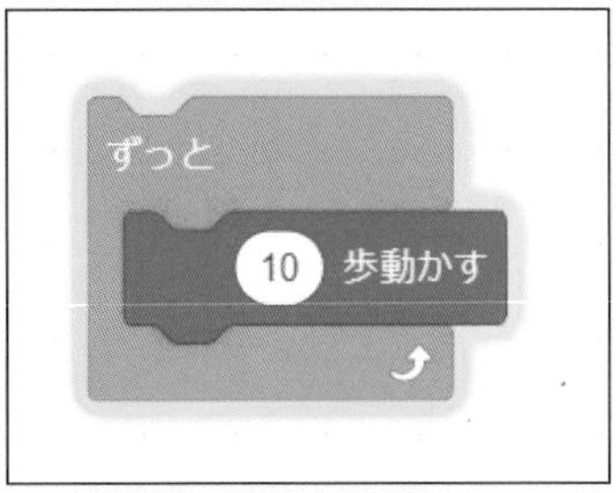

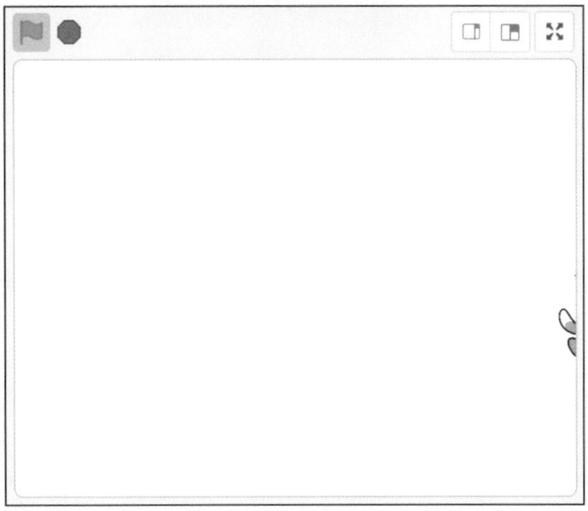

これを実行《じっこう》している間《あいだ》は、ネコのしっぽを掴《つか》んでステージの真《ま》ん中《なか》に連《つ》れ戻《もど》しても、また右端《みぎはし》に行《い》ってしまうんだ。

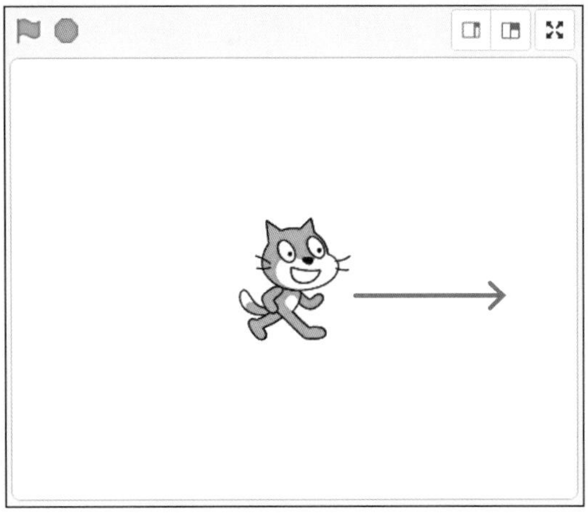

micro:bitの傾《かたむ》きでスプライトを動《うご》かそう

「micro:bit」カテゴリーの中《なか》に「“どれかの向《む》き”に傾《かたむ》いた」というブロックがある。これを使《つか》うとmicro:bitがある向《む》きに傾《かたむ》いたときになにか実《じっ》行《こう》することができる。

「“どれかの向《む》き”に傾《かたむ》いた」を「“前《まえ》”に傾《かたむ》いた」に切《き》り替《か》えて「制《せい》御《ぎょ》」カテゴリーの「もし“　”なら」ブロックと組《く》み合《あ》わせてみるぞ。ネコが上《うえ》に動《うご》いてほしいので「動《うご》き」カテゴリーの「90度《ど》に向《む》ける」を「0度《ど》に向《む》ける」に切《き》り替《か》えて組《く》み立《た》ててみよう。

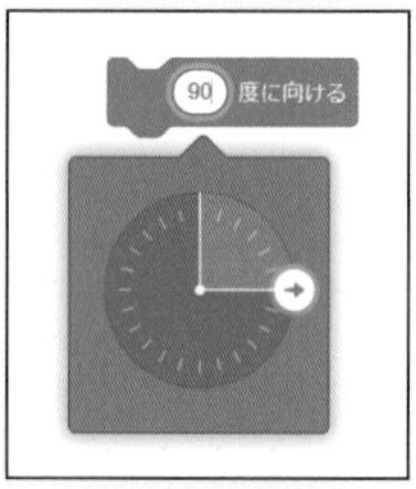

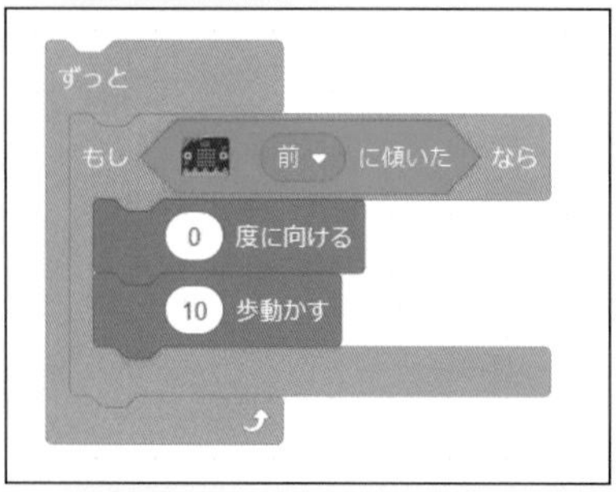

前《まえ》に傾《かたむ》けたときにネコが上《うえ》に動《うご》くようになっただろう。「“後《うし》ろ”に傾《かたむ》いたとき」もつくってみるぞ。「90度《ど》に向《む》ける」ブロックを「180度《ど》に向《む》ける」に切《き》り替《か》えて組《く》み合《あ》わせてみよう。

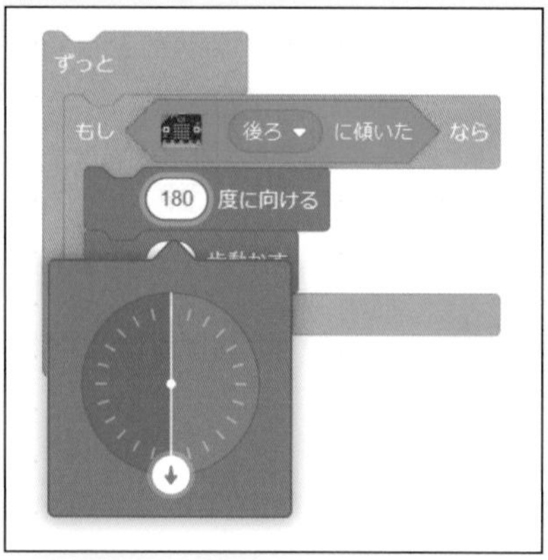

この方《ほう》法《ほう》で、ネコが上《じょう》下《げ》左《さ》右《ゆう》に動《うご》くようにプログラムをつくると次《つぎ》のようになる。スタートの合《あい》図《ず》の「緑《みどり》の旗《はた》が押《お》されたとき」も追《つい》加《か》したぞ。

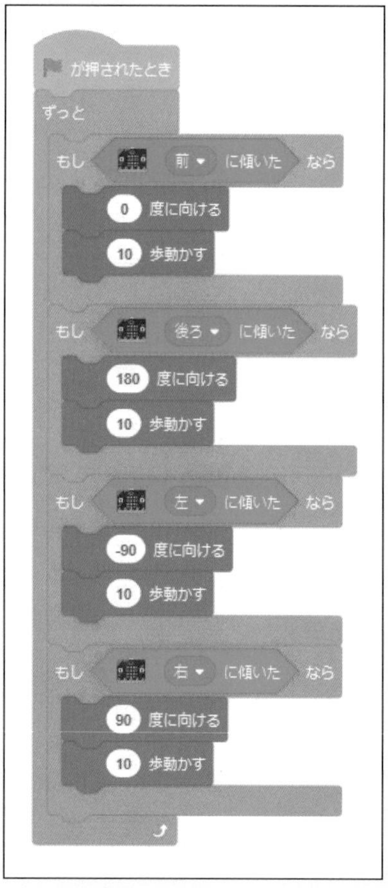

ペンの機能《きのう》を使《つか》おう

Scratchのスプライトには「ペン」という拡張《かくちょう》機能《きのう》があるので使《つか》ってみよう。プロジェクトエディターの左下《ひだりした》にある「拡張《かくちょう》機能《きのう》を追加《ついか》」のボタンを押《お》して「ペン」の機能《きのう》を読《よ》み込《こ》もう。

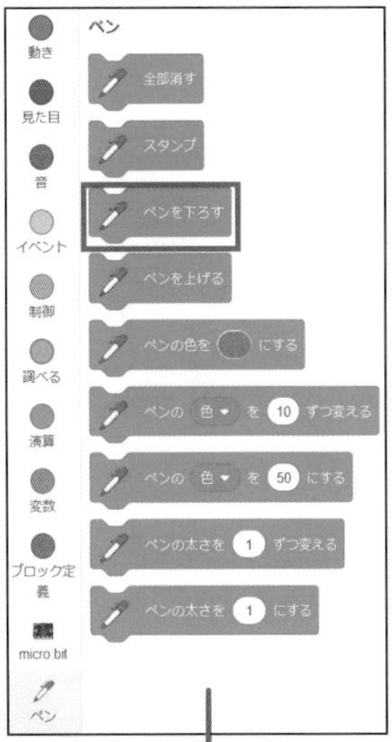

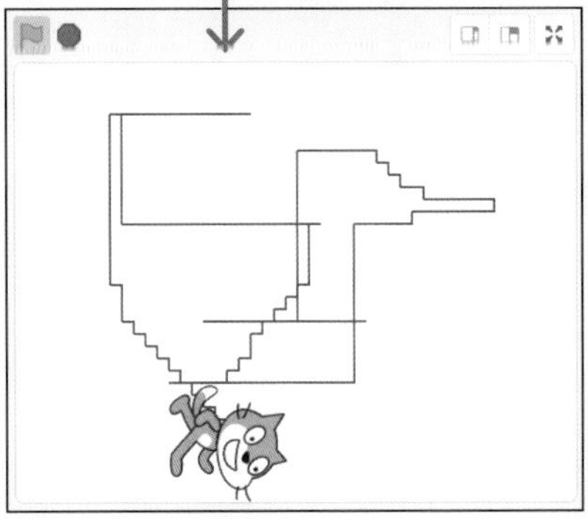

「ペン」の機能《きのう》は、スプライトがペンを持《も》っていて、下《お》ろすとステージの床《ゆか》について線《せん》が引《ひ》かれる、上《あ》げるとペン先《さき》が離《はな》れて線《せん》が引《ひ》かれない、といったイメージだ。「ペンを下《お》ろす」ブロックをクリック、線《せん》を引《ひ》けるようにして、micro:bitでネコを動《うご》かしてみよう。ネコの動《うご》きに沿《そ》って線《せん》が引《ひ》かれていくよ。

ボタン操作《そうさ》をしよう

「ペン」の上《あ》げ下《お》ろしをボタン操作《そうさ》で切《き》り替《か》えてみよう。「micro:bit」カテゴリーの「ボタンAが押《お》された」ブロックと「制御《せいぎょ》」カテゴリーの「もし“　”なら〜でなければ〜」ブロックを使《つか》って、ボタンAが押《お》されたときにペンを下《お》ろすように組《く》み立《た》ててみた。

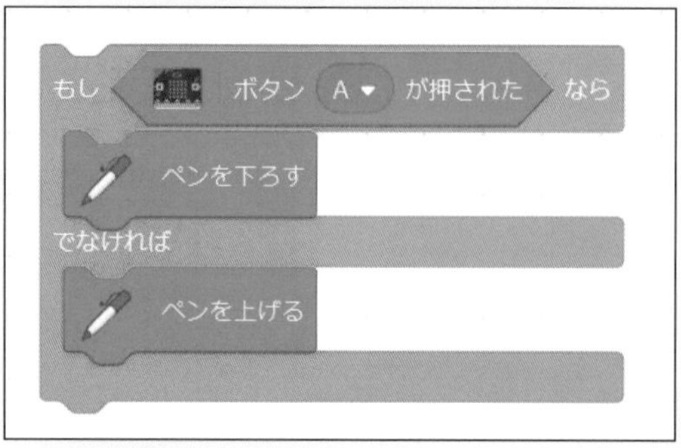

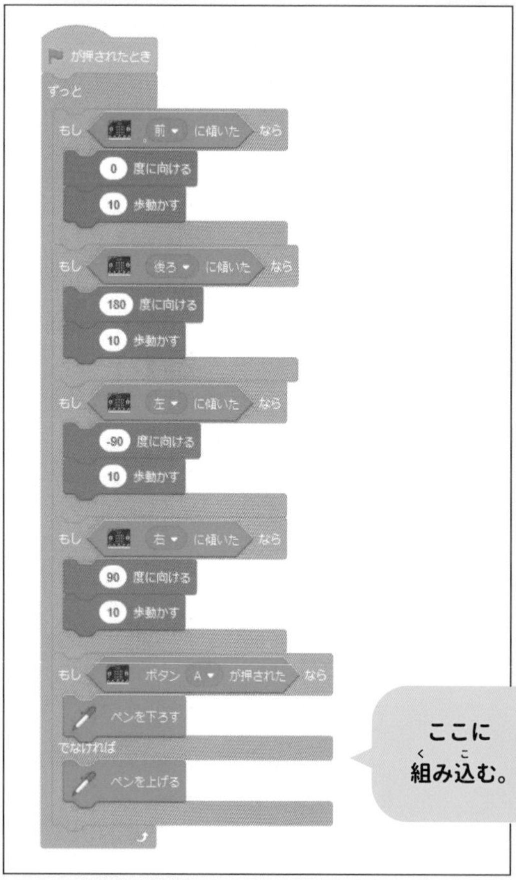

これでボタンAを押《お》しながら線《せん》が引《ひ》けるようになったはずだ。

micro:bitにはボタンがもう1つあるので、ボタンBを使《つか》って線《せん》の太《ふと》さを変《か》えてみよう。線《せん》の太《ふと》さは「ペン」カテゴリーの「ペンの太《ふと》さを1ずつ変《か》える」ブロックを何回《なんかい》か押《お》してみよう。押す（クリックする）ごとに太《ふと》くなるはずだ。

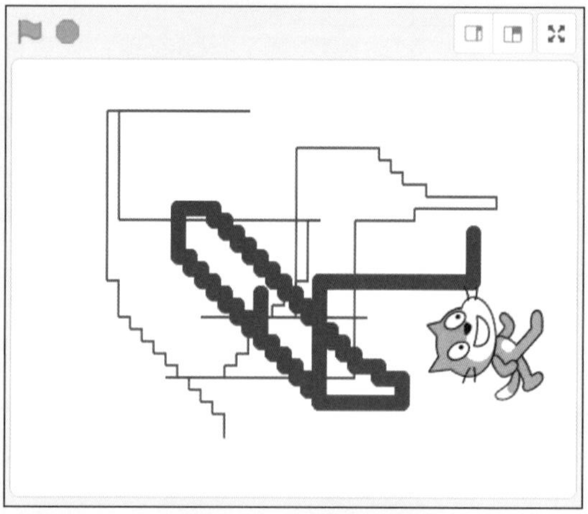

太《ふと》くなりすぎたら「ペンの太《ふと》さを1にする」ブロックで最初《さいしょ》の太《ふと》さに戻《もど》せるぞ。

ボタンBを押《お》すたびに、太《ふと》くなって一定《いってい》の太《ふと》さで元《もと》に戻《もど》るようなプログラムをつくろう。そのために「線《せん》の太《ふと》さ」という変数《へんすう》をまずつくるぞ。「変数《へんすう》」カテゴリーの「変数《へんすう》を作《つく》る」ボタンをクリックして変数《へんすう》をつくろう。

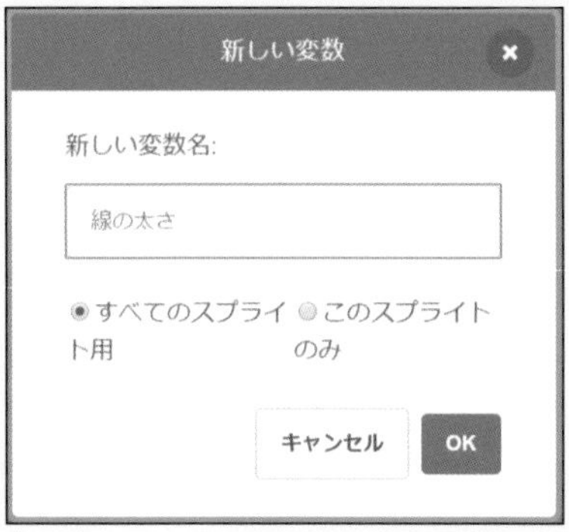

変数《へんすう》をつくるとステージの上《うえ》に変数《へんすう》の値《あたい》が見《み》える部品《ぶひん》が追加《ついか》される。「線《せん》の太《ふと》さを1ずつ変《か》える」というブロックをクリックすると変化《へんか》するのがわかるかな。

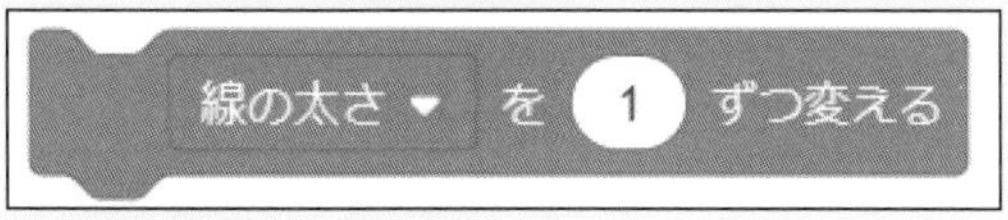

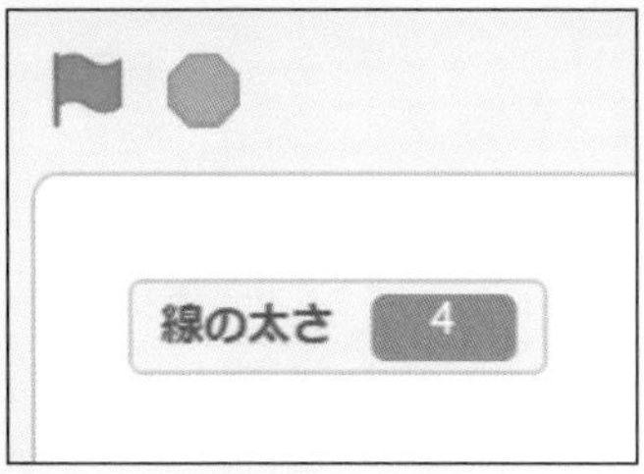

線《せん》の太《ふと》さは1〜5となるように、プログラムをつくってみたぞ。ペンの太《ふと》さは変化《へんか》が少《すく》なかったので、変数《へんすう》の値《あたい》を「演算《えんざん》」カテゴリーの「“　”*“　”」(掛《か》け算《ざん》)のブロックで5倍《ばい》にしている。

1つのスプライトにいくつでもプログラムは書《か》けるので、絵《え》を描《か》くためのプログラムと別《べつ》につくってみたぞ。

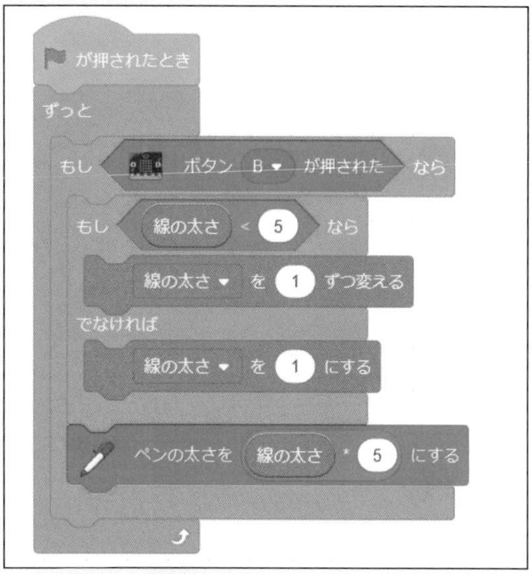

ボタンBが押《お》されたときの処理《しょり》については、線《せん》の太《ふと》さは1〜5とするので「“線《せん》の太《ふと》さ”<“5”」という条件《じょうけん》を「“　”<“　”」ブロックと変数《へんすう》「線《せん》の太《ふと》さ」を組《く》み合《あ》わせてつくろう。この条件分岐《じょうけんぶんき》は、「もし“　”なら〜でなければ〜」を使《つか》って、線《せん》の太《ふと》さが5より小《ちい》さいときに1ずつ増《ふ》やして、そうでなければ(つまり5になったら)1に戻《もど》るようにしているんだ。

この分岐《ぶんき》の後《あと》に、「ペンの太《ふと》さを“　”にする」ブロックでペンの太《ふと》さとして設定《せってい》しよう。

ただこれでは、ボタンを押《お》していると数字《すうじ》がどんどん変《か》わってしまうため、ボタンが離《はな》されるのを待《ま》つ命令《めいれい》をつくってみよう。

「“　”まで待《ま》つ」ブロックは、ある条件《じょうけん》までそこで停止《ていし》するというもの。今回《こんかい》はボタンが離《はな》されたときまで待《ま》ちたいけど、「ボタンが押《お》された」しかない。そこで「演算《えんざん》」カテゴ

リーの「“　”ではない」ブロックを使《つか》ってみよう。「“ボタン‘B’が押《お》された”ではない」という否定《ひてい》の条件《じょうけん》にすることで、ボタンが離《はな》れるまで待《ま》つことができるよ。

LED画面《がめん》に表示《ひょうじ》しよう

最後《さいご》にペンの太《ふと》さをmicro:bitのLED画面《がめん》に表示《ひょうじ》させて完成《かんせい》としよう。

「micro:bit」カテゴリーにある「“ハート”を表示《ひょうじ》する」のブロックを使《つか》うとLED画面《がめん》で表示《ひょうじ》ができる。“ハート”の部分《ぶぶん》は押《お》すと拡大《かくだい》されて好《す》きな模様《もよう》を描《か》けるぞ。

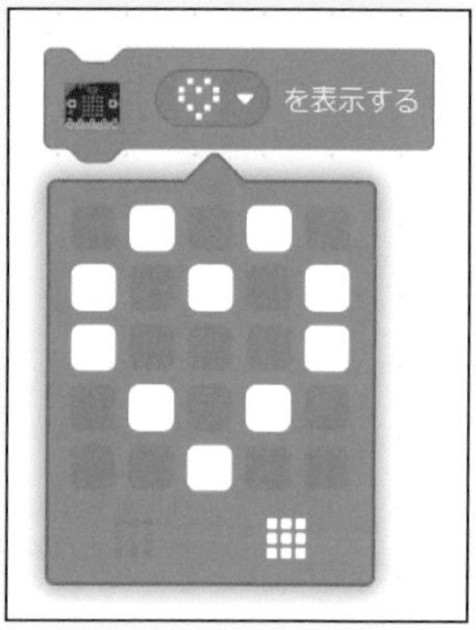

ペンの太《ふと》さを表《あらわ》すマークを5個《こ》つくってみた。

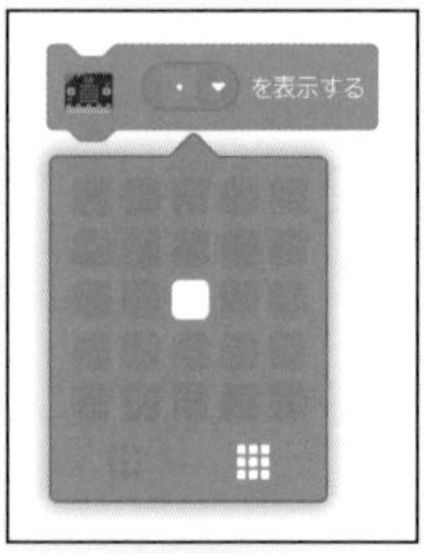

太《ふと》さ1

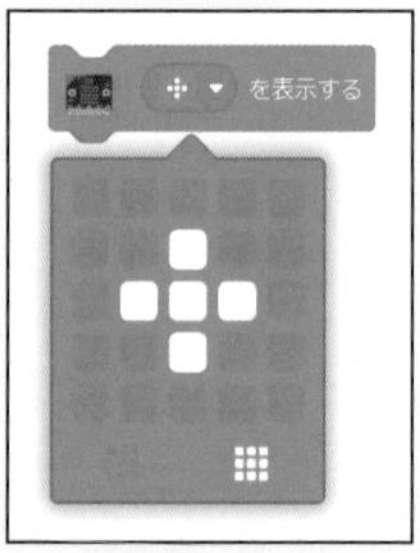

太《ふと》さ2

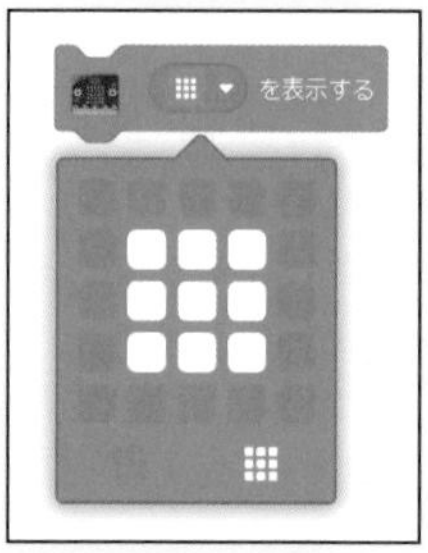

太《ふと》さ3

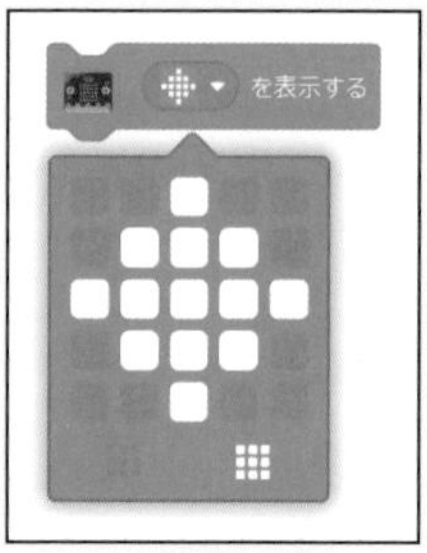

太《ふと》さ4

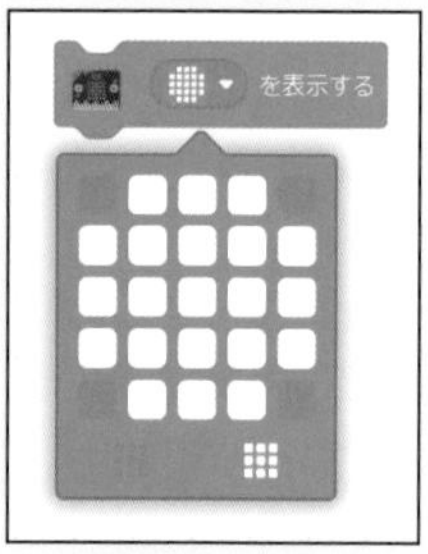

太《ふと》さ5

これを変数《へんすう》「線《せん》の太《ふと》さ」に合《あ》わせて表示《ひょうじ》するので、コードは以下《いか》のようになる。これも絵《え》を描《か》くためのコードと別《べつ》につくってみたぞ。

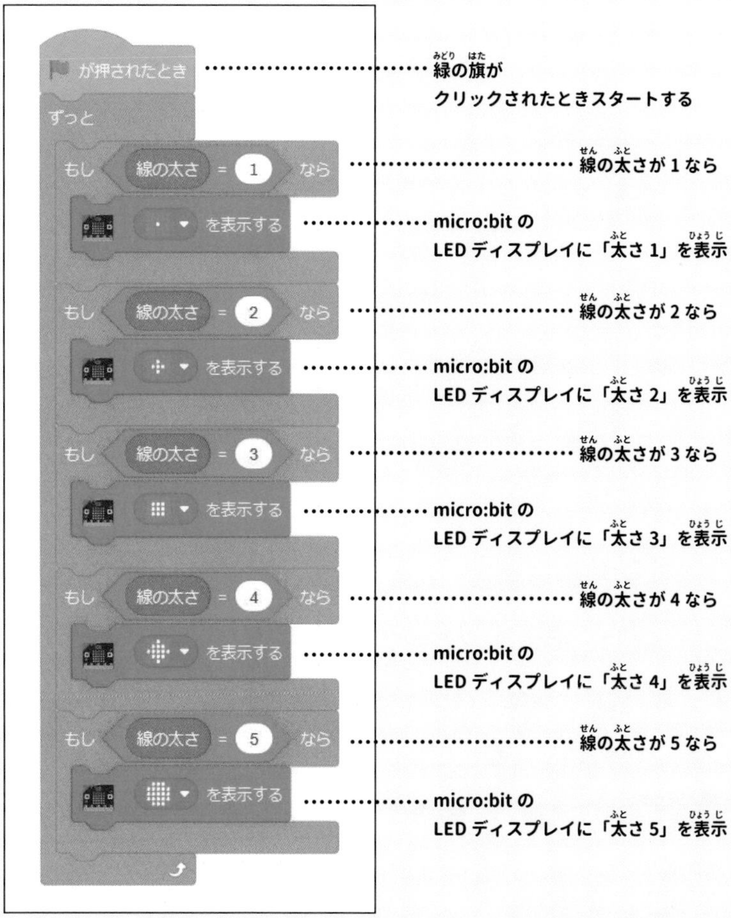

ひとまずこれでお絵《え》かきツールのプログラムは完成《かんせい》だ。さっそく試《ため》してみよう。ほかに、ペンの色《いろ》を変《か》えるとか、消《け》して描《か》きなおせるようにしたいとかまだまだアイデアが出《で》てくるだろう。そうしたアイデアはぜひ自《じ》分《ぶん》で試《ため》しながら実現《じつげん》してほしい。

小学校《しょうがっこう》での活用《かつよう》事例《じれい》を見《み》てみよう

micro:bitは教育用《きょういくよう》につくられたコンピューターだから、初《はじ》めてのプログラミングにピッタリ。実《じつ》はすでにいろいろな小学校《しょうがっこう》でプログラミング学習《がくしゅう》に使《つか》われているんだよ。どんな使《つか》われ方《かた》をしているのか、3人《にん》の小学校《しょうがっこう》の先生《せんせい》に教《おし》えてもらったぞ。

理科《りか》の授業《じゅぎょう》での活用《かつよう》
（川越市立新宿小学校《かわごえしりつあらじゅくしょうがっこう》　鈴谷大輔先生《すずやだいすけせんせい》）

①授業《じゅぎょう》の概要《がいよう》

micro:bitを小学《しょうがく》6年生《ねんせい》の理科《りか》「電気《でんき》の利用《りよう》」という単元《たんげん》において活用《かつよう》した例《れい》を紹介《しょうかい》します。小学校《しょうがっこう》で行《おこな》うにあたっては、Scratchなどのプログラミングを行《おこな》ったことがある子《こ》も、まったくしたことがない子《こ》も、同《おな》じようにプログラミングができるようにしなくてはなりません。そのために、使《つか》い方《かた》やブロックの意味《いみ》などについて知《し》っておく必要《ひつよう》があります。私《わたし》のクラスでは、Hour of Codeといったドリル型《がた》のプログラミング教材《きょうざい》を使《つか》って基本的《きほんてき》なプログラミングの方《ほう》法《ほう》を覚《おぼ》えるようにしました。

その次《つぎ》にmicro:bitに特有《とくゆう》の光《ひかり》センサーを使《つか》ったプログラミングの方法《ほうほう》や、外付《そとづ》けの人感《じんかん》センサーの使《つか》い方《かた》、回路《かいろ》の制御《せいぎょ》の仕方《しかた》についても学習《がくしゅう》しました。

②授業《じゅぎょう》の流《なが》れ

授業《じゅぎょう》では、「電気《でんき》の無駄遣《むだづか》いをプログラミングによって解決《かいけつ》しよう」という課題《かだい》で、日常生活《にちじょうせいかつ》にありそうな電気《でんき》を無駄遣《むだづか》いしている例《れい》を挙《あ》げ、解決《かいけつ》をめざしました。例《たと》えば、昼間《ひるま》なのに街《がい》灯《とう》がついている、涼《すず》しいのに扇風機《せんぷうき》がついている、トイレの電気《でんき》がつけっぱなしになっている、コンビニの入店音《にゅうてんおん》がずっと鳴《な》っているなどです。

自分《じぶん》の好《す》きな課題《かだい》を選《えら》んでいるので、その後《ご》はみんな真剣《しんけん》に取《と》り組《く》んでいました。例《たと》えば、明《あか》るいのに街灯《がいとう》がついている例《れい》では、光《ひかり》センサーを使《つか》って、明《あか》るいときは回路《かいろ》につないでいるLEDを消灯《しょうとう》させるプログラムをつくりました。トイレの電気《でんき》については人感《じんかん》センサーを使《つか》い、人《ひと》を感知《かんち》しているときだけ電気《でんき》がつくようにプログラムをつくりました。同《おな》じように、さまざまなセンサーを使《つか》って条件《じょうけん》を設定《せってい》し、自分《じぶん》が考《かんが》える解決法《かいけつほう》をプログラミングしました。

micro:bitのプログラミング環境《かんきょう》であるMakeCodeは、操作《そうさ》がとても簡単《かんたん》です。21分間《ぷんかん》のプログラミングをする時間《じかん》の中《なか》で、プログラミングの仕方《しかた》に関《かん》する質問《しつもん》はほとんど出《で》ませんでした。そのくらい簡単《かんたん》に取《と》り組《く》めるのがmicro:bitのステキなところです。むしろ、回路《かいろ》がしっかりできていないことや、コンデンサーへの充電《じゅうでん》ができていないといった、理科《りか》の教科《きょうか》としての質問《しつもん》が多《おお》かったので、理科《りか》の学習《がくしゅう》が実際《じっさい》の場面《ばめん》での活用《かつよう》につながり、より深《ふか》い理解《りかい》ができたと思《おも》います。

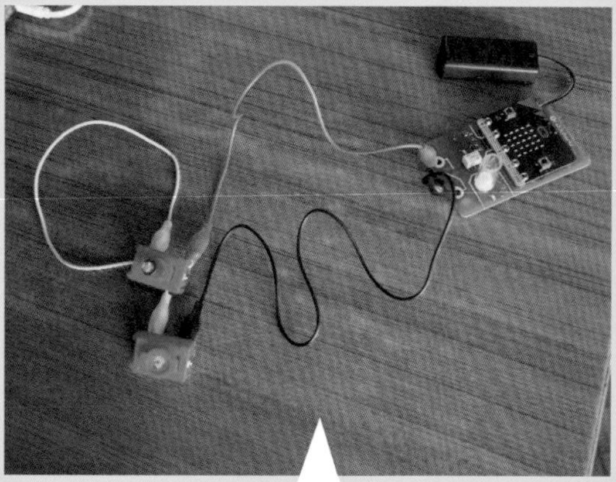

これが授業《じゅぎょう》で使《つか》った人感《じんかん》センサーと理科《りか》のキットだよ！

③まとめ

振《ふ》り返《かえ》りをプリントに書《か》いてもらったところ、「もっと取《と》り組《く》みたい！」という意見《いけん》が圧倒的《あっとうてき》に多《おお》く、楽《たの》しく学習《がくしゅう》ができたことがわかります。また、たくさんのセンサーが生活《せいかつ》の中《なか》で活用《かつよう》されていることにも気《き》がつきました。楽《たの》しく学習《がくしゅう》ができるmicro:bitがみなさんの学校《がっこう》でも使《つか》われる日《ひ》は、そう遠《とお》くないと思《おも》っています。

家庭科《かていか》の授業《じゅぎょう》での活用《かつよう》（つくば市立茎崎第三小学校《しりつくきざきだいさんしょうがっこう》　大坪聡子先生《おおつぼさとこせんせい》）

①授業《じゅぎょう》の概要《がいよう》

小学《しょうがく》6年生《ねんせい》の家庭科《かていか》の授業《じゅぎょう》において、自分《じぶん》の生活習慣《せいかつしゅうかん》や毎日《まいにち》の時間《じかん》の使《つか》い方《かた》を振《ふ》り返《かえ》り、よりよい生活《せいかつ》を送《おく》るために改善《かいぜん》するための便利《べんり》な道具《どうぐ》を製作《せいさく》するという取《と》り組《く》みを行《おこな》い、その際《さい》にmicro:bitを活用《かつよう》したプログラミング学習《がくしゅう》と絡《から》めました。

micro:bitに内蔵《ないぞう》されているセンサーや制御機能《せいぎょきのう》を適切《てきせつ》に活用《かつよう》し、よりよい生活《せいかつ》を送《おく》るための便利《べんり》な道具《どうぐ》を製作《せいさく》することを通《とお》して、自分《じぶん》の生活《せいかつ》に活《い》かしていこうとする態度《たいど》を養《やしな》うのをめざしたものです。

②授業《じゅぎょう》の流《なが》れ

授業《じゅぎょう》では、まず導入《どうにゅう》として児童自身《じどうじしん》の生活習慣《せいかつしゅうかん》や時間《じかん》の使《つか》い方《かた》を客観的《きゃっかんてき》に見《み》させることで、改善点《かいぜんてん》を明確《めいかく》にし、よりよい生活《せいかつ》を送《おく》るための便利《べんり》な道具《どうぐ》を考《かんが》えてもらいました。

そして、その道具《どうぐ》を実現《じつげん》するには、micro:bitに内蔵《ないぞう》されているセンサー（温度《おんど》・明《あか》るさ・方位《ほうい》・振動《しんどう》など）と制御機能《せいぎょきのう》・条件分岐《じょうけんぶんき》・順次処理《じゅんじしょり》を、どのように組《く》み合《あ》わせればよいかをフローチャート図《ず》に表現《ひょうげん》しながら確認《かくにん》しました。そのうえで作成《さくせい》したプログラムが意図《いと》した動《うご》きになるかを確認《かくにん》し、修正《しゅうせい》しながら、プログラムのしくみを体験《たいけん》してもらいました。

こうして、児童《じどう》たちには、世《よ》の中《なか》にある道具《どうぐ》を便利《べんり》に活用《かつよう》し、よりよい生活《せいかつ》を送《おく》ろうとする意識《いしき》や意欲《いよく》をもたせるのをめざしました。実際《じっさい》、児童《じどう》たちは、自分《じぶん》の生活《せいかつ》を振《ふ》り返《かえ》って、次《つぎ》のような生活便利《せいかつべんり》アイテムを製作《せいさく》しました。

改善《かいぜん》したい点《てん》	活用《かつよう》するセンサー等《とう》	製作《せいさく》した生活便利《せいかつべんり》アイテム
視力低下《しりょくていか》を防《ふせ》ぎたい	光《ひかり》センサー	本《ほん》に目《め》が近《ちか》づくと知《し》らせる「視力《しりょく》守《まも》る君《くん》」
虫歯《むしば》を防《ふせ》ぎたい	ボタンA・B／タイマー	３分《ぶん》を計《はか》って知《し》らせてくれる「健康《けんこう》歯《は》磨《みが》きタイマー」
方角《ほうがく》を知《し》りたい	地磁気《ちじき》センサー	方角《ほうがく》がわかる「迷子防止方位磁針《まいごぼうしほういじしん》」
運動不足《うんどうぶそく》を解消《かいしょう》したい	加速度《かそくど》センサー／ボタンA・B	ラケットを振《ふ》った数《かず》を知《し》らせる「運動不《うんどうぶ》足解消機《そくかいしょうき》」
熱中症《ねっちゅうしょう》になりたくない／水分補給《すいぶんほきゅう》を忘《わす》れないようにしたい	温度《おんど》センサー／タイマー／ボタンA・B	屋外《おくがい》での気温《きおん》や運動時間《うんどうじかん》を調《しら》べ、危険《きけん》を知《し》らせてくれる「熱中症予防《ねっちゅうしょうよぼう》アラーム」
ゲーム時間《じかん》を減《へ》らしたい	ボタンA・B／タイマー	時間《じかん》をカウントして知《し》らせてくれる「終《しゅう》了案内《りょうあんない》アラーム」

③まとめ

この授業《じゅぎょう》を通《とお》して、児童《じどう》たちは自分《じぶん》の生活時間《せいかつじかん》を工夫《くふう》するための課題解決《かだいかいけつ》に向《む》けたプログラムを体《たい》験《けん》してもらうことができました。また、試行錯誤《しこうさくご》しながら考《かんが》える活動《かつどう》が、プログラムの組《く》み合《あ》わせや順序《じゅんじょ》を論理的《ろんりてき》に考《かんが》えることにつながり、児童《じどう》の論《ろん》理的思考力《りてきしこうりょく》を育《はぐく》む一助《いちじょ》となったと思《おも》います。プログラミング体験《たいけん》を取《と》り入《い》れたこの学習《がくしゅう》は、単《たん》に体《たい》験活動《けんかつどう》のみで終《お》わらず、自分《じぶん》の生活《せいかつ》に活《い》かそうとする態度《たいど》の向上《こうじょう》を図《はか》ることができ、教科《きょうか》のねらいに迫《せま》るものであったといえるでしょう。

みんな、試行錯誤《しこうさくご》したり友達《ともだち》と相談《そうだん》したりしながらプログラムを考《かんが》えていたよ！

総合的《そうごうてき》な学習《がくしゅう》の時間《じかん》での活用《かつよう》
（登米市立佐沼小学校《とめしりつさぬましょうがっこう》　金《こん》 洋太《ようた》先生《せんせい》）

①授業《じゅぎょう》の概要《がいよう》

福祉《ふくし》をテーマに、児童《じどう》はキャップハンディ体験《たいけん》や当事者《とうじしゃ》の話《はなし》などから見《み》いだした問題《もんだい》を、micro:bitを用《もち》いた製品《せいひん》づくりで解決《かいけつ》しようとしました。各《かく》グループが「会社《かいしゃ》」の設定《せってい》で活動《かつどう》し、児童《じどう》たちは障害者《しょうがいしゃ》の方《かた》が安心《あんしん》・安全《あんぜん》な生活《せいかつ》を送《おく》ることができるように、さまざまな製品《せいひん》を提案《ていあん》しました。今回《こんかい》は次《つぎ》の２つを紹介《しょうかい》します。

②授業《じゅぎょう》の流《なが》れ

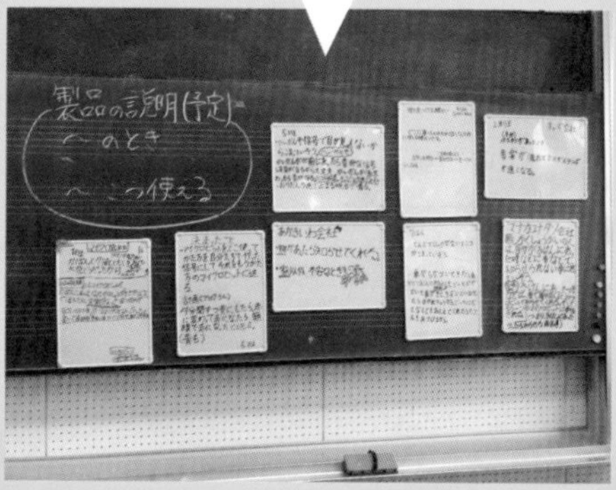

１つめは、肢体不自由《したいふじゆう》の人《ひと》は車椅子《くるまいす》を利用《りよう》することが多《おお》いですが、後方確認《こうほうかくにん》をすることが難《むずか》しいことがわかったため、距離《きょり》センサーとスピーカーを組《く》み合《あ》わせて、バックする時《とき》のサポートとなる製品《せいひん》を提案《ていあん》しました。

もう１つが、授業《じゅぎょう》での体験《たいけん》から視覚障害《しかくしょうがい》の人《ひと》は階段《かいだん》があると不安《ふあん》になるのではないかと考《かんが》え、Bluetoothを利用《りよう》して発信器《はっしんき》と受信器《じゅしんき》となるものをつくりました。発信器《はっしんき》は階段《かいだん》に取《と》り付《つ》けておき、受信機《じゅしんき》は身《み》に着《つ》けておきます。当事者《とうじしゃ》が階段《かいだん》に近《ちか》づくと音《おと》で知《し》らせてくれるので、階段《かいだん》に対《たい》する心構《こころがま》えができたり、場合《ばあい》によっては階段《かいだん》を避《さ》けて移動《いどう》することにつながったりすることを提案《ていあん》しました。

③まとめ

児童《じどう》はみんな興味《きょうみ》・関心《かんしん》が高《たか》くもっていました。また、MakeCodeでプログラミングを行《おこな》ったり、micro:bitを介《かい》した回路《かいろ》をつくったりするときには自然《しぜん》とみんなで協力《きょうりょく》しあう場面《ばめん》が見《み》られました。

micro:bitの利点《りてん》・魅力《みりょく》としては、MakeCodeを用《もち》いて簡単《かんたん》にプログラミングをすることができる点《てん》が挙《あ》げられます。これは児童《じどう》だけでなく、私《わたし》たち教員《きょういん》にとっても指導《しどう》のしやすさを感《かん》じます。また、画面上《がめんじょう》でプログラムしたものをすぐにダウンロードして、実際《じっさい》に操作《そうさ》したり、身《み》に付《つ》けたりすることができます。これにより、短《みじか》い授業時間内《じゅぎょうじかんない》に児童《じどう》が何度《なんど》も試行錯誤《しこうさくご》する機会《きかい》を生《う》み出《だ》し、想像力《そうぞうりょく》を働《はたら》かせることにつながっていると感《かん》じます。

※この実践《じっせん》の様子《ようす》を宮城県教育委員会《みやぎけんきょういくいいんかい》のYouTubeチャンネルで公開《こうかい》しています。 https://youtu.be/jZb7O1GE6Ko

もっと知《し》りたい！

MakeCodeで出《で》てくるカテゴリーをおさらいしよう

ここまでいろいろなブロックを使《つか》って、たくさんのプログラムをつくってきたね。この本《ほん》では、使《つか》うブロックを説明《せつめい》するときは、そのブロックがどのカテゴリーにあるのかも紹介《しょうかい》してきた。最後《さいご》におさらいとしてMakeCodeで選《えら》ぶことのできる各《かく》カテゴリーについて、このコラムでまとめておくよ。

まず、MakeCodeで用意《ようい》されているカテゴリーは下《した》のとおり。そのうち、❶～❾は標準《ひょうじゅん》カテゴリー、❿～⓲は「高度《こうど》なブロック」カテゴリーだ。⓲の「拡張機能《かくちょうきのう》」カテゴリーをクリックすると、さまざまなブロックを新《あら》たに追加《ついか》することもできる。106～107ページでカタカナを表示《ひょうじ》するブロックを追加《ついか》するときにも使《つか》ったね。

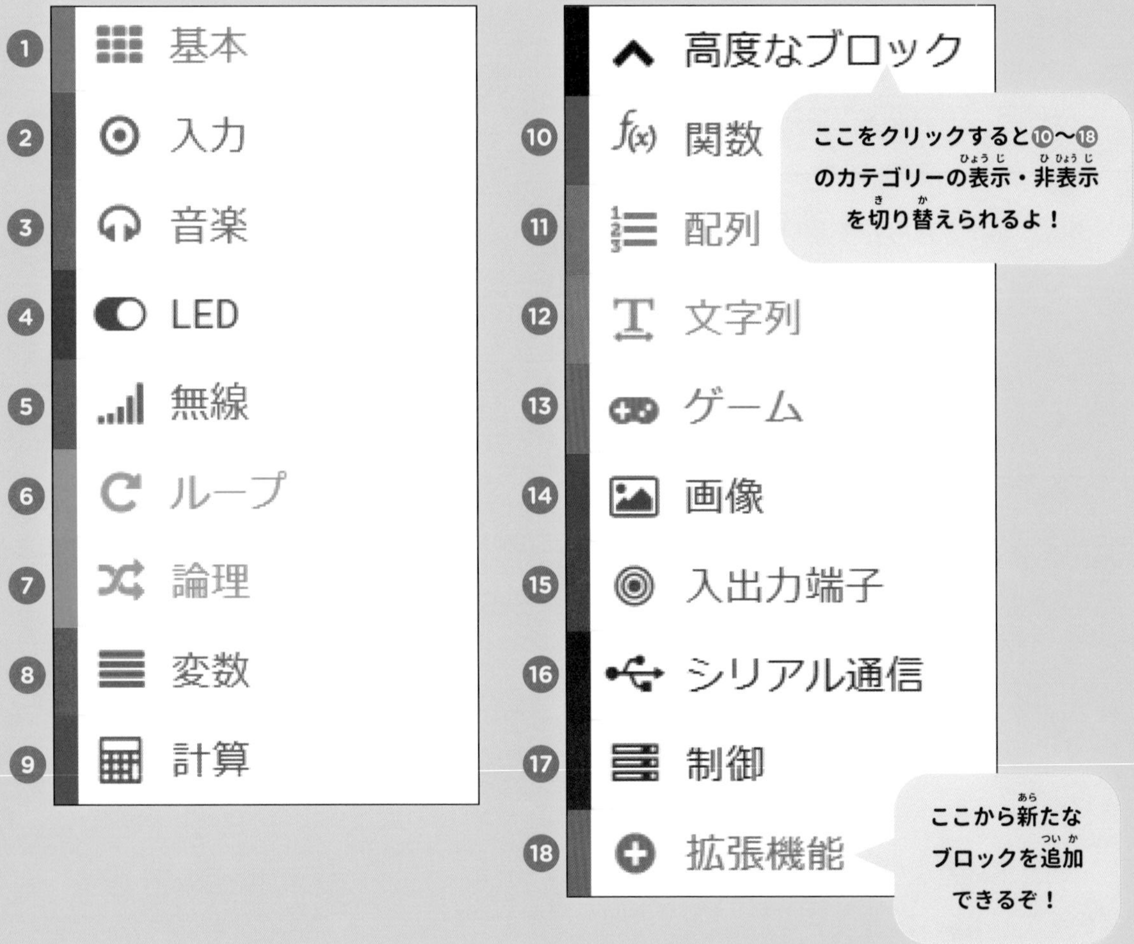

ここからは、それぞれのカテゴリーについて簡単《かんたん》に紹介《しょうかい》するぞ。なお、MakeCode上《じょう》で表示《ひょうじ》される各《かく》カテゴリーの名前《なまえ》とそのカテゴリーに含《ふく》まれるブロックは、同《おな》じ色《いろ》で統一《とういつ》されている(「基本《きほん》」カテゴリーの場合《ばあい》は水色《みずいろ》)。慣《な》れてくると、ブロックを見《み》るだけでそれがどのカテゴリーに入《はい》っているかがわかるようになるよ。

❶ 基本

文字《もじ》どおり、プログラムの基本《きほん》となるブロックがそろったカテゴリー。新規《しんき》プロジェクトを立《た》ち上《あ》げたときに最初《さいしょ》から置《お》かれている「ずっと」ブロックや「最初《さいしょ》だけ」ブロックは、このカテゴリーのブロックだ。ほかにLEDディスプレイに数字《すうじ》や文字《もじ》、アイコンを表示《ひょうじ》させたりするためのブロックもあるよ。

❷ 入力

micro:bitのセンサーやスイッチから入力《にゅうりょく》を受《う》け取《と》るためのブロックがそろっているよ。ボタンAを押《お》したときやmicro:bitをゆさぶったときに、なにか動作《どうさ》をさせるプログラムをつくる場合《ばあい》は、このカテゴリーのブロックの出番《でばん》だ。

各《かく》センサーが調《しら》べた明《あか》るさや温度《おんど》、加速度《かそくど》などのデータをプログラムの中《なか》で使《つか》いたい場合《ばあい》も、ここにそのためのブロックがあるよ。

❸ 音楽

いろいろな音《おと》を鳴《な》らしたりメロディを流《なが》したりできるブロックがそろったカテゴリーだ。鳴《な》らす音《おと》の高《たか》さや長《なが》さ、どんなメロディにするかなどを細《こま》かく決《き》められるよ。

❹ LED

このカテゴリーでは、LEDをコントロールするためのブロックがそろっている。5×5＝25個《こ》のLEDについて、どの場所《ばしょ》をどれくらい光《ひか》らせるかなどを細《こま》かく設定《せってい》できるんだ。また、センサーの値《あたい》を棒《ぼう》グラフで表示《ひょうじ》させるブロックもあるぞ。

5 無線

無線通信《むせんつうしん》の機能《きのう》を使《つか》うためのブロックがそろったカテゴリーで、Part4ではここにあるブロックをたくさん使《つか》ったね。無線《むせん》を使《つか》った送受信《そうじゅしん》をプログラムしたいときには欠《か》かせないぞ。

6 ループ

同《おな》じ処理《しょり》をループ（繰《く》り返《かえ》し）で実行《じっこう》させたいときに使《つか》うブロックがそろったカテゴリーだよ。

7 論理

論理《ろんり》とは「考《かんが》えを進《すす》めていく道筋《みちすじ》」といった意味《いみ》の言葉《ことば》。このカテゴリーでは、「もし〇〇なら、次《つぎ》の処理《しょり》をさせる」「計測《けいそく》した数値《すうち》が〇〇より大《おお》きいかどうか」といった、コンピューターに判断《はんだん》させるためのブロックがそろっているぞ。

8 変数

この本《ほん》で何回《なんかい》も出《で》てきた変数《へんすう》ブロックのカテゴリーだ。ただし、このカテゴリーには最初《さいしょ》はブロックが1つも入《はい》っていない。「変数《へんすう》を追加《ついか》する」ボタンから自分《じぶん》で変数《へんすう》をつくるんだったよね（つくり方《かた》は48ページを見《み》てみよう）。

ちなみに、68～73ページの「サウンドヨーヨーをつくろう」で使《つか》った「配列《はいれつ》」カテゴリーの「変数《へんすう》 “list” を “この要素《ようそ》の配列《はいれつ》‘1’‘2’” にする」ブロックのような、最初《さいしょ》から変数《へんすう》の名前《なまえ》が入《はい》っているブロックを取《と》り出《だ》したときは、その名前《なまえ》の変数《へんすう》ブロックも自動的《じどうてき》に「変数《へんすう》」カテゴリーの中《なか》に追加《ついか》されるぞ。

9 計算

数値《すうち》の計算《けいさん》をするためのブロックなどがそろっているカテゴリー。四則演算《しそくえんざん》（足《た》し算《ざん》、引《ひ》き算《ざん》、かけ算《ざん》、わり算《ざん》）だけでなく、四捨五入《ししゃごにゅう》（小数点以下《しょうすうてんいか》の数字《すうじ》を切《き》り上《あ》げたり切《き》り捨《す》てたりする処理《しょり》）、ランダムに数《かず》を出《だ》す乱数《らんすう》などもこのカテゴリーで扱《あつか》っているよ。

⑩ f(x) 関数

動作《どうさ》や処理《しょり》のルールをまとめるのに便利《べんり》な、関数《かんすう》ブロックのカテゴリー。だけど、「変数《へんすう》」カテゴリーと同《おな》じように最初《さいしょ》はブロックが１つも入《はい》っていなかったよね。「関数《かんすう》を作成《さくせい》する」ボタンから自分《じぶん》で関数《かんすう》ブロックをつくるんだ（つくり方《かた》は51 ～ 52ページを見《み》てね）。

⑪ 配列

68 ～ 73ページの「サウンドヨーヨーをつくろう」で活躍《かつやく》した、配列操作《はいれつそうさ》に必要《ひつよう》なブロックがそろったカテゴリーだ。配列《はいれつ》は「変数《へんすう》を束《たば》にしたようなもの」と70ページで説明《せつめい》したけど、一《いっ》定間隔《ていかんかく》で計測《けいそく》した数値《すうち》を合計《ごうけい》する・平均《へいきん》するといった処理《しょり》に必要《ひつよう》となるぞ。

「配列《はいれつ》」カテゴリーのブロックを使《つか》うときは配列《はいれつ》にするための変数《へんすう》が必要《ひつよう》なので、最初《さいしょ》から変《へん》数《すう》ブロックとセットになって用意《ようい》されているよ。自分《じぶん》でつくった変数名《へんすうめい》に切《き》り替《か》えて使《つか》っていこう。

⑫ 文字列

文字列《もじれつ》を数値《すうち》に変換《へんかん》したり複数《ふくすう》の文字列《もじれつ》をつなげたりするなど、文字列《もじれつ》を使《つか》ったいろいろなことができるブロックがそろったカテゴリーだよ。

⑬ ゲーム

ゲームづくりに役立《やくだ》つブロックがそろったカテゴリー。92 ～ 97ページの「宝探《たからさが》しゲームをつくろう」ではこのカテゴリーが活躍《かつやく》したね。スプライトの作成《さくせい》・制御《せいぎょ》のためのブロック、ゲームのスコアやタイマー、ゲームの進行《しんこう》の停止《ていし》や再開《さいかい》、ゲームオーバーのブロックなんてものもあるよ。

⑭ 画像

LEDに表示《ひょうじ》するための画像《がぞう》の作成《さくせい》ブロックなどがあるカテゴリー。「基本《きほん》」カテゴリーにも「LED画面《がめん》に表示《ひょうじ》」ブロックや「アイコンを表示《ひょうじ》“ハートマーク”」ブロックがあるけど、このカテゴリーなら、5×5＝25マスよりも大《おお》きい画像《がぞう》の作成《さくせい》や、画像《がぞう》をどれくらいの速《はや》さでスクロールさせるかの設定《せってい》など、さらに幅広《はばひろ》い画像《がぞう》の使《つか》い方《かた》ができるよ。

⑮ 入出力端子

外部機器《がいぶきき》と接続《せつぞく》したときの端子《たんし》での出力《しゅつりょく》などを細《こま》かく設定《せってい》できるブロックがそろったカテゴリー。「入力《にゅうりょく》」カテゴリーにも、micro:bitにあるＰ０～２の端子《たんし》の入力操作《にゅうりょくそうさ》などのブロックが用意《ようい》されているけど、このカテゴリーなら外部機器《がいぶきき》の端子《たんし》もコントロールできるぞ。micro:bitを活用《かつよう》した電子工作《でんしこうさく》などにチャレンジするときに使《つか》ってみよう。

⑯ シリアル通信

micro:bitとパソコンの間《あいだ》でシリアル通信《つうしん》をするためのブロックがそろっている。リアルタイムにセンサーが計測《けいそく》した数値《すうち》を見《み》たり、シリアル通信《つうしん》の実験《じっけん》をしたりするときに使《つか》えるよ。

⑰ 制御

このカテゴリーでは、高度《こうど》なプログラムを制御《せいぎょ》するために使《つか》うブロックがそろっているよ。例《たと》えば、あるプログラムを実行《じっこう》しているときに、その裏側《うらがわ》では別《べつ》のプログラムも動作《どうさ》しているようにする（バックグラウンドの実行《じっこう》）なんてこともできるんだ。

よくあるトラブルと対《たい》処《しょ》方《ほう》法《ほう》

つくったはずのプロジェクトが表示《ひょうじ》されないときは？

MakeCodeのホーム画《が》面《めん》のマイプロジェクトで、つくったはずのプロジェクトが見《み》つからないことがあるかもしれない。MakeCodeでは、最後《さいご》に開《ひら》いたプロジェクトから順番《じゅんばん》に表示《ひょうじ》されている。以前《いぜん》につくったプロジェクトなどは端《はし》のほうに隠《かく》れているかもしれないよ。まずは画《が》面《めん》の右端《みぎはし》にある矢印《やじるし》で右《みぎ》にスクロールして探《さが》してみよう。また、スクロールの最後《さいご》に出《で》てくる「すべてのプロジェクトを表示《ひょうじ》」ボタンをクリックすると、つくったプロジェクトの一覧《いちらん》が出《で》てくるぞ。

もし一覧《いちらん》でも見《み》つからない場合《ばあい》は、そもそも使用《しよう》しているパソコンやブラウザーが、前《まえ》にプロジェクトをつくったときと同《おな》じものかどうかも確認《かくにん》しよう。

MakeCodeでつくったプロジェクトは、使用中《しようちゅう》のブラウザーの保存領域《ほぞんりょういき》を使《つか》って保存《ほぞん》されていて、いわゆるファイルなどのようにパソコンから簡単《かんたん》にアクセスできる形《かたち》になっていない。また、micro:bitにダウンロードして書《か》き込《こ》んだファイルを開《ひら》くこともできないので、大切《たいせつ》なプロジェクトは、37ページの手順《てじゅん》を見《み》ながら.hexファイルをダウンロードして残《のこ》しておくのも大切《たいせつ》だよ。

.hexファイルになっていれば、違《ちが》うブラウザーで開《ひら》いたりパソコンを替《か》えたりしても大丈夫《だいじょうぶ》だ。友達《ともだち》とプロジェクトを交換《こうかん》することもできるぞ。

MakeCodeの新《あたら》しいバージョンが表示《ひょうじ》されないときは？

前《まえ》のバージョンを使《つか》っていたブラウザーでMakeCodeにアクセスしてみたら、新《あたら》しいバージョンになってないということがあるかもしれない。これはブラウザーの「キャッシュ」という機能《きのう》が影響《えいきょう》している可能性《かのうせい》が高《たか》いので、使《つか》っているブラウザーの設定《せってい》を確認《かくにん》して「キャッシュ」を消《け》せば解決《かいけつ》するよ。または、今《いま》までとは違《ちが》うブラウザーでMakeCodeにアクセスすれば大丈夫《だいじょうぶ》。

ただし、前《まえ》のバージョンでつくったプログラムは、新《あたら》しいバージョンを開《ひら》いたときに「マイプロジェクト」に表示《ひょうじ》されていない。このときは、新《あたら》しいバージョンで開《ひら》いてから、あらためて.hexファイルを読《よ》み込《こ》めばいいぞ。右上《みぎうえ》にある「読《よ》み込《こ》む」をクリックして.hexファイルを読《よ》み込《こ》めば、新《あたら》しいバージョンで開《ひら》くことができるよ。

もし前《まえ》のバージョンと同《おな》じブラウザーを使《つか》っている場合《ばあい》は、

https://makecode.microbit.org/v0

にアクセスすれば、前《まえ》のバージョンのMakeCodeが開《ひら》くこともできる。ここでは、前《まえ》のバージョンでつくった自分《じぶん》のプログラムがそのまま残《のこ》っているんだ。

MakeCodeのメニューやブロックが英語《えいご》で表示《ひょうじ》されるんだけど……？

MakeCodeを開《ひら》いたときに、メニューやブロックが日本語《にほんご》ではなく英語《えいご》で表示《ひょうじ》されているときがあるかもしれない。このようなときは、トップ、ホーム、エディターのどの画面《がめん》からでも、次《つぎ》のページの方法《ほうほう》で英語《えいご》から日本語《にほんご》に切《き》り替《か》えられるぞ（どこから切《き》り替《か》えてもほかの画面《がめん》も日本語《にほんご》になるよ）。

もしこの操作《そうさ》でも切《き》り替《か》わらなかったり、英語《えいご》の表記《ひょうき》が残《のこ》ったりしたら、その部分《ぶぶん》の翻訳作《ほんやくさ》業《ぎょう》が終《お》わっていないんだ。その場合《ばあい》はしかたがないので、英語表記《えいごひょうき》のままでガマンしてね。

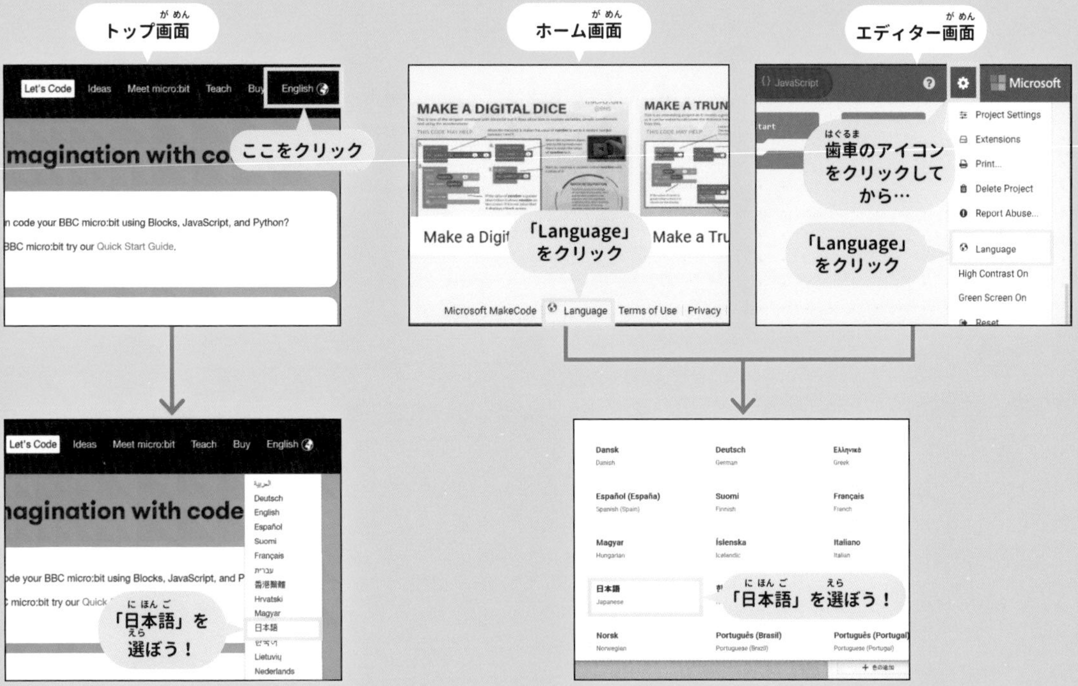

最初《さいしょ》に体験《たいけん》したプログラムってもう見《み》られないの？

20ページで紹介《しょうかい》したmicro:bitの電源《でんげん》を初《はじ》めてオンにしたときに体験《たいけん》できるプログラムは、未使用《みしよう》のmicro:bitに限《かぎ》り体験《たいけん》できるもの。なぜなら、自分《じぶん》でつくったプログラム(.hex)をmicro:bitに書《か》き込《こ》んだ際《さい》に、上書《うわが》きされてしまうからなんだ。もし、すでに使《つか》ったことがあるmicro:bitでこのプログラムを体験《たいけん》したい場合《ばあい》は、下《した》のURLでアクセスできるmicro:bitのサポートサイトから初期《しょき》プログラム（OutOfBoxExperience-v2.hex）をダウンロードして、micro:bitに書《か》き込《こ》んでね。

https://support.microbit.org/support/solutions/articles/19000021613-reset-the-micro-bit-to-factory-defaults

おわりに

『アイデアふくらむ探検《たんけん》ウォッチ micro:bitでプログラミング』を最後《さいご》まで読《よ》んでくれてありがとう。いろいろなプログラムにチャレンジしてみて、micro:bitを思《おも》いどおりに使《つか》うことはできたかな？　「ちょっと難《むずか》しいところもあったな……」と思《おも》ったキミも心配《しんぱい》はいらないよ。ほかのプログラムをつくっているときにやり方《かた》をひらめいたりするかもしれないし、「こういうことだったんだね」と時間《じかん》がたってから、ふとしたきっかけで理解《りかい》することもあるはず！

　プログラムをつくったりmicro:bitを使《つか》ったりしているうちに、「もっとこんなことしてみたい！」「こういうときはどうするんだろう？」「家《いえ》にあるあのコンピューターと同《おな》じ動作《どうさ》をプログラミングできるかも」と想像《そうぞう》がふくらんできたら、どんどん自分《じぶん》でもプログラミングを試《ため》してみよう。

　すでにあるものを参考《さんこう》にプログラムをつくったりしていくうちに、まったく新《あたら》しいものをつくり出《だ》せるかもしれないね。

「探検《たんけん》ウォッチ」と組《く》み合《あ》わせて使《つか》ったmicro:bitは、ほかにもさまざまな拡張《かくちょう》が可能《かのう》だし、いくつかあれば通信機能《つうしんきのう》を使《つか》って大人数《おおにんずう》で遊《あそ》べるゲームなんかにも使《つか》えちゃうかもしれないね。例《たと》えば「かくれんぼ」のときに、通信機能《つうしんきのう》の電波《でんぱ》をたよりに探《さが》すなんて使《つか》い方《かた》をしてみたら面白《おもしろ》そうじゃない？

「こんなことをやってみた」とか「あんなことをやってみたいからもっとプログラムを知《し》りたい」など、みんなのやったこと・やりたいことをぜひ教《おし》えてほしい。もしかしたらそれをきっかけに、みんなといっしょになにかできるかもしれないね！

2020年《ねん》2月《がつ》

株式会社《かぶしきがいしゃ》スイッチエデュケーション　アドバイザー

倉本大資《くらもとだいすけ》

● micro:bitは英国放送協会《えいこくほうそうきょうかい》（BBC）によって開発《かいはつ》され、
micro:bit教育財団《きょういくざいだん》が中心《ちゅうしん》となって普及活動《ふきゅうかつどう》が行《おこな》われています。
詳《くわ》しくはhttps://microbit.org/ja/をご参照《さんしょう》ください。

● ScratchはMITメディアラボのライフロングキンダーガーテングループによって
開発《かいはつ》されました。詳《くわ》しくはhttps://scratch.mit.eduをご参照《さんしょう》ください。

著者《ちょしゃ》

倉本大資

くらもと・だいすけ

1980年《ねん》生《う》まれ。2004年《ねん》筑《つく》波《ば》大学《だいがく》芸術《げいじゅつ》専門《せんもん》学群《がくぐん》総合《そうごう》造形《ぞうけい》コース卒業《そつぎょう》。
社会人《しゃかいじん》向《む》けeラーニングコンテンツ製作会社《せいさくかいしゃ》に勤務《きんむ》の傍《かたわ》ら
創作活動《そうさくかつどう》など個人《こじん》の活動《かつどう》を続《つづ》け、中《なか》でも2008年《ねん》よりScratchを使《つか》った
子供《こども》向《む》けプログラミングワークショップを多数《たすう》開催《かいさい》し反響《はんきょう》を呼《よ》び、
自身《じしん》の運営《うんえい》するプログラミングサークル「OtOMO」活動《かつどう》へとつながっている。
2018年《ねん》に勤務《きんむ》していた会社《かいしゃ》を退職《たいしょく》し、

スイッチエデュケーションアドバイザーや、
プログラミング教室《きょうしつ》TENTOへの参画《さんかく》など、
子供《こども》向《む》けプログラミングの分野《ぶんや》を中心《ちゅうしん》に活動中《かつどうちゅう》。
ワークショップの企画《きかく》・開催《かいさい》や、指導者《しどうしゃ》向《む》けの講習《こうしゅう》など
子供《こども》・大人《おとな》向《む》けにプログラミングを通《つう》じて学《まな》ぶことの楽《たの》しさを伝《つた》えている。
主《おも》な共著《きょうちょ》に『小学生《しょうがくせい》からはじめるわくわくプログラミング２』（日経《にっけい》BP社《しゃ》）、
『使《つか》って遊《あそ》べる！ Scratchおもしろプログラミングレシピ』（翔泳社《しょうえいしゃ》）、
訳書《やくしょ》に『mBotでものづくりをはじめよう』（オライリージャパン）など。
月刊誌《げっかんし》『子供《こども》の科学《かがく》』（誠文堂新光社《せいぶんどうしんこうしゃ》）にて、

「micro:bitでレッツプログラミング！」を連載《れんさい》。

スタッフ

装丁《そうてい》・本文《ほんぶん》デザイン／寄藤文平《よりふじぶんぺい》＋古屋郁美《ふるやいくみ》（文平銀座《ぶんぺいぎんざ》）
編集協力《へんしゅうきょうりょく》・DTP／リブロワークス
キャラクターイラスト／うえたに夫婦《ふうふ》　図解《ずかい》イラスト／新保基恵《しんぼもとえ》
２～３ページ翻訳《ほんやく》／中里京子《なかざときょうこ》
撮影《さつえい》／青柳敏史《あおやぎさとし》

NDC 547

子《こ》供《ども》の科《か》学《がく》★ミライクリエイティブ

センサーの実験《じっけん》・宝探《たからさが》しゲーム・友《とも》だちとの通信《つうしん》……使《つか》い方《かた》はキミしだい！

アイデアふくらむ探《たん》検《けん》ウォッチ　micro:bit《マイクロビット》でプログラミング

2020年3月15日　発　行

著者
倉《くら》本《もと》大《だい》資《すけ》

発行者
小川雄一

発行所
株式会社 誠文堂新光社
〒113-0033　東京都文京区本郷3-3-11
（編集）電話03-5805-7765　（販売）電話03-5800-5780
https://www.seibundo-shinkosha.net/

印刷・製本
大日本印刷 株式会社

ISBN978-4-416-71918-3